菅丰

1963年生于日本长崎。现任日本东京大学东洋文化研究所教授、博士生导师。日本筑波大学本科、硕士、博士。兼任中国中央民族大学民族学与社会学学院客座教授、美国哈佛大学燕京学社访问学者、中国复旦大学艺术人类学与民间文学研究中心特约研究员、中国山东大学文化遗产研究院流动岗教授。主要研究方向为人与动物的关系史；地域社会的自然资源和文化资源的管理；公共民俗学、非物质文化遗产学等民俗学方法论；vernacular文化论。著作有《迈向“新在野之学”的时代——为了知识生产与社会实践的紧密联接》《拓展民俗学的可能性——“在野之学”与学院派民俗学》《河川的归属——人与环境的民俗学》等。

陆薇薇

1980年生于南京。现任东南大学外国语学院教授、院长助理。南京大学外国语学院日语系本科、硕士，东南大学艺术学院博士。曾留学于日本早稻田大学、为日本东京大学东洋文化研究所访问研究员。主要研究方向为民俗学、性别研究。

魏金美

1967年生于镇江。现任东南大学外国语学院副教授，硕士生导师，主要研究方向为语言学。曾留学日本京都大学。多年来为本科生主讲日汉笔译、汉日笔译课程，为研究生主讲语用学和日汉笔译技巧与实践课程。

※国家社科基金一般项目“日本江户时代民间文学的中国文化表征研究”(22BWW019) 阶段性成果

江户

饕餮录

[日]菅丰 著
陆薇薇 魏金美 译

浙江大学出版社
ZHEJIANG UNIVERSITY PRESS
·杭州

图书在版编目（CIP）数据

江户饕餮录 / （日）菅丰著 ; 陆薇薇, 魏金美译.
-- 杭州 : 浙江大学出版社, 2024.8
ISBN 978-7-308-24901-0

Ⅰ. ①江… Ⅱ. ①菅… ②陆… ③魏… Ⅲ. ①饮食－文化－日本－江户时代 Ⅳ. ①TS971.203.13

中国国家版本馆CIP数据核字(2024)第086989号

浙江省版权局著作权合同登记图字：11—2024—160号

江户饕餮录
JIANGHU TAOTIE LU
[日]菅丰 著 陆薇薇 魏金美 译

责任编辑 谢 焕
责任校对 朱卓娜
封面设计 云水文化
出版发行 浙江大学出版社
（杭州市天目山路148号 邮政编码 310007）
（网址：http：//www.zjupress.com）
排 版 杭州林智广告有限公司
印 刷 浙江省邮电印刷股份有限公司
开 本 880mm×1230mm 1/32
印 张 10.75
字 数 239千
版 印 次 2024年8月第1版 2024年8月第1次印刷
书 号 ISBN 978-7-308-24901-0
定 价 78.00元

浙江大学出版社市场运营中心联系方式：0571-88925591；http：//zjdxcbs.tmall.com

译者序

我们可将迄今为止的日本民俗学大致划分为这样三个时期：以第一代柳田国男为首的初创期，以第二代以宫田登、福田亚细男等学院派学者引领的学科建设期，以及当下以第三代学者主导的多样化探索期。而本书的作者，日本东京大学菅丰教授是第三代的领军人物之一，他长期活跃于中、日、美三国民俗学界，以公共民俗学研究、环境民俗学研究、文化遗产研究、vernacular文化研究等著称。

本书是菅丰的最新力作，与此之前的著述既有关联，也有不同，有助于我们更加全面地把握其学术思想。

首先，本书采用了历史民俗学的方法。熟悉日本民俗学第二代和第三代学者之争的读者或许已经很了解，双方争论的焦点之一，便是对于历史民俗学的看法。在由第二代学者引领的日本民俗学学科建设期，民俗学界逐渐形成了历史民俗学一家独大的格局，第二代学者将民俗学定位成历史学的一部分，从而限制了日本民俗学的发展。出于对历史民俗学的反思，第三代学者倡导将眼光朝向当下，把新生成的民俗也纳入研究的范畴，甚至提出了用vernacular

研究代替folklore研究的构想。

菅丰是第三代学者中较为激进的一位，2010年7月31日，他在东京大学东洋文化研究所与第二代代表人物福田亚细男展开了一场激烈的学术论辩，题为《超越福田亚细男：我们能够从“20世纪民俗学”实现飞跃吗？》（论战的内容之后被汇编成《超越20世纪民俗学》一书，中文译本也已于2021年问世）。由于菅丰的观点犀利敏锐，且其说话语速极快，所以被视作反历史民俗学的旗手。然而事实上，菅丰毕业于福田亚细男等第二代代表人物执教的日本筑波大学，曾师从第二代学者，接受了传统的历史民俗学训练。他所希望的，并非废除历史民俗学，而是使历史民俗学成为民俗学诸多方法论中的一种。

在本书中，菅丰根据大量的历史文献和详细的田野调查数据，从历史民俗学的角度，对野生鸟类的生产、分配和消费进行了系统的实证研究。日本历史学的狩猎研究，长期以来只关注上层权贵的狩猎史，却忽略了野生鸟类在普通民众中的生产、流通及食用。事实上，普通百姓曾与上层阶级一样爱食野鸟，被野鸟的美味所俘获。野生鸟类在日本历史上不仅是一种高端美味的食材，也是大众料理的原料，是有利可图的商品，是不法分子趋之若鹜的违禁品，是饱含情意的礼物，是滋补养生的药材，也是阶级社会的标志，以及牵动政治的工具。菅丰的研究首次勾勒出日本人食用野鸟文化的全貌，是对既往相关研究的补充和超越。

其次，本书开创了日本食鸟文化史研究的先河。民以食为天，与饮食文化史相关的著作常常引发热议，例如西敏司的《甜与权力》、罗安清的《末日松茸》等。同时，饮食文化也是民俗研究的重要组成部分，但一直以来的研究往往将食鱼文化作为日本饮食文化的代表。正如本书所揭示的那样，野生鸟类不仅是夏目漱石、森鸥外等文人墨客笔下的常客，而且相较食鱼文化，食鸟文化对日本的经济、政治、社会产生了更为巨大的影响。

在19世纪以前，野生鸟类不仅是日本上层社会的食材之一，也是其权力的象征，可以被用来确认和强化等级社会的身份秩序。天皇、贵族、幕府将军等各个时代有权有势之人，都会亲自猎捕野鸟、品尝野味，并将猎物与他人分享。不仅如此，在江户时代，野鸟还登上了寻常人家的餐桌，形成了一个复杂的食鸟文化综合体。由于史料所限，菅丰结合自己对千叶县布濑村田野调查收集的一手资料，尽可能还原当时江户周边的捕猎情况，厘清野鸟货源供给地的村民如何支撑和推动了江户食鸟文化的发展。

可以说，菅丰的食鸟文化研究打破了我们对于日本饮食文化史的刻板形象，有助于我们进一步开展中日饮食文化史的比较研究。

再者，本书为反思环境问题提供了重要启示。对于环境问题的思考是菅丰民俗学研究的重要组成部分。在20世纪80年代末，日本民俗学的环境研究产生了三大潮流，即生态民俗学、民俗自然志和环境民俗学。菅丰作为环境民俗学的代表人物之一，将鸟越皓之的“生活环境主义”（以生活者的地方性逻辑为主导的）理念与民俗学研究有机结合，以当地民众的幸福为主旨，开展了共有资源管理论（commons）等研究，拓展了民俗学的实践性与现实意义。（可参考《河川的归属——人与环境的民俗学》，中西书局，2020年）

本书中也处处彰显着菅丰的这一思考，所以我们不仅可以将其视作一部饮食文化史著作，也可以将其作为环境史研究的重要补充。在书中，菅丰追溯了日本野鸟饮食文化的兴衰，揭示了现代环境破坏和资源管理不善导致这种重要的饮食文化从日本消失、被日本人所忘却的过程。换言之，在日本食鸟文化的消亡史中，隐含着大自然对人类的警示。同时，这段历史对于我们思考当代的环境问题也具有重要的启示意义。目前在我们赖以生存的唯一家园——地球上，随处可见各种环境恶化和野生资源枯竭的问题，所以，日本食鸟文化衰落的过往不仅是一国之历史问题，而且是关乎当下的全球性问题，我们可以从中找到种种启示。

最后，衷心感谢菅丰教授近十年来在我的民俗学研究道路上给予的指导，并感谢他推荐我阅读日本女性学/性别研究代表人物上野千鹤子的著作，为我打开了学术研究的另一扇窗户。

陆薇薇

2023年春于东南大学九龙湖畔

中文版序言

日本人不食家鸭，这着实是件不可思议的事情。

据2019年联合国粮食及农业组织统计资料所示，亚洲有13个国家和地区名列世界家鸭产量前20强。第一名自然是中国，其产量在世界上稳居榜首。其次是越南、印度尼西亚、孟加拉国、印度等东南亚和南亚国家。在东亚，韩国（第13名）和朝鲜（第18名）也进入了前20名，中国台湾地区则位列第15名。可见，亚洲乃是“盛产家鸭之地”。

然而，同属东亚的日本，却并未出现在前20名的行列。不仅如此，前50名里也找不到日本的踪影，甚至在该统计资料中，竟没有任何关于日本家鸭数据的记载。这意味着，日本的家鸭产量极低。中国是世界上最大的家鸭生产国，而邻国日本却几乎不生产家鸭。家鸭不仅在中国，在韩国、朝鲜等东亚国家也是常见的食材，但不知出于何种原因，在东亚诸国中唯有日本人几乎不食用家鸭。对于熟知家鸭滋味，并发明了各式各样家鸭料理的中国人来说，“日本人不吃家鸭”好似一个难解之谜。

中国与日本自古以来就有着千丝万缕的联系，在很多方面不乏文化的相似处和共同点。数千年来，日本列岛见证着来自中国的人口迁徙，以及随之而来的文化影响。因此，居住在日本列岛的人们接受了许多源于中国大陆的文化。汉字、佛教、作为主食的水稻、山水画等艺术形式、饮茶之乐、盆栽之趣、与人生紧密相关的干支和日历等，从中国大陆传到日本并在日本生根发芽的文化不胜枚举。在日本文化的基底中，蕴含着丰富的中国文化。但是，也有一些文化虽然自古时已从中国大陆传入日本列岛，却未能在日本延续下来，其代表之一就是“家畜文化”。

所谓家畜，是指人类驯养的动物。人们为了自身的生活之便，改变了自然界动物的属性，使之为己所用。人类对牛、猪等哺乳动物，鸡、鸭等鸟类动物，鲤鱼等鱼类动物，蚕等昆虫类动物等进行驯化（domestication），并不断改良品种。特别是中国，作为世界上名列前茅的畜产大国（不仅是家鸭，其猪、绵羊的饲养量也居世界第一；鸡的产量为世界第二），培育并保有多样的家畜品种。中国饲养家畜的历史悠久，早在公元6世纪问世的综合性农学著作《齐民要术》中，就记载了众多关于家畜饲养技术的详细说明。

与之相对，日本家畜的生产及应用并不尽如人意。几乎所有家畜都为海外进口，而且直到一百年前，日本家畜的饲养规模还极小。与中国相比，日本人缺乏加工和改造动物（自然界的存在）的能力与意愿，对家畜的饲养持消极态度。日本的这一特征被部分延续到了今天，而“鸭子”正是最能彰显这一特征的代表。

在中文里，严格说来，野生鸭子被称为野鸭，被驯化的鸭子则被唤作家鸭。然而，在日常生活中，野鸭和家鸭一般被统称为鸭子，鸭子是包含了野鸭和家鸭在内的上一层级的概念。换句话说，中国人拥有一个分类体系，在这个系统中，尽管野鸭和家鸭被以野生或驯化来区分，但它们通常被视作同一种类的动物。在英语中也有类似的分类体系，野鸭（wild duck）和家鸭（domestic duck）被统称为鸭子（duck），在日常情况下不作区分，两者均被视为同一物种。在法语里，野生的野鸭和饲养的家鸭被统称为canard。虽然可以用形容词对它们加以区分，野鸭为canard sauvage，家鸭则是canard domestique，但法国人似乎并不太在意两者的区别。不过，野鸭是野味，即被捕猎的野生鸟类，并非日常饮食的一部分，所以与中国人一样，法国人食用的鸭子也大多是家鸭。在韩国，这个地理上最靠近日本的国度，野鸭和家鸭也基本没有区别，两者被统称为鸭子（오리）。

然而，在日本，野鸭和家鸭没有统称，即不存在与“鸭子”一词对应的表述。日语中野鸭被称为kamo，家鸭被叫作ahiru，可是并没有一个更高层级的日语概念可以囊括两者。由于这个原因，许多日本人认为野鸭与家鸭并不相同。

家鸭本是一种叫作绿头鸭（学名为*Anas platyrhynchos*）的野鸭，后被驯化并被进行品种改良（部分被改良后出现了另一个品种——番鸭，学名为*Cairina moschata*）。因此，绿头鸭与家鸭在分类学上属于同一物种。绿头鸭是野鸭的同类，是秋冬时节从北方飞来日本的候鸟。它们在东亚、东南亚及欧洲的温暖地区过冬，在夏季迁徙到西伯利亚和欧洲北部繁殖。中国人大约在3000年前驯化了绿头鸭，将其改良为家鸭。另根据线粒体DNA测序可以推断，绿头鸭在印度尼西亚、马来西亚等东南亚国家，大约于2000年前被驯化。这意味着绿头鸭是在亚洲被驯化成家鸭的，且包含两个品种：起源于中国的东北亚绿头鸭和起源于东南亚的东南亚绿头鸭。东北亚的绿头鸭于镰仓时代中期（公元1250年左右）从南宋传入日本。然而遗憾的是，来自中国的鸭子未能在日本扎根。有学者认为或许是因为当时日本有禁食肉类的习俗，但这一说法缺乏确凿的证据。

大多数日本人并不具备基本的生物学知识，不了解曾为野鸭的绿头鸭与家鸭是同一物种。雄性绿头鸭的头部是光亮的绿色，颈部有一个白色圆环，胸部呈酒红色，身体呈灰白色；而雌性绿头鸭则全身呈现出一种朴素的棕褐色。当现代日本人听到家鸭一词时，会立即联想到在公园池塘里畅游的白色鸭子。也许是因为安徒生童话《丑小鸭》等绘本中出现的鸭子形象，或迪士尼的著名卡通人物唐老鸭的形象早已深入人心，所以听到家鸭一词时，人们眼前浮现的是一个有着白色身体和黄色嘴喙的“可爱”鸭子形象。若仅仅比较绿头鸭（雄雌两种）与白色鸭子的体色及外貌，很难相信它们属于同一种类。这种外观上的差异，使得人们难以理解绿头鸭与家鸭在分类学上的同一性。

尽管绿头鸭与家鸭是同一物种，但现代日本人虽乐于品尝野鸭，却基本不食家鸭。当听闻“品尝野鸭”一语时，人们会联想到一位品食高端食材的美食家形象；而当他们听到“食用家鸭”时，则会联想到一个挑战奇怪食物的食客。许多现代日本人对食用家鸭犹豫不决，甚至尽量回避。对于日本人来说，家鸭是公园池塘里的“可爱”玩宠，很难将其作为食材食用。可以说，在日本，野鸭和家鸭不仅在语言分类（动物名、食材名）上，而且在人们的心理感受上均有所不同。因此，传统日本料理（和食）中虽存在野鸭料理，却无家鸭菜肴，在日本的超市和肉店中也鲜有家鸭出售。

不过近来，“合鸭”（aigamo）这种野鸭与家鸭的杂交品种，有时会被出售和食用。它们实际上就是家鸭。但如果商家老老实实地将其表述为家鸭，日本人便不会购买和食用，所以“合鸭”一词体现出其良苦用心。在日本的法国餐厅里，那些号称由野鸭制作的菜肴事实上是由合鸭等家鸭制成的。只有极少数餐馆提供地道的野鸭料理，因此许多日本人其实是被“合鸭”之名所迷惑，从而食用了家鸭。

对于现代日本人来说，作为食材的鸭子是个遥远的存在。更确切地说，它逐渐成了一个遥远的存在。当然，这并不限于鸭子。除了鸡以外，现代日本人几乎不具备食用其他禽类的知识和技巧。当下在日本，市面上很少有鸡肉之外的鸟肉流通，大多数日本人也不会想要特意品尝它们。这与邻国中国形成了鲜明的对比。中国已经形成了高度发达的家禽饮食文化，除了鸡鸭之外，还有鹅、鸽子、鹌鹑等多种禽类佳肴。如果生活在日本的中国人想要品尝鸡鸭以外的禽肉的话，或许只能从专门销售中国食材的商店购买了。

然而，过去的日本人曾大量食用野生鸟类，虽然那些鸟类并非家禽。日本人曾捕猎以野鸭为主的各类野鸟，在广阔区域内进行流通销售，并烹饪和品食。野鸟是十分重要的食材，当时的日本人拥有大量与食用野鸟相关的知识与技能。因此，他们即使不食用家鸭等家禽，也不会对生活造成任何不便。

通常说起日本料理，人们往往会想到寿司、生鱼片等鱼类美食，但事实上，野鸟也曾在日本的饮食文化中占据重要地位。正如本书详细说明的那样，野生鸟类在日本形成了一个复杂而精密的文化综合体，不仅包括饮食的维度，还包含政治、经济、社会、仪礼等维度。而这一点，鱼类及其他动物并不具备。

曾经高度发达的日本食鸟文化，它的繁荣程度令人惊叹，可如今，它已被世人所遗忘。本书着重考察了 17 至 19 世纪江户时代的江户（现东京）地区，这一时期是日本食鸟文化的成熟期，不论哪个阶级的人们，即使是普通百姓，也都会品尝各式各样的野鸟菜肴。所谓“美食学”（gastronomy），是指考察食物的历史、政治、社会、经济和文化的诸多方面，并加以整体考虑的综合性学问，所以本书可谓关于日本野鸟的美食学研究。

本书中文版的翻译出版，得到了东南大学外国语学院陆薇薇老师和魏金美老师的大力支持，在此表示衷心的感谢。感谢你们的字斟句酌和悉心付出，愿早日再访东南大学，再享南京盐水鸭的美味，共话中日美食文化。

菅丰

2023 年 1 月

目录

绪论　日本食鸟文化中的历史名人

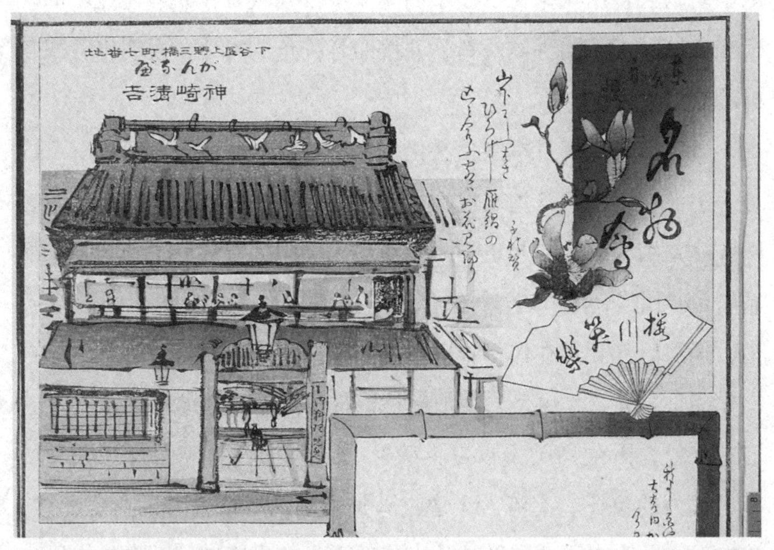

此为一幅描绘“山下雁锅店”店面的织锦图。该图左上方有“下谷区上野三桥町七番地 雁锅 神崎清吉 ”的字样，右侧中部附有和歌一首：“展翅飞山下，雁锅店内人潮涌，赏樱归来客。”

[《雁锅神崎清吉》（部分图），东京都立中央图书馆特别文库室收藏]

鸟类的美食学——本书为何以"食鸟文化"为主题?

不久之前，居住在日本列岛上的人们还是"食鸟一族"。

或许很多日本人会对这一表述感到惊讶，继而反驳道：不，我们是食鱼一族。的确，在日本，食鱼文化蓬勃发展。且不说举世闻名的寿司和生鱼片，鱼在日本料理（和食）的食材中占据的地位，比其他任何动物都高。纵观历史不难发现，日本人的饮食中，鱼类的消费量和食用频率无疑高于鸟类。不仅是数量，人们还在不同季节和地区品尝不同种类的鱼，并按照各种鱼的时令，发明出各式各样的烹饪方法。

既然鱼对理解日本饮食文化来说至关重要，那么为何本书不以鱼为主题，而是将食鸟文化，尤其是野生鸟类的饮食文化作为主题呢？这是因为，鸟类与鱼类或其他动物不同，它形成了一个复杂而精密的文化综合体。这个综合体不仅包括饮食的维度，还包含政治、经济、社会和礼仪等维度。事实上，禽鸟不仅是理解日本饮食文化的重要动物，更是宏观把握整个日本文化的关键所在。

曾经，野生鸟类不仅是上流社会的珍稀食材，而且是一种威望、权力的象征。上流人士通过鸟类来确认等级社会的身份秩序，并加强与他人之间的联结。从古代的天皇与贵族，到近世的织田信长、丰臣秀吉、德川家康和其后的江户幕府的历代将军，以及大名（诸侯）之类拥有权力之人，他们亲自猎取野鸟、品尝野味，并将猎物与他人分享。

另一方面，百姓与上流阶层一样贪恋野鸟的美味。换言之，不论是哪个阶层的人，都喜爱食用野生鸟类，多被其鲜美的滋味所吸引。彼时，野生鸟类不仅是一种高端美味的食材，也是大众料理的原料、有利可图的商品、饱含情意的礼物、滋补养生的药材，甚至是体现社会阶层的标志，以及影响政治的工具。

在本书中，我们将深入研究被忘却的日本食鸟文化，发掘其曾经繁荣的种种过往，这些过往在今天或许已经难以想象。我们将着重关注江户时代（1603—1868），这一时期是食鸟文化的高峰期。当时不仅野鸟菜肴品种丰富多彩，野鸟食材甚至登上了普通百姓的餐桌。形形色色的人在江户时代的鸟类美食文化中发挥了重要作用，比如有将野鸟视作权威来源的德川幕府的将军、大名、中下级武士，有富裕的江户城（明治时代更名为东京）居民、文人墨客等美食家，有为美食家提供至尊野鸟美食的庖丁人；有向幕府合法出售野鸟的官方鸟商，有与幕僚联手的侠义鸟贩，有见利起意的地下贩子，有兜售假鸟的骗子，有打击这些不法分子的执法官吏，还有为官员通风报信的线人，以及猎取并向江户供应鸟类的乡村猎人和偷猎者，等等。

食鸟文化的历史不仅是一部食物和烹饪的历史，也是一部经济、政治、法律、仪礼、环境和资源管理的历史。在日本，特别是在江户时代，围绕野生鸟类形成的高度发达的文化综合体，与社会的各个方面交织在一起。就这一点而言，日本可以与传承着举世闻名的食鸟文化的法国及中国比肩，甚至在某些方面的成熟度超越了法国与中国。

“美食学”是一门考察食物的历史、政治、社会、经济和文化等诸多方面，并加以整体考虑的综合性学问，所以本书可谓是一本研究日本野鸟美食学的著作。本书将追溯日本野鸟饮食文化的兴衰史（食鸟文化的日本史），即日本人之祖先所钟爱的野鸟美味被后人忘却的过程，从而揭示出日本野鸟饮食文化的全貌。

鸭肉生鸡蛋盖浇饭——为赤穗浪士的出战壮行

据说著名的“忠臣藏”[①]事件中以大石内藏助为首的赤穗浪士，在袭击吉良的府邸前，曾用野鸭饭填腹。这则记录出现在池波正太郎的随笔里，池波虽是一位历史小说家，却因美食家的身份而闻名遐迩。

元禄十五年十二月十四日（1703年1月30日），大约三分之一的赤穗浪人，聚集在位于日本桥矢仓的堀部弥兵卫、堀部安兵卫父子的家中。到达堀部家后，大石和他的手下开始为突袭做准备，这时安兵卫的好友细井广泽送来鸡蛋为他们鼓舞士气。当时，堀部家的女性家眷正在厨房里准备战斗前“最后的晚餐”，所以细井来得正是时候。

将鸭肉煎烤后切成小块，淋上酱汁，同时在一个大碗里打入生

① 指武士大石内藏助率领47位浪人（赤穗浪士）为主君（赤穗藩藩主浅野内匠头）复仇的著名历史事件。——本书脚注均为译者注

鸡蛋并调味，把鸭肉和切好的韭菜放进碗中，然后浇在刚出锅的热腾腾的米饭上。此外，女眷们还配了汤，汤里有寓意胜利的栗子、海带、鸭肉及蔬菜。但据说大石内藏助他们最高兴的，还是吃到了鸭肉生鸡蛋盖浇饭。直到我开始写历史小说才发现，300年前的日本人是以这种方式食用生鸡蛋的。（池波，2003：161）

池波说，赤穗浪士攻击敌人前吃的是“鸭肉生鸡蛋盖浇饭”。遗憾的是，他并没有提供可以证明这一史实的任何证据。为了寻找证据，笔者翻阅了几本关于赤穗浪士的传记，并在其中寻得一些相关联的资料。

在写于宝永元年（1704）的《赤穗精义参考内侍所》中，虽然没有提到“鸭肉生鸡蛋盖浇饭”，但其中说到堀部弥兵卫在突袭当晚，端出美酒佳肴为大家壮行。而成书于享保四年（1719）的《赤城义臣传》里，描绘了大石内藏助麾下24名浪人品尝野鸭的场景。他们聚集在崛部家，举行了最后一次酒会，食用了野鸭。弥兵卫的妻子虽为柔弱女子，却有一颗刚毅之心，她准备了象征“胜利”的栗子（胜栗）和代表“喜悦”的海带（日语中“海带”与“喜悦”发音有类似之处），为将士们壮行。而且，她还煮了野鸭蔬菜汤款待众人，寓意取敌人首级、获得功名。不过，这里提到的是野鸭汤，而不是鸭肉生鸡蛋盖浇饭。

之后在嘉永六年（1853）的《赤穗义士传一夕话》中，记载了这样一个故事：某日，当浪人们在崛部家集合时，细井广泽来了，他从袖笼里拿出几个鸡蛋，赠予将士们食用。这则故事不是对突袭前的描写，也没有任何鸭类食物出现其中。

笔者粗略地看了几本忠勇传，并没有发现池波所说的“鸭肉生鸡蛋盖浇饭”。也许这是美食家池波从相关赤穗浪士的传记描述中获得了灵感而发明的一道创意菜。即使你没有真正品尝过它，你也能从池波的文字中感受到这是一道美食。然而，现代的日本人能否在现实生活中想象出这道菜的真实味道呢？答案或许是否定的。

“吾辈”爱吃雁肉火锅

将野鸟菜肴写进小说的小说家并不仅限于池波正太郎。在明治时代，野鸟仍被普遍食用，文豪们比今天更加熟悉和着迷于野鸟的美味，他们的许多作品中都有出现野鸟美食。

例如雁肉火锅。这是一道适合秋冬季节食用的季节性菜肴，指将白额雁、豆雁等雁类的肉与大葱等配料一同放在锅中边煮边吃的火锅料理。昭和四十六年（1971）开始，日本法律明文规定禁止猎杀白额雁、豆雁等雁类，所以当下我们已无法品尝到这道菜。然而，在明治时代（1868—1912），每逢冬日，东京的平民便极度向往这道美食，它可谓日本冬天里的一首风物诗。

在现在的东京台东区上野恩赐公园附近，从上野站到御徒町站之间的地区，有一个古时被称作“山下”的地方。在那里，直至明治时代末期，有一家餐厅的菜单上一直都有雁肉火锅这道菜。这家著名餐厅叫作“山下雁锅”，早在江户时代就有了。山下地区在18

世纪末之前是一条私娼街（未经幕府批准的风花雪月之所），并因而繁荣。私娼被取缔后，人们在这条街上开起了各类杂耍表演的小铺，很是热闹，如马戏、杂技、说书、木偶戏、茶馆等等。这条街是江户之子[①]聚集游乐的场所。

江户时代后期，人们仿照相扑运动的排行榜，绘制了一份江户餐馆的排行榜，其中可以看到“山下雁锅”字样。将城市分为东边和西边进行排名，参考相扑选手的等级制，[②]把居于首位的店叫作“大关”，其后依次是关胁、小结、前头。这个榜单很受民众的欢迎，就像今天的《米其林指南》一样。在“即席会席御料理”（图1）排行榜中，有很多著名餐厅上榜，而“山下雁锅”更是被特殊对待，列在了榜单中央的“行司”（相扑比赛的裁判员）位置，足见人们对它的喜爱。

---

① 江户是东京的旧称，江户之子指土生土长的东京人。

② 相扑选手按运动成绩分级，横纲是最高级别，其下依次是大关、关胁、小结、前头、十两、幕下、三段目、序二段和序之口。

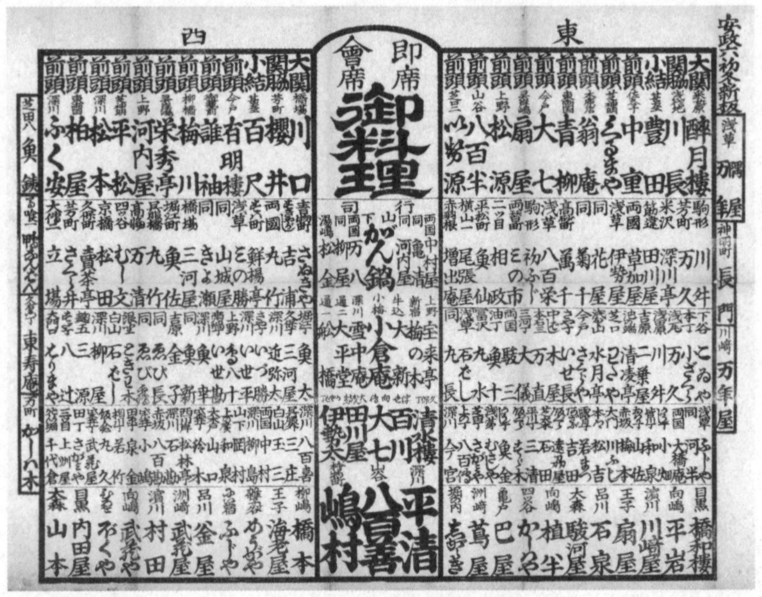

绪图1　餐馆排行榜。榜单上列有多家经营禽鸟料理的著名餐馆。位于行司（相扑比赛的裁判员）中央的有“山下雁锅”；相当于劝进元[①]（从下往上第二段）的有“大恩寺前 田川屋”；最下方的劝进元的中央有“山谷八百善”；西面的“番外（榜单外附店）”有“马食－鸭南蛮”等

（《即席会席御料理 安政六年初冬新版》，东京都立中央图书馆特别文库室收藏）

“山下雁锅”餐厅获得了明治时代众多文豪的青睐。夏目漱石便是其中之一。在其代表作《吾辈是猫》中，出现了山下雁锅的身影。

这天下午，我照例去走廊上睡午觉，做一梦，梦见自己变成了老虎。吩咐主人拿鸡肉，主人便应声“是”，小心翼翼端上前来。

① 相扑比赛等的发起人，主办方。

迷亭（吾主人的好友——引用者注）来了，我跟他说想吃雁肉，让他到雁肉火锅店给要上一份，他却胡诌起来，说什么雁肉需辅以腌萝卜、脆米饼，方能品出滋味。我遂张开大口冲他怒吼，那迷亭被我这一吓唬，脸色惨白，忙解释道："'山下雁锅'已经倒闭了，如何是好？"我应道："既然如此，将就一点牛肉也行，速去西川给我弄一斤牛里脊，速去速回，否则我就把你吃了！"迷亭吓得撩起袍子飞奔而去。（夏目，1906：131-132）

《吾辈是猫》是日本文学史上一颗璀璨的明珠，主人公"吾辈"尤其爱吃雁肉火锅。即使在午睡的梦中，也对它念念不忘。而且对于"吾辈"而言，雁肉比鸡肉和牛里脊肉更胜一筹。在文中，漱石提到山下的雁锅已经倒闭。确实，在漱石撰写该书的1906年（明治三十九年），经营了近百年的"山下雁锅"店，落下了帷幕。

在《吾辈是猫》出版后的第二年，也就是1907年，漱石开始在《东京朝日新闻》上连载《虞美人草》，其中也出现了"山下雁锅"的字样。他甚至不顾故事情节，插入一句毫不相干的感叹："雁锅消失已久"（夏目，1913：255）。可见漱石多么想传达他对雁锅消失的惋惜之情。此外，"鸭南蛮"（鸭肉葱花荞麦面）在《吾辈是猫》一书中也有出现。

"山下雁锅"与明治的文豪

接下来，我们来看看另一位著名作家——森鸥外。他也是熟知山下雁锅，并将其纳入自己作品中的作家之一。他的长篇小说《雁》的主人公是东京大学医科系的一名学生，这名学生在其散步途中看到了山下雁锅店。“走下寂静无人的无缘坡，在不忍池北侧徘徊，那里的水如蓝染川一样污浊，继而来到上野的山间闲逛。之后穿过有着松源、雁锅等老店的广小路，以及狭窄而热闹的仲町，步入汤岛天神神社……”（森，1915：8）。对于和主人公一样在东京大学医学系就读的鸥外来说，位于上野山下、靠近大学的山下雁锅店，是他十分熟悉的地方。

有趣的是，鸥外在这里用雁锅店作为地标，来解释主人公的散步路线。换句话说，至少对于东京人而言，“山下雁锅”非常有名，只要提及，人们就会知道它位于何处。若以今天的东京来看，它就像银座四丁目十字路口的和光本馆的钟楼[①]，或者涩谷站前的忠犬八公像[②]。在明治三十年（1897）出版的东京鸟瞰图——《东京一目新图》中，“雁锅”的字样与其他著名公司、名胜古迹并排而列，足见它是上野地区的一个重要地标（图2）。

① 和光百货是日本著名的高端百货店。其本店位于东京银座的核心，最繁华地段的四丁目十字路口，也叫“银座和光”，被誉为银座的标志。和光百货也叫和光时钟塔，是银座的超级地标。

② 忠犬八公铜像位于东京的涩谷站广场，作为约见会合的地点而闻名。

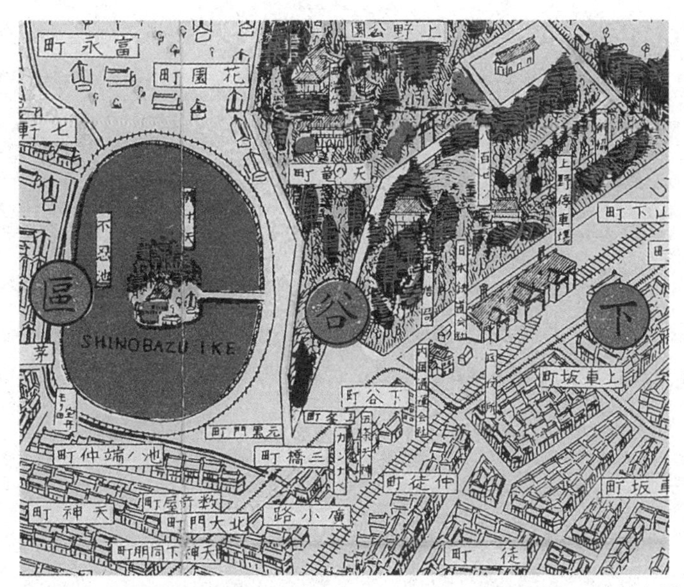

绪图2　标有上野的山下雁锅店的地图。图下部箭头所指处有“雁锅”字样
[《东京一目新图》（部分），国际日本文化研究中心收藏]

鸥外还让他的作品《涩江抽斋》中的人物，在山下的雁锅店里边喝酒，边骂骂咧咧（森，1949a：247）。在鸥外撰写该作品时，山下雁锅已经关闭了大约十年，但他在作品中复苏了对雁锅店的记忆。与漱石一样，鸥外肯定也对山下雁锅的味道难以忘怀。在《芋头之芽与不动明王之眼》（森，1949b：267）中，他也同漱石一般，介绍了“鸭南蛮”。身处同一个时代的漱石和鸥外，显然都很钟爱雁肉和鸭肉的美味。

山下雁锅还出现在泉镜花和冈本绮堂等知名作家的作品中。

此外，在中里介山的长篇巨著《大菩萨岭》的第十卷《市内骚动之卷》中，也记述了盗贼百藏和女剧团团长小角“来到山下雁锅喝酒”（中里，1939：179）的场景。介山本人或许也曾为店中的雁锅所吸引，小酌了几杯吧。

在江户时代到明治时代的过渡期，日本近代落语大家三游亭圆朝极为活跃。他创作了诸多“三题单口相声”[①]，例如以上野地区为舞台创作的“大佛饼”。相声的开头是这样的：“那是在山下的雁锅前面一点，一条弯弯曲曲的小街上发生的故事。”（三游亭，1928：358）可见，山下雁锅是一个方便的地标，只要提及这个地方，观众的脑海中便会立即浮现出上野地区的景象。

被遗忘的江户名物

俳句诗人正冈子规是夏目漱石的挚友，也是位心系山下雁锅之人。子规住在上野附近的根岸地区，那里同时云集着漱石、鸥外和其他喜爱山下雁锅的文人。在子规的随笔集《病床六尺》（他日日笔耕直至离世二日前留下的作品）中，他写道：“当我来到上野的入口，看见在一座三层楼的建筑上有块大雁的浮雕。这就是著名的‘雁锅’店。”（正冈，1947：59）这里的“雁锅”，自然指的是山下雁锅。该店气势宏伟，坐拥三层楼阁，楼阁顶部是巨大的瓦片，屋脊上雕刻着的大雁是该店的象征（参照本章辑封图）。病床上的子规，或许祈祷着有一天能再次品尝到雁锅的美味。

---

① 落语即单口相声，三题单口相声是其中的一种，指一个故事中通常包含三个主题。

志贺直哉是一位白桦派的著名作家，他的才华得到了夏目漱石的认可。为夏目欣赏的志贺直哉，是一位喜食鸭肉而非雁肉的文豪。志贺直哉、武者小路实笃等白桦派的文人后来移居至千叶县的我孙子市，他们的另一位白桦派同道柳宗悦（发起民艺运动的思想家）的别墅就在那里。我孙子市是一个靠近手贺沼地区的风光明媚之所。正如下文将叙述的那样，手贺沼是向江户供给雁肉鸭肉的主要货源地之一。也许是因为这个原因，志贺的作品中描绘了人们购买野鸭的场景。

志贺在写于大正七年（1918）的一篇题为《十一月三日午后之事》的短篇小说中，描写了这样的情景：主人公去往柴崎（现在的千叶县我孙子市）的鸭子店买野鸭，却没有买到，因为“它们早上刚被运往东京”（志贺，2020：93），鸭店老板建议其购买鸳鸯代替。主人公拒绝了，他仍然想要野鸭，最终鸭店老板从附近的同行处帮他弄来了一只。主人公把野鸭带回了家，让务农的邻居帮忙杀了。

这部小说可能是根据志贺在我孙子市居住时的亲身经历所写的。通过这部小说，我们可以隐约了解到野鸭产地手贺沼周围农村的水禽交易情况。手贺沼也是大雁的产地，所以山下雁锅店里的大雁，可能也来自这里。

在大正三年（1914）出版的《下谷繁昌记》中，也有关于“雁锅（三桥町）”的记述。“在东京，很久以前就有家店以卖雁锅闻名，雁锅是遥远的江户时代的名物，可如今我们已痛失了这道美食，实乃憾事。”（明治教育社，1914：232）

山下雁锅出现在了众多的文学作品中，稍后在讨论与野鸟相关的江户饮食文化时我还会再次提到（参见第三章），在这里希望大家先记住，现在法律禁止捕捉的野鸟，曾深受明治时代的文豪及东京市民的喜爱，雁锅等野鸟佳肴曾是人们耳熟能详的美食。然而，百年前有关食鸟文化的记忆，如今却被遗忘在风中了。

鸟肉还是鸡肉?

在日本的普通超市和肉店里，鸡肉极为常见，却很难见到其他禽类的肉。而且，餐馆里提供的禽鸟料理也几乎都是鸡肉所做。虽然也有一些餐馆提供鸡肉以外的鸟肉菜肴，但这些餐馆的数量远远少于菜单上只有鸡肉料理的餐馆。居酒屋的招牌菜“烧鸟”和“炸鸟块”，大多由鸡肉制成，火锅里所谓的“鸟肉”也是如此。

在日本，提起“鸟肉”便意味着“鸡肉”（在关西称为“Kashiwa”），也就是说，在现代日本人的饮食生活中，“鸡肉”已成为“鸟肉”的代表。然而，鸡肉成为这一代表并非久远之事，日本人不食用鸡以外的鸟类，不过只有短短50年的历史。第二次世界大战结束后的一段时间，东京筑地售卖禽鸟的老店门前，还曾摆放着野鸭、麻雀、鸫鸟等野生鸟类（照片1、2、3）。

照片2

照片3

照片1

照片1　第二次世界大战刚结束（1940年末——50年代初）时，在“岛腾”（东京禽鸟批发市场）出售的野鸭（http://austin.as.fsu.edu/items/show/621）

照片2　不同种类的野鸭价格也不同（http://austin.as.fsu.edu/items/show/848）

照片3　鸭肉店内除了野鸭外，还有麻雀、斑鸫等野鸟，并出售鹌鹑蛋（http://austin.as.fsu.edu/items/show/853）

[以上三张照片全部为佛罗里达州立大学馆藏，其中照片1为GHQ自然资源局野生生物科科长奥利巴－奥仕廷拍摄。

Permission for commercial use of the images in the Oliver L ,Austin Photographic Collection has been granted by the Institute on World War Ⅱ and the Human Experience at Florida State University(FSU),and Dr.Annika A.Culver.Collection Curator.]

当然，即使是现在，也有一些肉店会为美食家提供鸭肉（大部分是杂交鸭和家鸭），或为注重健康的人士提供鸵鸟肉，但这并不常见。关西地区在历史上曾盛行食用禽鸟，特别是在古都京都，有许多历史悠久的野鸭火锅店。冬天，在京都的后厨房——锦市场[①]的禽鸟专卖店里，野鸭、杂交鸭、麻雀等琳琅满目地陈列着。然而，那样的光景在日本其他地方并不多见。

另一方面，如果环顾世界，不难发现，某些国家市场上流通着的鸟类品种远远多于今天的日本。以法国为例，漫步食材市场（marché），你看到的不仅有猪肉、牛肉、羊肉、鸡肉，还有整只鸭子、鹌鹑、珍珠鸡等家禽在售卖。秋冬季节，当狩猎禁令解除后，刚被捕获还没来得及进行褪毛处理的野鸭、岩雷鸟、鸽子、丘鹬和斑翅山鹑等野生鸟类，也出现在野味商店的门前。菜市场上同时出售各种野生鸟类和家禽，购买这些鸟类的法国人具备处理和烹饪它们的知识与技能，并将这种享用鸟类美食的饮食文化传承至今。

再看邻国中国。鹌鹑、鸽子通常都在市场上与鸡一起出售。直到不久前，这些禽类都是活体售卖的，顾客可以把它们活生生地带回家中宰杀烹饪，从而品尝到新鲜的禽鸟肉。但自从 2002 年SARS和禽流感成为社会问题后，活禽交易受到了极大的限制，在城市地区，活禽交易几乎已销声匿迹。

---

① 锦市场是位于京都市中京区中部“锦小路通”的一条商店街。沿街的商铺大多销售海产品、蔬菜等生鲜食品或干货，以及腌菜等加工食品，且老店众多。在这里可以买到众多京都特有的食材，因此锦市场又有“京都的厨房”之称。

现在仍可以食用的野生鸟类

与这些国家相比，在日本可以食用的鸟类极少。然而事实上，目前在日本可以猎取和食用的野生鸟类多达28种（表1）。当然，猎捕鸟类只能由获得狩猎许可证的猎人，在限定的狩猎期（北海道为10月1日至翌年1月31日，北海道之外为11月15日至翌年2月15日，各县的狩猎期和允许捕猎的鸟类略有不同），于获得许可的地区，采用被合规方法捕猎规定数量的鸟类，而非任何人都可以随心所欲地猎取。有一些野鸟，如鸬鹚和乌鸦，通常被认为是有害的，所以猎捕它们并非为了食用而是为了消灭之。但在茨城县的部分地区，即使是乌鸦也会被作为食物。

表1　日本允许狩猎的28种野鸟（2021年5月资料。各地略有不同）

日本允许狩猎的28种野鸟
鹈鹕　夜鹭　绿头鸭　斑嘴鸭　绿翅鸭　罗纹鸭　赤颈鸭　针尾鸭
琵嘴鸭　红头潜鸭　凤头潜鸭　斑背潜鸭　黑海番鸭　松鸡　长尾雉
（白腰长尾雉除外）　野鸡　竹鸡　黑水鸡　山鹬　田鹬　山斑鸠
栗耳短脚鹎　山麻雀　麻雀　灰椋鸟　秃鼻乌鸦　小嘴乌鸦　大嘴乌鸦

尽管存在猎捕活动，但在日本的普通市场上却鲜有这些野鸟食材流通。只有少数持有狩猎许可证的猎人或相关人士，以及去提供这些鸟类的餐馆用餐的顾客可以品尝到这些野味，普通人无法轻易享用。不过，现代日本人并没有因为野鸟肉不在市场上流通而感到不便，他们甚至没有考虑购买野鸟，让其出现在家庭餐桌上。相反，如果真要食用野鸟，他们可能会感到相当为难，从而踌躇不决。

假设有人送给你一只带着羽毛的野鸟。如果不知道如何拔掉羽毛、分割身体、对鸟的各个部分进行烹饪，那么你会觉得一筹莫展，只能傻站着，看着砧板上的鸟手足无措。对于这样的人来说，无论野鸟肉多么鲜美，都毫无意义。不过在日本，曾经也有许多人能够熟练地处理和烹饪野生鸟类。

不同野鸟的不同滋味

本书主要考察鸭目鸭科，即雁鸭科的鸟类，它们是季节性候鸟，秋季从大陆飞到日本过冬，春季返回大陆（也有斑嘴鸭等非季节性迁徙的留鸟）。有些鸟类，比如绿头鸭，也在日本本州岛中部以北的山区或北海道的平原上繁殖后代，但大部分的雁鸭科鸟类，会在夏季于西伯利亚等大陆地区集中繁殖。从大陆迁徙而来的鸟类，冬季会在日本停留数月。

在雁鸭科鸟类中，有如绿头鸭（Anas platyrhynchos）、斑嘴鸭（Anas zonorhyncha）、绿翅鸭（Anas crecca）等中小型水鸟，也就是所谓野鸭的同类，在本书中我将它们统称为野鸭。当然，生物学上并不存在野鸭这个“种”，我在本书中将生物学意义上的“种”与一般意义上的“种类”区分使用。

“野鸭”一词是一个统称，它是若干个“种”的集合体。在日本的日常生活中，野鸭的说法极为普遍。但人们并没有意识到，在被称为野鸭的鸟类中，存在许多生物学意义上的“种”。鲜有人能区分不同“种”鸭肉的味道，如绿头鸭、斑嘴鸭、针尾鸭（Anas acuta）

及赤颈鸭（Anas penelope）。在食用野鸭时，现代日本人基本无法识别和区分不同的“种”。

然而，过去确实有人知道野鸭的味道因“种”的不同而不同，并能品出不同的滋味。例如，一位从大正到昭和时期为宫内府[①]（现在的宫内厅）工作的驯鹰者感慨说：“鸭肉也分等级，按照绿翅鸭、绿头鸭、针尾鸭和斑嘴鸭的顺序依次排列。其余野鸭，特别是海中的鸭子，或许是吃了鱼的缘故，身体有股异味。最美味的野鸭，还是食用谷物长大的绿翅鸭和绿头鸭。”（花见，2002：136）

现在，许多日本人单纯地认为，野生品种绿头鸭家养后繁衍出的家鸭和杂交鸭，味道与野鸭并无二致。虽然这些鸭子也很美味，但它们并非野生，所以不能被称作野鸭。不过在现实中，家鸭、杂交鸭等家禽肉通常也被称为野鸭肉，在日本市面上销售。即使是每年在高档法国餐厅享用鸭肉的名人，也不知道或不关心食用的究竟是野鸭肉还是家鸭肉。

现代日本人再无机会品尝的鸟类

如上所述，目前日本允许对 28 种鸟类进行狩猎，该分类也基于生物学上的“种”。其中，绿头鸭、斑嘴鸭、绿翅鸭、罗纹鸭、赤颈鸭、针尾鸭、琵嘴鸭、红头潜鸭、凤头潜鸭、斑背潜鸭，以及黑海番鸭等 11 种通常被统称为野鸭。如果当下你食用野鸭，便意味着在品食这 11 种中的一种，但实际上它们在市场上并不多见，

① 日本主要掌管天皇、皇室及皇宫事务的政府部门，1949 年改制为今天的宫内厅。

所以家鸭、杂交鸭也被混作野鸭，日本人把它们都当作野鸭来食用。此外，还有一些种类的野鸭，如花脸鸭（Anas formosa），曾经被认为是可食用的，但当下已被禁止猎杀。换言之，在古代，日本人可以品尝到更多种类的野鸭。

照片4　大天鹅 摄于福岛市阿武隈川 中司隆由拍摄

照片5　丹顶鹤 摄于钏路市郊外 中司隆由拍摄

与野鸭同属雁鸭科的大型水鸟，如大天鹅（Cygnus cygnus）、小天鹅（Cygnus columbianus）、白额雁（Anser albifrons）、豆雁（Anser fabalis）等，也就是所谓大雁的同类，通常被统称为大雁。它们的身形比鸭子更为壮硕，肉质也比鸭肉更有嚼头，但现在，大雁家族的所有成员都是被禁止猎杀和食用的对象。

照片6　绿头鸭 摄于志木市柳濑川 中司隆由拍摄

照片7　白额雁 摄于宫城县伊豆沼 楠田守拍摄

除大雁和野鸭外，江户时代的日本人还食用其他一些水禽，特别是那些生活在湖泊、河流等内陆水面的水鸟，在本书中我将它们统称为水鸟。也就是说，本书的内容以大雁和野鸭为主，同时也包括鹤，如丹顶鹤（Grus japonensis）、白头鹤（Grus monacha）、白枕鹤（Grus vipio），以及鹭，如夜鹭（Nycticorax nycticorax）、苍鹭（Ardea cinerea），还有鹏鹛，等等。它们都曾经被食用，但人们现已失去了享用它们的机会。如今，只有苍鹭仍被允许猎捕，但是品尝过野苍鹭的人比起吃过野鸭的人，少之又少。

除上述水鸟外，本书还关注现在仍可食用的野鸡、麻雀，以及现在被禁止食用的林鸟类，如云雀、鸫鸟及野生鹌鹑。野生鹌鹑在平成二十五年（2013）才从可狩猎鸟类名单中被删除。换言之，直到最近，人们还可以食用野生鹌鹑，但由于它们的数量大为减少，所以最终被禁止捕猎。现在我们吃到的鹌鹑，都是家养的。

在日本，与野生鸟类相关的饮食文化在江户时代达到了顶峰。那时，野生鸟类的捕猎技术已经很成熟，流通体系已经完备，管控机制也得以细化，因而诞生了日本烹饪史上最丰富的鸟类菜肴。江户时代无疑达到了日本食鸟文化的最高峰。不过，丰富的鸟类菜肴和食鸟文化并非是在江户时代突然生成的。事实上，在江户时代鸟类菜肴百花齐放的景象背后，流淌着日本数千年食鸟文化的历史。因此，在解说江户时代的鸟类菜肴之前，我们有必要先稍微回顾一下江户时代食鸟文化的前史。

第一章 日本食鸟文化的源流——从京城（京都）料理到江户料理

图 1　画面上方的男子在用真鱼箸[①]（鱼筷）和菜刀切割禽鸟，而画面下方的男子则在清理禽鸟的内脏

[《酒饭论绘卷》（部分图），都柏林的切斯特・比替图书馆收藏]

① 日本的筷子按用途分类明确，吃鱼和禽类的筷子叫“真鱼箸”，吃素菜的筷子叫“菜箸”。

1. 日本人从何时起开始食鸟？

日本列岛上食鸟文化的起源

在日本列岛上，人们食鸟的历史，最早可以追溯到古老的绳文时代。据动物考古学的研究成果（新美，2008：226–252）显示，在距今一万多年前的绳文早期遗迹中，已有鸟骨出土。绳文时代遗迹中出土的鸟骨，在本州岛以南地区，多是鸭类和雉类。其中，鸭类遗骨的出土量最高，占总数的29.3%。并且在日本各地的绳文时代遗迹中，均发现了鸭类遗骨（新美，2008：231）。在绳文遗迹中出土的全部鸟骨里，鸭类和雉类合起来占五成，其余还有雁类、鸬鹚类等水鸟，以及乌鸦类和雕鹰类，等等。

此处之所以用“类”来广义概括鸟类的名称，是因为仅从出土骨骼的大小和形状来看，很难对鸟类的生物种类进行详细的识别和区分。比如，此处被归为鸭类的禽鸟，可能包括野鸭、斑嘴鸭等数十种鸭目鸭科的同类。因此，虽说在绳文时代被捕获、食用的各种鸟类有15种以上，但如果在物种层面进行详细统计，数值可能会更高。与生活在日本列岛的现代人相比，绳文人食用的禽鸟种类极为广泛。

古代日本人对禽鸟资源的利用

与绳文时代相比，弥生时代（约公元前3世纪到公元3世纪中期）遗址中出土的鸟骨数量有所减少。到了后来的古坟时代（250—

592），鸟骨的出土数量又进一步减少。而且，绳文遗址中常见的雉类鸟骨在弥生、古坟时代急剧减少，在出土的鸟骨中，雁类、鸭类遗骨占了多数。且雁类、鸭类的鸟骨中混杂有鹤类鸟骨。随着时代的推移，这种倾向愈发明显。由此可以推测，当时随着水田耕作的开始，人们将活动中心转移到了低湿地带（新美，2008：236）。

弥生时代存在食鸟文化的一个重要依据是鸡骨的出土，鸡可以说是家禽的代表。它并非日本土生土长的鸟类，而是在古代就传入日本列岛的进口物种。人们认为，现在仍然存活于东南亚森林中的原鸡（Gallus gallus）是鸡的祖先，它在东南亚被改良和驯化成为家鸡，后经朝鲜半岛传入大陆，并在弥生时代传至日本。

虽然现在鸡已成为日本食鸟文化的主角，但当时出土的鸡骨数量却远少于雁类和鸭类。由此不难推测，鸡最初不是被人们食用的禽鸟，而只是被当作负责打鸣报晓的"报时鸟"畜养的（新美，2008：237）。

不过，在编著于公元10世纪的《延喜式》[①]中，记载了关于食用鸡后的禁忌，由此可见在平安时代，鸡的食用用途已基本确立。不仅如此，食用野鸟的文化也是该时代执政者的饮食文化之重要组成部分。例如，延喜十一年（911），朝廷制定了"六国按日轮流上贡"的制度，规定大城、大和、摄津、河内、和泉、近江这六个靠近京都的领地，轮流承担向朝廷进贡"贡品"的义务。这里的贡品，

① 《延喜式》指日本平安时代中期的律令政治基本法的实施细则。

指的是上贡给朝廷的食物。书中还列举了各领地向朝廷进贡的鱼类和鸟类名称，据记载，山城、大和、河内、近江等领地主要上贡雉鸡、鸽子、鹌鹑、野鸭、绿翅鸭（日语汉字写作“高戸”，小水鸭的古称）、小鸟（鸟名不详），而河内和摄津则主要上贡“禽鸟蛋”。这表明京都（朝廷）和周边地区通过鸟类物产进行联结（大山，1988：254–255）。

平安时代（794—1192）以后，在以天皇、贵族为中心的宫廷文化中，食鸟文化逐渐形成并体系化，其中包括野鸟的食谱、烹饪方法、用餐礼仪等。

禁止杀生与食鸟

从古代[①]到中世[②]，基于神佛严禁杀生的教义，日本出现了全面禁止捕鱼、狩猎动物等一切杀生活动的动向。特别是在当权者是虔诚的佛教徒时，佛教获得了巨大的政治影响力，佛教教义在社会上被积极推广。这种理念性、宗教性的规范，对该时期的食鸟文化产生了巨大影响。

例如在平安时代，笃信佛教而出家的白河法皇，是禁止杀生政策强有力的推行者。12 世纪初，根据白河法皇的命令，朝廷停止了周边六城的上贡制度，强制京都城内的养鸟人放生鸟类，并逮捕猎

---

① 日本历史的古代具体指从奈良时代的开始的公元 710 年到平安时代的结束的 1192 年。在日本历史上，奈良时代和平安时代通常包括大和政权时期。

② 日本的中世约持续了三个半世纪，始于镰仓幕府创立的 12 世纪末，止于室町幕府灭亡后内战爆发的 16 世纪中叶。

鸟者（苅米，2015：1967）。在这样的政治背景下，公开场合食鸟变得相当困难。

但即便是这种宗教和权力的双重统治，也无法完全控制人们猎食野鸟的欲望。事实上，原本很多掌权者就喜食野鸟，并通过品食野鸟来彰显其权威，所以他们无法轻易放弃食用野鸟。

饮食文化史专家原田信男认为，弥生时代后期的日本，出现了禁食荤腥的思想萌芽；在律令国家[①]时代，受到佛教教义及稻作文化的影响，人们避忌肉食的倾向有所加强；到了中世，肉食被视为污秽之物的意识逐渐渗透到民间；而在近世的江户时代，这种避忌肉食的观念达到了顶峰。但是，人们并非完全不食肉，实际上，在各种各样的场合人们都会食用肉类。他们认为，与牛马等家畜相比，野生动物的肉相对洁净，所以食用野鸟及野兔等小动物的现象相当普遍（原田，2009：44—45）。也就是说，禽鸟肉更让人安心。因此，当时日本人餐桌上的禽鸟种类十分丰富。

中世京都的野鸟生产与流通

在中世的日本，捕猎野鸟及负责野鸟运输流通的人活跃在京都及其周边地区，为满足京都人的口腹之欲做出了贡献。负责生产、捕获山野河海的各种物产、食材，供皇家和权威神社使用的专职

① 指古代日本的中央集权制度，其律令仿效唐朝的法律体系编撰施行。在日本，律令制也叫“律令体制”或“律令国家”。奈良时代，大宝律令全面推行，标志着律令体系的初步确立和日本律令制国家的形成。

人员被称为“供御人”。他们中的一部分人，成为野鸟捕猎和流通的开拓者。作为上贡物产的回报，供御人被免除各种劳役，并获得了剩余物资的销售权和垄断权。他们隶属于名为“内膳司”的官府，由掌管宫中饮食的部门“御厨子所”监管。

13 世纪的镰仓时代中期，京都“三条通”（道路名称）以南的鱼鸟、蔬菜、点心销售商，作为“御厨子所”的供御人，受到“御厨子所”的管辖。在这些供御人当中，除了进献鱼的生鱼供御人、进献莲藕的莲藕供御人、进献竹笋的竹笋供御人外，还有进献野鸟的“禽鸟供御人”（奥野，2004：117）。

在 13 世纪到 14 世纪有关“御厨子所”记录的文书中，除“禽鸟供御人”外，还可以看到“鲤鸟供御人”“鱼鸟供御人”等记载。担任这类职务的人，需要同时上贡鱼和鸟两种物产（大山，1988：274）。据推测，这里所说的鸟，并非单纯指代所有鸟类，而是特指在淡水湖川栖息的雁鸭类水鸟。淡水流域的河川湖沼既是饲养鲤鱼等鱼类的渔场，也是捕猎野鸭等水鸟的猎场。换言之，在那里活动的人既是渔民也是猎手。文献中并未详细说明这些供御人在哪里捕猎或获取鱼鸟。但畿内（指京都周边五国）到处都是河川湖沼和低湿地，鱼鸟资源丰富，所以想必不乏货源供给地。其中，琵琶湖被认为是京都最重要的野鸟供应基地。

“供祭人”是指通过供应神馔（供神的贡品）获得谋生特权的群体，他们与为朝廷服务的供御人一同隶属于高威望的神社，在捕猎水鸟方面也发挥着重要作用。11 世纪，受下贺茂神社管辖的琵琶湖坚田（现在的滋贺县大津市）的居民们，成为下贺茂神社的供祭人，他们获得了在琵琶湖经营渔业和航船的特权，并且可以在湖上猎鸟。根据江户时代的文书记载，坚田的“鱼鸟猎人”们在春夏秋三季经营渔业，从冬天到初春时节则用“流粘绳猎”的方式猎鸟（横仓，1988：39）。流粘绳猎的狩猎方法，在琵琶湖沿岸被称为粘胶绳猎、粘绳猎等，这种捕猎方式一直持续到昭和三十年代，即在琵琶湖禁止捕鸟后才停止使用。

所谓“流粘绳猎”，是将粘鸟胶涂在藤蔓上，然后将藤蔓放至湖面，缠住水中的野鸭、大雁等水鸟的狩猎方法。粘鸟胶是日本人猎鸟时普遍使用的材料。人们将冬青及山核桃之类的树皮捣碎，通过水洗的方式去掉纤维质，剩下的黏着性物质便可制成粘鸟胶。日本各地的人们都会使用这种粘鸟胶捕鸟，他们在竹竿、绳子、竹篾等物品上施用粘鸟胶，捕捉各种各样的鸟类。虽然这种猎鸟方法现在已被禁用，但直至第二次世界大战结束前，这种方法还在日本各地被广泛应用。

禽鸟交易的特权化

御厨子所对禽鸟供御人的管辖权，后来被移交至了负责管理皇室财产运营、收支的“内藏寮”。元弘三年（1333）的紧急呈报《内藏寮领等目录》中，有一篇为“一、禽鸟供御人每年四十鸟”的记载，大意是禽鸟供御人通过每年献供四十只鸟，可以获得经营鸟类生意的特权。随着时代的发展，供御人组建了被称为“座”的行业组织。与供御人一样，这个组织通过纳贡获得相应的特权，并在此基础上进行垄断性营业。而由禽鸟供御人组成的专属行业工会名为“鸟座”。室町时代天文年间（1532—1555），京都从事禽鸟生意的行会共有三座，分别为三条座、五条座、七条座，合称“鸟三座”。据说除了这三座之外，任何商人都不能从事鸟类业务（丰田，1982：354）。其中，三条座由前文介绍的御厨子所的供御人团体演变而来。

买卖禽鸟可以获利，且利润可观。天文十三年（1544），通过为京都的祇园社（现称八坂神社）提供贡品而获得京都水果生意专营权的“犀鉾神人”（隶属于神社而获得特权的商人），无视鸟三座的垄断权，肆意违规售卖禽鸟。因此，鸟三座向室町幕府控告了这一严重侵权行为。将这一围绕禽鸟买卖的纠纷闹上了法庭。

除雁、雉、鹤等鸟类外，鸟三座还销售狼、猴子、兔子、狐、狸、水獭等兽类之肉。有趣的是，除了这些动物之外，鸟三座竟然还出售粘鸟胶（丰田，1982：341）。也就是说，鸟三座通过掌控生产手段（即狩猎中必不可少的“粘鸟胶”的供应）和猎物的供给路径，进而从源头上把控了当时的野鸟流通渠道。围绕粘鸟胶的买卖，鸟三座甚至设置了名为“鸟饼（鸟胶）座”的专卖机构，由此，当时使用粘鸟胶狩猎的空前盛况可见一斑（丰田，1982：214）。

中世还存在一些禽鸟零售商。15世纪末出版的《三十二番职人歌合[1]》[2]画卷中，有一幅图描绘了用扁担挑着鸟笼四处叫卖的“鸟贩”（图 2）。但不清楚这种鸟贩与鸟三座之间有怎样的关系。在这本画卷中，还描绘了捕鸟人用“鸟刺”，即用前端附有粘鸟胶的竹竿，捕捉小鸟的情景。

图2　鸟贩

（《三十二番职人歌合》，国立国会图书馆收藏）

---

① 指将歌人分成左右两组，将其所吟咏的歌曲比高下的游戏，或指文艺批评的沙龙。

② 《三十二番职人歌合》是日本中世时期编纂的职人歌合之一。承袭了 13 世纪以“三十六歌仙”为主题创作的歌合《三十六歌仙画卷》的描绘方法和构图，以 15 世纪末（1494 年）当时开始兴起的“匠人”为主题，选取 32 种职业描绘而成。

2. 中世的禽鸟料理

镰仓时代朴素的禽鸟料理

撰写于13世纪末的《厨事类记》记录了平安时代末期至镰仓时代末期的宫廷、公卿的饮食掌故，是日本最古老的料理书之一。该书详细记述了配膳之法、餐具使用规制、用餐礼仪等。尽管这本书对餐具的尺寸、摆盘方法、食材部位的使用规定等有极为详尽的描述，但对烹饪方法的记述却相当简单，只有寥寥数语。

仅从《厨事类记》的记载来看，13世纪左右，宫廷料理这种所谓的高级料理，与现在相比显得极为朴素。与江户时代不同，在尚无大豆酱油的室町时代，调味只能依靠醋、酒、盐或“色利（用大豆及鲣鱼熬制的汤汁）”等调味料。人们用餐时把这些调料摆放在餐桌上，或蘸或浇，根据自己的喜好调味。

中世初期的烹饪书对食用禽鸟料理的禁忌和食用禽鸟的礼仪描述得十分详细，却对禽鸟料理的调味方法和烹饪方法着墨甚少。尽管这些内容非常重要。如菜谱①所示，只有在风干、刺身[①]、煎烤、羹汤等类别中对禽鸟料理有简单介绍。不得不说，镰仓时代的烹饪书中所记载的禽鸟料理并不考究，烹制过程也不复杂。

① 指将新鲜的鱼、贝类生切为薄片，蘸取酱料生吃的菜肴。

【菜谱①　镰仓时代的禽鸟料理】

鸟酱　说起酱，即使是现在，像秋田的“盐鱼汁”、石川的“鱼汁”这种以鱼为原料制成的鱼酱也非常有名。但在几十年前的伊豆诸岛的御藏岛，还有一种将水簸鸟的内脏盐腌发酵后制成的鸟酱。江户时代以前，酱油尚未普及，以鱼为原料的鱼酱和以鸟为原料的鸟酱发挥着调味作用。虽然在江户时代之前，鸟酱一直作为禽鸟料理的调味料使用，但进入江户时代后，味噌和大豆酱油取而代之，成为主要调味料。因此可以推测，江户时代的烹饪书中出现的禽鸟料理与镰仓时代的禽鸟料理的味道大不相同。

鸟干　在《厨事类记》中，记载了以禽鸟为原料制作干货，即“鸟干”的做法。当时，野鸡是经常被食用的一种鸟类。制作鸟干时，不以盐腌渍，而是直接将野鸡肉晒干后削成小块，供人们食用。在10世纪出版的《宇津保物语》中，也出现了“云雀鸟干”之类的鸟干名称，由此可知，这是一种从古代流传下来的历史悠久的食物制作方法。鸟干也是一种易于保存的食物。

生鸟　在《厨事类记》中，生的野鸡还可以做成“生鸟”。生鸟是“鲙”①的一种，将生野鸡肉切碎即可制成。也就是说，鸟也和鱼一样可以以生切薄片的形式生吃。虽然现在鸡肉偶尔也有生食的，但在那个时代，生食鸟肉和生食鱼片一样普遍。江户时代的烹饪书中也有关于雉、鸭、雁、鸡等的“鸟刺身”的记载。如今，食

---

① 把鱼、贝类或其他肉类生切成细条、小块或薄片，蘸调味醋等酱汁食用的菜肴。

物中毒的危险性备受关注，令喜爱生食鸟肉之人多少感到畏惧，但鸟刺身历史悠久，可以说是日本的传统食物。“胰”这一脂肪较多的尾部肉也常被作为刺身原料。虽然我们无法知晓当时这道菜的味道，但不难推测镰仓人大抵是蘸着醋、酒、盐、酱、色利等调味料吃的。胰也被称为“油尻”，即现在所说的鸡屁股或鱼尾周边部分。对现代人来说，生食这些部位有点难以想象，但这类刺身也有可能是焯水后食用的。

野鸡腿 常以煎烤的方式烹饪。

鸟臛汁 “臛”指的是含有肉的汤汁，在皇子着袴之仪[①]（现在的七五三仪式）时，会食用这种汤汁。

室町时代初期的禽鸟料理

随着时代的推移，进入室町时代后，很多书籍中都出现了关于禽鸟料理的记载。从中我们不难发现，禽鸟料理的种类逐渐增加，烹调方法也日益精进。

《庭训往来》中所载文献的时间跨度为14世纪的南北朝后期到15世纪的室町初期，据推测，该书是面向武士子弟编写的。书中记载了武士们设宴款待大名[②]、高家（掌管仪式、典礼的名门世家）时使用的食材，除鱼、蔬菜等之外，还包括鹿、野猪、狸、海豚等

① 指皇室的孩子们三岁、五岁、七岁时穿上和服举行的仪式，以此祝愿他们平安成长。

② 大名是在日本室町幕府、安土桃山时代和江户幕府时期，占据一国或数国的封建武装领主，大名往往拥有大量土地。

兽类肉。武士们把野兽肉作为招待重要宾客的宴会食材，可见他们并没有严格遵守禁止杀生的教义。可能是因为相较于公卿贵族，对作为杀戮者的武士而言，避忌肉食这一规定的约束力较弱。

当然，这本书中也提到了禽鸟肉。当时食用的禽鸟种类多达9种，分别为野鸡、雁、鸭、朱鹮、白鸟（天鹅的古称）、鹌鹑、百灵鸟、水鸟（名不详）、山鸟（或为山鸡，通常雌雄成对提供）。现在在日本，朱鹮的野生种群已经灭绝，在世界范围内也只存活有1000多只，而这种珍贵的鸟类，却是当时宴会上的主要佳肴。除了这些生鸟料理，书中还记载了诸如鸟干、鸟酱之类的禽类加工食品。如前所述，鸟干是风干后的鸟肉，处理野鸡时经常使用这种方法。鸟酱则是以小鸟为原料，用盐腌制发酵而成。据《庭训往来》记载，小鸟经常被用来制作鸟酱。鸟酱是将鸟肉或鸟内脏盐渍后做成的发酵食品，所以想必有独特的香味和鲜味。此外，15世纪初，供给天皇食用的“大鸟”有天鹅、大雁、雉、野鸭；“小鸟”则包括鹌鹑、云雀、麻雀和鹂鸟（中泽，2018：98）。

在《庭训往来》中，还记载了佛教的法会大斋所用的食品。其中提到了“平菇煎雁”“平菇煎鸭”等菜名，却没有进一步详细描写，大概是将平菇和雁肉或鸭肉一同煎烧的菜肴吧。若是如此，那就与一道名为“煎皮”的菜非常相似，这道菜出自江户时代的烹饪书，之后还会详细介绍。这也说明，江户时代的部分禽鸟料理就传承于室町时代。

室町时代的禽鸟菜谱

在室町时代，日本料理的正统代表“本膳料理”（宴会料理）的雏形开始出现。所谓本膳料理，是指按照规则依次呈上的“正式料理”（正宗料理），是一种高规格的全套盛宴（熊仓，2007）。本膳料理起源于中世，成熟于饮食文化繁盛的江户时代的文化、文政时期（1804—1830）。虽然注重形式和礼仪的本膳料理被仪式化后，规矩繁多而死板，却是举行庆典时必不可少的神圣料理。为了便于理解，我们可以把它视为更加形式化、规范化的现代怀石料理。在室町时代的饮食文化中，这种仪式化豪华料理的出现，也导致了更加精致考究的禽鸟料理的产生。

随着时间的推移，室町时代的禽鸟料理愈发精致复杂。从当时的烹饪书中记录的菜谱可以看出，禽鸟料理的种类得到了极大的丰富。如后文所述，室町时代形成了多个厨师流派，其中最具代表性的，是四条流派。15世纪末出版的烹饪书《四条流疱丁书》，总结记录了四条流派的精髓，并介绍了各式禽鸟料理。此外，《武家调味故实》（成书于16世纪初）、《庖丁闻书》（成书于16世纪后期）、《大草殿相传之闻书》（成书于16世纪中期）等中世的烹饪书中也记载了多道禽鸟料理的菜谱（见菜谱②）。

【菜谱②　室町时代后期的禽鸟料理】

煎皮　“煎”，即“煎烧”，或称“煎物”，是将食物在锅中炙烤至焦，或煮至水干为止的烹调方法。煎皮是将鸟皮煎烤后调味制成的料理。这是禽鸟料理的一种主要烹饪方式，在江户时代的烹饪书中也出现过。据说煎雁皮时，一定会加入“菌菇”。而除了皮以外不加入其他食材的则叫作“煎素皮”（《四条流庖丁书》）。煎皮时，原本只使用不带肉的皮。原料除了大雁外，有时还会用天鹅和豆雁等。步骤大致如下：把富含脂肪的鸟皮煎出油脂，在鸟皮收缩充分出油时加入菌菇，进行调味。最后，把“香头”，即提香佐料，撒在鸟皮上，就完成了煎皮的制作。香头是带有芳香的佐料，从室町时代流传至江户时代，又一直传承至今。现在为了增味提香，会在清汤里放上大葱、小葱、野姜等佐料，但在室町时代，鱼肉和鸟肉的新鲜度难以保障，所以需要去腥除臭。比如夏天，人们会把柚子切成薄片作为佐料使用。在江户时代的烹饪书中，煎皮的提香佐料中也有柚子。一般在用天鹅、豆雁、大雁做煎皮时，会佐以姜片（《四条流庖丁书》）。日本料理中原本就很少使用动物油，特别是在室町时代，带有油脂的料理更是少之又少。但像雁、鸭类的煎皮，只要一煎烤，食材就会渗出大量油脂，可以品味出肥肉之滋味，可谓肉食料理的精华所在。这在传统日本料理中显得弥足珍贵。对现代人来说，这种煎皮做的水鸟料理无疑也是一种美味。但遗憾的是，书中并未详细说明其味道。如前所述，作为现代日本主流调味料的酱油，直到江户时代才开始普及，所以我们只能自行想象盐和酱等调味料调制出的味道。煎皮在前述的《厨事类记》中也有所记载。而且，江户初期的煎皮，因为使用了高汤和生汁（味噌汁的一种）来调味，所以虽然同样名为煎皮，味道却与室町时代的大相径庭。

烤引垂 “引垂”指的是连同鸟翅在内的鸟胸肉。烤制野鸡的引垂时有个诀窍，即在鸡肉尚有少许红色，也就是半生时将其分割。所谓的烤引垂，就是将鸟胸肉煎至半熟。这种做法使得鸟肉大多带有酸味，特别是如果浇上酒来烤就必定会变酸。因此，为了避免酸味，四条流的厨师会洒水、撒盐后再烤(《四条流庖丁书》)。

烤鸟串 这种烹饪方法与现代料理中常见的烤鸡串非常相似。当然，江户时代也有这种烹饪方法。烤鸟串的步骤如下：将引垂肉(胸肉)插在竹签上，一边烤一边逼出其中的油脂，并将核桃碾碎制成糊裹在肉串表面，然后烤至几乎干透，最后斜切成块(《四条流庖丁书》)。烤鸟串与现在的烤鸡串相当接近，但核桃等配料的加入，可谓别具匠心。

差味 即刺身。这种禽鸟料理在13世纪末的《厨事类记》中也有记载。在《四条流庖丁书》里，不仅记录了鸟刺身的各种摆盘方式，还记载了《厨事类记》中所缺少的调味料和佐料信息。当时的鸟刺身是蘸着山葵[①]醋吃的。另外，在春蓼生长的季节，将春蓼叶研磨加入醋中制成的“青醋(蓼醋)”也很适合搭配鸟刺身食用。由于蓼醋至今仍是烤“香鱼”的调味料，所以即使是现代人也不难想象其扑鼻的香气。鸟刺身始于室町时代后期，经江户时代，一直延续到了现代。

---

① 山葵属(也称山萮菜属)的多年生草本植物，根茎部可研磨成粉制成芥末。

盐渍野鸡、长尾雉　指用盐腌渍禽鸟。这种腌渍的鸟也常用来做刺身。盐渍鸟的制作方法是将冬季捕获的野鸡等鸟类，撒抹上大量的盐，再用稻草包卷起来保存。在非捕猎季的夏季，就可以从草包中取出用盐充分腌制过的咸鸟肉进行烹制。将盐渍鸟肉用开水焯过后，冷却切成薄片，然后用名为"袱纱盛"[1]的方式装盘，并蘸蓼醋食用(《四条流庖丁书》)。这道菜也可以盖在"泡饭"上，与泡饭一起食用。泡饭就是用热水煮泡的饭，类似于现代的茶泡饭。盐渍鸟肉不过是茶泡饭的配菜，毕竟其咸鲜的滋味很下饭。盐渍鸟肉与鸟刺身一样，都是一种存续到江户时代的禽鸟料理，或者说一种保存鸟肉的方法。

拌羽节　羽节指的是翅膀的根部。这道菜的做法是将翅根敲成小碎块，再将胸肉切成细条，烤至发白，简单调味，最后拌上芥末食用(《武家调味故实》)。在同时代的武士门第掌故书《宗五大草纸》中，关于"拌羽节"有这样一段描述：将野鸡的翅根切成小块，煮熟出锅，立即用醋淋洒五六次后放入芥末即成。

鹬壶　这道菜的做法是在"腌茄子"里挖孔，然后放入烹调好的鹬（鸻形目鹬科的鸟）肉。其后也有用稻草芯绑住茄子，再用柿叶做盖的做法。最后在石锅中加入酒煎煮即可(《武家调味故实》)。这种以茄子为壶，柿叶为盖的做法，颇有一番风味。现在日本有一种叫"烧鹬"的料理，有人认为其与"鹬壶"一脉相承。烧鹬就是

---

① 指同时摆放两种不同的料理。

“味噌田乐烧”[①]，即将茄子烤得喷香的料理，但有趣的是，别说是鹬肉，如今这道菜里没有任何鸟肉。似乎到了江户时代，烧鹬就已经演变成了没有鸟肉的烤茄子。

煎酱 指将鱼鸟完全去骨后，做成酱汁（《武家调味故实》）。首先要把鱼鸟做成“捣酱”。“捣酱”是将生的鱼和鸟捣碎，撒上盐，浇上酒，做成的糊状咸酱。然后将垂味噌[②]煮开后放入“捣酱”，再煮开后，加入焯过水的山药。最后加上作为配料的柚子皮即可（《庖丁闻书》）。如前文所述，捣酱既是一种糊状的调味品，也是这个时代的主要调味料。

海苔拌天鹅 将天鹅引垂肉（胸肉）的皮薄切，在火上炙烤成白色，再切成细长的小香鱼形状，与“醋拌生香鱼”混合在一起。以红叶做“搔敷”（底垫），将拌菜盛放在上面，再点缀以天鹅脚（《武家调味故实》）。天鹅脚是一种装饰，并不一定会被食用。在那个时代，鸟的脚部会作为装饰品摆放在盘中。另外，“搔敷”是指在装盘时为了营造季节感和清洁感而使用的树叶或纸张，通常铺在料理下方，或用作配菜，现代的日本料理中也时有出现。在室町时代被用作“搔敷”的，有柏树叶、南天竹叶、柚子叶等常绿树的树叶，逢吉（喜筵之类）则将树叶正面朝上，逢凶（丧葬宴之类）则背面朝上（《四条流庖丁书》）。此外，还有将柏树叶垫于烤鸟串和烤鱼下方的记载（《大草殿相传之闻书》）。

---

① 味噌田乐烧是以茄子、松子、味噌腌渍酱、蛋黄等为原料制作成的一道菜。

② 将味噌加水煮开，用袋子过滤后得到的汁水。

煎雁肫　所谓“肫”，就是鸟内脏，一般特指鸟胃（平野译，1988：55）。煎雁肫的主要步骤是把雁肫内侧的皮削成薄片，切成细条，再拉薄拉宽。接着放入酒和盐拌匀，像煎皮一样用石锅煎。但需多放些许盐，并且比一般的煎皮要煎得时间长些。食用时，可以淋上柑橘醋。这道菜的汤汁过咸不宜食用（《武家调味故实》）。煎雁肫是内脏料理，所以烹调时需注意用火煎透。在江户时代，还有用仙鹤肫炖煮的汤菜。

生拌雁皮雁肝　这道菜是将生雁皮和雁肝放入酒中凉拌。但调拌前，需要先排出脏器中的“黑血（静脉血）”，这样拌出的菜“风味”极佳。另外，最好选取“略带红色”的肝脏（《武家调味故实》）。这是一道用鸟皮、鸟肝做的凉拌菜。众所周知，现在人工养殖的鸭和鹅，是家禽化了的野鸭和大雁。现在鸭鹅的肝脏是法国料理的重要食材，而日本人当年食用的则是野生鸟类的肝脏。

青捣汤　“青捣”主要指加入野鸡内脏制成的汤。制作时，将鸡肉切成细丝，淋上“捣酱”，与鸡肠拌匀后放入锅中煎烧。然后一点点淋入料酒，火候差不多了加水，放入“鲣鱼花”[①]煮开。接着再放入一些鸡肉，适时撒上胡椒粉，最后放入柚子。这是一道非常“重要的汤菜”（《庖丁闻书》），在后来江户时代的烹饪书中也频繁出现。

---

① 将鲣鱼干刨成薄片制成的调味料。

初雁料理　这道菜的主角是“初雁”，即当年最先从北方南归的大雁，制作时需在煎皮的同时煎肉。首先要剥下雁皮，将皮切成“萝卜丝状”，用盐炒制一下。接着在酒和盐中加入少许“蓼醋”，放入雁皮后，适度煎焙。然后将煎皮出锅，再煎雁肉。“上置”（放在菜肴表面的配菜）用的是芹菜。芹菜只取一半的茎，根则不限量。但根部末端需仔细清洗。芹菜用酒煎炒后，便可作为配菜放入。提香佐料则选橘子的圆切片，然后将花椒研磨成“无患子”（中药材）大小放在橘子切片上（《大草殿相传之闻书》）。在这道菜中，花椒或许比生姜更为合适。花椒有时也被用于禽鸟料理烹饪前的腌制，特别是在烹调有腥臭味的鸟类时，可以将花椒磨碎，然后用花椒汁清洗禽鸟（《庖丁闻书》）。用花椒去味是人们在肉类保存技术尚不发达的时代想出的应对之策。

雁汁　如果早上有来客，可以在前一天晚上将雁切好用酱腌制。到了早晨，将腌制好的雁肉放入管箩，在客人来之前连管箩一起烹煮后捞起管箩控水。客人来时，刚好可以将雁肉放入汤中作为主菜。在茶道料理中，这道菜有时会被作为“大汁”（第一道汤或主菜的配套汤汁）或应景菜（《大草殿相传之闻书》）。

与禽鸟料理相关的餐桌礼仪

从13世纪到16世纪，禽鸟料理获得了巨大发展。在这一时期，对于天皇、贵族和武士等上流阶层来说，禽类及其料理在社会、政治、礼仪等方面发挥着极其重要的作用（参照第六章）。因此，在菜谱上狠下功夫、钻研味道固然重要，但人们更重视的是烹制、食用禽鸟料理的礼仪规范。中世的厨师和贵族们似乎相当执着于规定和惯习，即在禽鸟料理的摆放顺序、装盘方法、刀法、食材部位的划分等方面，都严格遵循历史传承的礼仪规范。

例如，据《庖丁闻书》记载，垫于烤鸟串下方的“搔敷”就非常考究。书中详细指出，摆放鹌鹑时使用的是“羽改敷”，即展开鹌鹑的双翼，在上面放上柏树叶；烤鹬则不使用羽改敷，而是垫上柿叶。此外，在《四条流庖丁书》中，还记载了关于男女分食烤鸟不同部位的规定。也就是说，食用烤鸟时，男性和女性最好分别食用不同的部位。

该书中写道，食用烤鸟时，给女性食用的部位是“引垂”，给男性食用的部位是“别足”。引垂是前文提到的鸟胸肉，别足则是鸟腿肉。换言之，女性宜吃鸟胸肉，男性则该食鸟腿肉。男女食用的部位之所以不同，是因为在阴阳学中，引垂代表阳，别足代表阴，从和合（和睦同心）的价值观来看，女性属阴所以宜食阳部，男性属阳故而宜食阴部。之所以将食物分为阴阳两种，是因为受到从中国传来的阴阳五行学说的影响。

关于鸟别足的由来，还流传着一个另类的传说。据说在第六十一代天皇朱雀院在位（930—946）的时代，出现过四足鸟。当时天下太平，人们把它视为祥瑞之兆。自此以后，民间口口相传，称鸟腿肉为“别足”，并把鸟腿立起来摆盘以庆祝天下太平。呈给天皇和将军的烤鸟立四条腿装盘，其他人的则立两条腿装盘，以祈国泰民安。

在这个时代，厨师们制作的鱼鸟料理首先是一种用眼睛欣赏的艺术作品，其次才是用舌头品尝的美味佳肴。鱼和鸟的料理需遵从一定的装盘规则摆放在食案上，再端给食客。《四条流庖丁书》中，对摆盘时的鱼鸟头部朝向及摆放方式均有详细的规定。由于鱼和鸟的种类不同，其规则也不尽相同；且不同的禽鸟，会作为不同等级的礼物赠予他人。当时的日本人，甚至还依据季节和鸟的雌雄，制定了详细的礼法规则。

超现实主义的野鸟题材

在将野鸟作为赠礼时，为了增添趣味，人们会为之配上相应的展示造型。比如赠送用鹰猎[①]的方式捕获的野鸟时，人们会将赠鸟系扎、固定在树枝上。这就是所谓的“鸟柴”（图 3），即一种用以欣赏的艺术作品。

① 指用受过训练的猛禽在野生动物的栖居地捕猎的方法。从日本古代到江户时代，鹰猎是天皇、贵族与武士热爱的娱乐消遣方式之一。

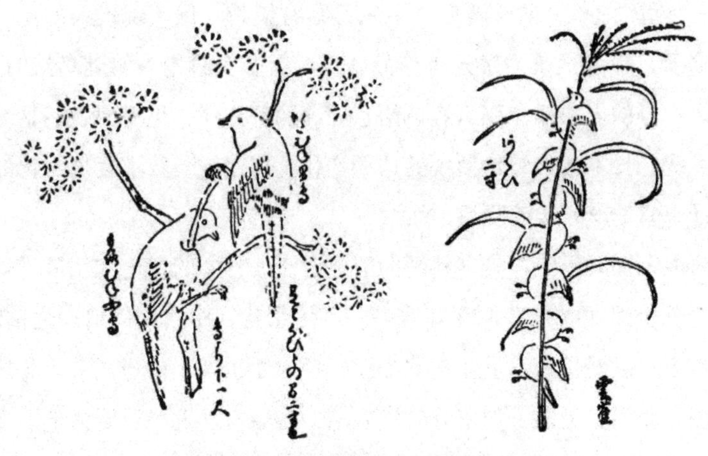

图3　《武家调味故实》中记载的鸟柴
（《群书类从》，国立公文图书馆收藏）

最初，任何类型的树枝都可以用来装饰赠鸟，制成“鸟柴”。但后来，人们开始使用应季树木。据《武家调味故实》记载，春天人们会把赠鸟绑系在带花的枝条上。春天用梅花，秋冬则用松枝、麻栎和青藤等。现在深受日本人喜爱的樱花，当时却被视作庆贺时应当避讳的不吉之物。据说因为樱花的花期只有短短一周，过于短暂，故而遭到忌讳。此外，雌鸟和雄鸟绑系在树枝的位置及鸟头的朝向不尽相同，且不同种类的禽鸟有不同的绑系方法。

冰冷的野鸟尸体被系绑在树枝上，宛若新生。对现代人来说，这是一种相当超现实主义的魔幻之作。但在当时，却是一种能让人耳目一新的艺术形式。野鸟在被当作艺术品的同时，也是一种美食。用从树枝上摘下的野鸟做出的料理，让人唇齿留香，回味无穷。尽管“鸟柴”能够营造季节感且富有情趣，但从现代人的动物观来看，也许很难理解这种作品。现在有多少日本人看到鸟柴时，能像中世的人那样，率真地体悟它的美丽和风雅，坦率地表达垂涎之欲呢？日本人自然价值观的这种变化，可以说与日本食鸟文化的变迁有着千丝万缕的联系。

以上探讨了江户禽鸟料理的历史源流。日本的食鸟文化最早可以追溯至绳文时代，但在其成为一种体系化、精致化的料理之前，经历了一段漫长的岁月。直到中世，日本才出现了精巧复杂的禽鸟料理。而到了中世末的室町时代后期，禽鸟料理发展得更为丰富多彩了。这也为江户时代禽鸟料理的蓬勃发展，江户人迎来食鸟文化的成熟期奠定了基础。

当然，室町时代的食鸟文化也包含在以宫廷和室町幕府为中心的京都文化中。众所周知，直到江户时代中期以后，江户才成为与京都、大坂（今大阪）相媲美的文化中心，并孕育出独特的文化。江户初期的食鸟文化，与其说是江户地区的本土文化，不如说是由德川幕府及聚集在江户的大名们带来的外来文化。他们雇用的厨师既熟悉京都、大坂等大都市的饮食风味，又继承了其饮食文化。也就是说，这些厨师深谙京坂地区的禽鸟烹饪方法。从这一点来看，下文将详细介绍的江户时代的食鸟文化，可以说是上述室町时代食鸟文化的延伸；是京坂地区，尤其是京都都城食鸟文化的延续。

第二章　江户时代的食鸟文化——禽鸟料理与庖丁人

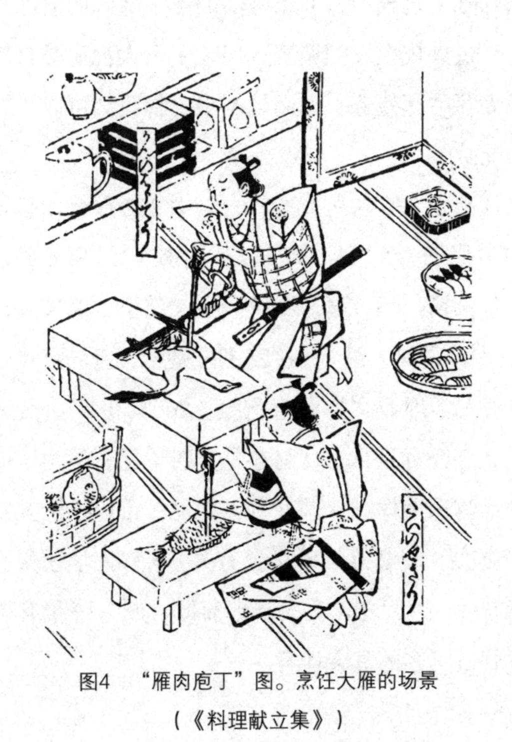

图4　“雁肉庖丁”图。烹饪大雁的场景
（《料理献立集》）

1. 江户城出土的大量鸟骨

东京大学地下出土的鸭骨

东京大学本乡校区（东京都文京区），在江户时代是加贺百万石[①]前田家及其支藩富山藩、大圣寺藩（今石川县加贺市一带）的藩邸所在地。昭和五十九年（1984）6月，在东京大学医学部附属医院全面整修的施工过程中，大圣寺藩的藩主宅邸的遗迹与大量遗物重见天日。经过大规模发掘调查，出土了一大批鸟类骨骼。遗迹的主体为大圣寺藩宅邸残迹，因而根据出土物我们可以了解到当时武士的饮食情况。

此地共计出土230件鸟类遗骨，其中222件得以确定其在生物分类学上的类别（包括“目”及其以下类别）。结果显示，共有七目七科鸟类，包括鹭、鸭、鹰、野鸡、鹬、鸽子、麻雀及乌鸦。其中约80%（183件）是鸭，约11%（25件）是雁，雁与鸭足足占了总数的九成（东京大学埋藏文物调查室编，2005：583）。虽然并不清楚这一大批雁、鸭究竟是日常食材还是宴会珍馐，但由于同时出土的鱼贝类水产动物遗骸体型壮硕、种类罕见，可以推测其中的大部分食材或许与宴会、宴客等特殊场合有关（东京大学埋藏文物调查室编，2005：599）。简言之，在大圣寺藩邸，雁与鸭很有可能是用于节庆喜事或款待宾客的宴会佳肴。

---

① 加贺藩，因米谷产量超过百万石而得名。加贺藩的领主为前田氏。

在大圣寺藩和加贺藩，即现在的石川县，仍流传着“治部煮”等用野鸭做成的农家菜。此外，加贺藩设有多处野鸭狩猎场，在旧大圣寺藩的加贺市片野鸭池猎场里，至今仍保留着三百多年前由大圣寺藩武士创立的传统狩猎方式“坂网猎”[①]。雁和鸭在加贺传统饮食中的地位，或许也对武士的宴会料理产生了一定影响。

雁骨、鸭骨远比鸡骨多

大圣寺藩邸遗址位于东京大学正下方，在那里出土的鸟骨中，约有90%是雁骨和鸭骨。这个比例看似夸张，但其实十分普遍。例如，仙台藩伊达家的武家宅邸遗址（位于东京都港区汐留）出土了3127件鸟骨，其中有2682件雁骨和鸭骨，也占到了总数的86%左右。无独有偶，同样位于汐留的会津藩松平家宅邸遗址出土了199件鸟骨，其中有172件是雁骨和鸭骨，与仙台藩相同，雁骨和鸭骨的占比也达到了86%。

不过，防卫省[②]所在的新宿区市谷本村町共出土1548件鸟骨，其中约62%（965件）是鸡骨，雁骨和鸭骨只占21%左右（新美，2008：246–247）。在江户时代，此地是尾张德川家的主宅，当时的尾张藩[③]管辖现在的爱知县一带，这一带自古以来家禽养殖业就颇为发达，明治时期更因培育出“名古屋鸡”等优良鸡种而声名远扬。

---

① 坂网猎是指猎人将坂网扔向鸭子飞来的方向捕猎野鸭的方法。

② 日本行政机关之一，主要负责管理自卫队。地位等同于其他国家的国防部。

③ 尾张藩被称为“御三家”之首。“御三家”指当时除德川本家外，拥有征夷大将军继承权的尾张德川家、纪州德川家、水户德川家三个分家。

而且，该地还是日本家养鹌鹑的养殖中心。

从动物考古学的视角来看，在江户主要遗迹出土的鸟骨中，雁与鸭占了约六成（4175件）。而鸡作为地位稳固的现代日本食鸟文化代表，仅占两成多（1605件）（新美，2008：248）。此外，江户时代与早前的绳文、弥生等时代相比，鸟骨的出土率大大高于野猪、鹿等野生哺乳类动物的遗骨。也就是说，江户人主要以禽鸟为荤食，且他们对雁和鸭的喜好“非常贴近现代日本人的口味”（新美，2008：249）。当然，鸡肉也是江户食鸟文化的一部分，那时的生产规模虽不及当下，但在整个江户仍有一定的市场。

江户时代的《料理物语》

江户时代出版了许多讲解食材与烹调之法的烹饪书籍。此前介绍的中世烹饪书，主要为了记述各流派厨师的秘方及礼法仪式而写，而江户时代的烹饪书不仅收录做菜的规矩礼仪，还会讲解食材及加工食材的方法、调味、搭配摆盘和菜单信息等内容，同现代的食谱类书籍相近。

不过，在江户时代中期以前，出版社大多集中在京都、大坂等上方[①]地区。到了安永年间（1772—1781），江户的出版业才得以发展壮大。因此，江户前期发行的烹饪书极有可能是在上方地区出版的（松下，2012：16）。由此我们可以推断，书中描写的禽鸟烹饪方法，很大程度上反映了上方地区的美食文化。

① 江户时代对包含京都、大坂在内的近畿地方的称呼。

此外，中世的烹饪书多为内部流通，受众为少数职业厨师，不是以百姓为对象的通俗读物。而江户时代的烹饪书在市面流通，普通百姓也能阅读。因此，书中关于禽鸟料理的种类、烹饪方法，以及其他各种知识不仅传入上流社会，还在平民阶层中有小范围传播，并产生了一定程度的影响。不过，本章介绍的烹饪书中所记载的各色禽鸟料理，仍以上流阶层的饮食文化为主。

江户时代出版了数量不菲的烹饪书，书中刊载了大量与野鸟美食相关的文章。因篇幅所限，笔者无法面面俱到，下面仅以江户初期的代表作《料理物语》为中心，辅以其他烹饪书中的信息，解读江户时代禽鸟料理的特征。

《料理物语》中出现的18种禽鸟

《料理物语》是日本最古老的专业烹饪书，出版于宽永二十年（1643），也有一说认为其是中世末期的作品。该书在17世纪末之前曾多次再版，因而存在众多不同的版本。书中出现的禽鸟料理，经推测，是中世到江户前期的上方料理。《料理物语》一书的作者不详。根据跋文中“撰于武州狭山（埼玉县狭山市）”的表述和书中所使用的方言，有学者推测作者是生于大坂、定居京都的商人，但至今尚未形成定论（平野译，1988：240–241）。

该书的特色在于其自由中立的立场。日本传统料理的流派众多、礼仪烦琐，而该书却并未拘泥于某个特定的流派。不过，其面向的读者是专业厨师或烹饪行业的从业人员，而非业余人士（原田，1989：18–19）。书中描写的禽鸟料理，很有可能是出自武家或皇家专业厨师的得意之作。

《料理物语》中，有一个名为“鸟之部”的章节，对禽鸟料理做了综述。其中罗列了18类食用鸟的名称。分别是鹤、天鹅、雁、鸭、野鸡、长尾雉、黑水鸡、灰头麦鸡、鹭、夜鹭、鹌鹑、云雀、鸽子、鹬、秧鸡、斑鸫、麻雀、鸡。

书中记载了71类海产品，鸟却只有18类。相较于鱼贝类水产品，作为食材的鸟类品种看似过少，但这个数字已经远超现代日本人饮食中可食用鸟类的数量。

正如绪论所述，目前日本允许狩猎28“种”鸟类。然而，这并非意味着《料理物语》中所说的18“类”比现在少。前文曾提及，雁与鸭之类的称谓，是同类鸟的总称，其中包含了许多分类学意义上的“种”。例如，在分类学中，迁徙来日本的雁、鸭可分为40多种。当然，它们并不全是江户时代的食材，但在江户时代，曾有数十种雁鸭类禽鸟登上餐桌，如白额雁、豆雁、绿头鸭、斑嘴鸭、绿翅鸭等。鹬科鸟类也是如此，除了现在还能吃到的山鹬以外，田鹬、丘鹬等也是当时的寻常食材。

2.《料理物语》中的食谱

96 种禽鸟料理

在《料理物语》中，各种料理根据基本食材的类别和烹饪方法，被划分为“部”。该书的前半部分为“海鱼之部”“鸟之部”“菌菇之部”等，此部分可按食材查找烹饪方法；后半部分为“汤之部”“炖菜之部”“烧烤之部”等，则是按具体的烹饪方式分类，每种类别均附有详细解说。

《料理物语》“鸟之部”中记载的用18种鸟类烹饪的菜名如下所示，可见江户时代禽鸟料理种类之丰富。

①鹤料理6例：汤、船场[①]、酒腌、鸟杂汤、骨黑盐（黑盐）、其他

②天鹅料理6例：汤、煎鸟、清炖、串烤、酒腌、其他

③雁料理11例：汤、清炖、煎鸟、煎皮、生皮、刺身、醋泡、串烤、船场、酒腌、其他

④鸭料理10例：汤、去骨、煎鸟、生皮、刺身、醋拌、浓浆、串烤、酒腌、其他

⑤野鸡料理12例：青捣、山影、酱煎、醋泡、刺身、船场、浓浆、羽节酒、手抓酒、整烤、串烤、其他

⑥长尾雉料理3例：汤、烤鸟、其他

---

① 大阪地区的地方菜，指和萝卜一起炖汤，下文有详细解释。

⑦黑水鸡料理 4 例：汤、烤鸟、其他

⑧灰头麦鸡料理 2 例：汤、其他（烤）

⑨鹭料理 2 例：汤、串烤（加花椒酱）

⑩夜鹭料理 3 例：汤、煎鸟、串烤

⑪鹌鹑料理 7 例：汤、串烤、煎鸟、浓浆、船场、去骨、酸辣肉丝

⑫云雀料理 6 例：汤、翻炒、船场、浓浆、串烤、肉泥

⑬鸽子料理 5 例：清炖、整烤、船场、浓浆、酒

⑭鹬料理 6 例：汤、煎鸟、烤鸟、浓浆、去骨丘鹬、其他

⑮秧鸡料理 3 例：汤、翻炒、串烤

⑯斑鸫料理 3 例：汤、翻炒、（烤）浓浆

⑰麻雀料理 3 例：汤、翻炒、其他（其他小鸟与麻雀相同）

⑱鸡料理 4 例：汤、煎鸟、刺身、饭

※鸡蛋、蓬松蛋羹、烤麸、美浓煮、白煮蛋、鱼糕、挂面、炼酒、其他

如果将“天鹅汤”“鸭汤”等汤菜各算作一道菜，那么用这 18 类的禽鸟总共做出了 96 道菜。其中有 11 道用到了雁，而鸡只有 4 道。不过，上述各种菜名中，既有具体的代表性菜名，也有“其他”二字的表述，后者在此只算作了一种，所以实际的料理数量应该会超过 100 道。

从这篇料理总览可以看出，适合每种鸟的烹饪方法不尽相同。“汤”是较为共通的做法。不过，鹤汤和鹬汤的做法、味道以及价

值当然存在差异。此外，我们还发现大型野鸟往往会被做成刺身，小型野鸟则不然。能否制作刺身这道菜，可能与鸟的体型大小，也就是可获取的肉量有关。

“鸟之部”料理中的有些菜名（上文划线部分），在《料理物语》的后半部分——按烹饪方法分类的“部”中并未提及，接下来先对这些料理进行说明（见菜谱③），而后半部分中有所记载的料理，则稍后详述（见菜谱④）。

【菜谱③ 《料理物语》“鸟之部”记载的部分料理】

鸟杂汤：鸟杂指鸟的内脏，以鸟肫为主（平野译，1988：55）。此处即为用鹤内脏制成的汤。与前文的中世烹饪书中提到的“煎雁肫”一样，同为内脏料理。

骨黑盐：与其说是料理，不如说是药品。这也是一种仅限于鹤的独特烹饪法。《本朝食鉴》中写道，鹤骨加入白盐烧至炭化，其粉末称作“黑盐”。据说治疗妇女血晕（产后病）以及刀割伤等效果显著（人见，1977：153）。鹤是蕴含特殊力量的仙禽，拥有其他鸟类无法比拟的至高无上的地位。这一观念在江户时代被进一步强化，并深入平民百姓心中。

串烤：即将鸟穿在钎上串烤。《合类日用料理抄》（1689）中“烤鸟”的做法，是将鸟穿在钎上后撒一层薄盐烤制。酱油加少许酒做成料汁，待鸟烤好后刷两次。酱油料汁未完全干时即上桌。只有野鸡的烹饪顺序有所不同，需刷完料汁后再烤。可见，现代所谓的添加调料烤制禽鸟的方法，在江户时代初期就已经出现了，而串烤的烹饪方法更是早在中世就已存在。

浓浆：用浓味噌炖煮的味噌汤。除了用以烹调鸟类，还用于烹调鲤鱼等鱼类。

整烤：即字面意思的烤整只禽鸟。

肉泥：即用刀背将鸟肉拍散再剁碎，也就是制成肉糜。但不清楚是生吃还是做成熟食。

饭：即鸡饭。用鸡汤煮的饭，饭里加入切碎的鸡肉。只有《料理物语》中记载了鸡饭的做法。不过，在《料理纲目调味抄》(1730)、《素人庖丁》(1805—1820)等众多烹饪书中也能找到鸭饭、野鸡饭、鹭饭，以及将麻雀、云雀、鹌鹑、栗耳短脚鹎等鸟肉剁碎与米搅拌做成的各种鸟饭。从这一点可以看出，在江户时代，人们会用各种野鸟制作野鸟饭。不仅如此，野鸟也是制作稀饭、杂烩粥的食材。

※蛋料理：蛋料理也是食鸟文化的重要组成部分，但主要使用的是鸡蛋(偶尔也用鸭蛋)，野鸟蛋并没有登上餐桌。蛋料理是江户时代的佳肴，在近世烹饪书中多有记载。例如，在天明五年(1785)发行的《万宝料理秘密箱》(俗称《玉子[①]百珍》)中，介绍了百余种蛋料理。《料理物语》里也收录了蓬松蛋羹、烤麸(薄蛋饼)、美浓煮(水波蛋)、白煮蛋等蛋料理。

---

① 日语中“蛋”通常写作“卵”，也会写作“玉子”。

七种烹饪方法

《料理物语》后半部分的内容依据烹饪方法进行分类。此处介绍的料理并非全部以禽鸟为主要食材，也有以禽鸟为辅料的菜肴。在《料理物语》的后半部分，用禽鸟制作的料理出现在以下7个“部”中，即“汤品之部”“醋拌之部”“刺身之部”“炖菜之部”“烧烤之部”“料酒之部”和“下酒菜之部”，其菜品的多样性是室町时代无法比拟的。书的后半部分记载了下述37道禽鸟料理（食谱④）。

【菜谱④《料理物语》按烹饪方法分类的部分中记载的利用禽鸟食材烹制的料理】

汤品之部（9例）——

鹤汤：即鹤肉味噌汤。将鹤的骨架放入日式高汤[①]里熬煮，再加入味噌酱调味即成。做这道菜时把握味噌的用量至关重要。配菜可用时令蔬菜，菌菇的量可自由选择，根茎不用剔除。使用的提香佐料（给汤增加香味的配料）是山葵、香橙。一开始就加入“中味噌”（介于红味噌与白味噌之间的味噌酱，也可能是浓郁程度中等的意思）。如前文所示，许多鸟类都被做成了汤，即汤是禽鸟料理中的固定菜品。

天鹅汤：用中味噌酱调制，也可以做成清汤。配菜用时令蔬

① 用海带、木鱼花等煮出的汤汁。

菜，出锅前放入。

煎皮：将雁皮或鸭皮下锅煎，加入日式高汤与骨头炖煮。再加少许“生酱汁”，加入其他食材，调整咸淡后装盘。配菜也用时令蔬菜。菌菇放入的时间可自行决定。提香佐料是芥末、香橙。调味的“生酱汁”是味噌酱汁的一种。《料理物语》中写道：1升味噌加3升水，充分揉搓后装进袋子里悬挂起来。过滤出的液体调味料即为味噌酱汁。如前文所述，这道料理也被收录在室町时代的《庭训往来》与《四条流庖丁书》中。

青捣：用野鸡内脏做的汤。将野鸡内脏捣碎放锅里，加入少许味噌，熬煎至黄褐色起锅。加水涮一下锅，重新放入锅中加入日式高汤炖煮到一定程度，放入鸟肉，调过咸淡后上桌。熬煎内脏的火候很重要。这个汤一般在霜月（阴历十一月）或一月食用。16世纪后期所著的烹饪书《庖丁闻书》中也收录了这道菜。

山影：日式高汤中加入“生酱汁”，再加野鸡炖煮而成。配菜用日本山药、海苔、青麦（不详）等，也可随意添加手边现有的食材，也可不加。

酱煎：薄味噌中加入日式高汤，再加野鸡炖煮而成。配菜有日本山药、海苔等。

南蛮料理：先将鸡褪掉鸡毛，切去鸡头、鸡爪、鸡屁股后，清洗干净入锅。然后放入切成大块的白萝卜，加水没过食材，炖至白萝卜软烂。捞出鸡肉撕成丝。在原汤中加入酱汁调色（详见下文船场的部分），继续煮白萝卜，调整咸淡后，加入鸡丝上桌。放“酒盐（增加香味的酒）”调味即可。提香佐料是蒜头等，不一而足。也可用薄味噌提香。配菜用平菇、大葱等。此外，《料理物语》中南蛮料理用的是鸡肉，而《当流节用料理大全》中则记载，可以用鸭、雁等任何鸟类做食材。

干菜汤：在中味噌酱中加入日式高汤，再加入剁碎的黑豆、蛤蜊、小鸟肉。也可加芋头。

纳豆汤：纳豆拌入浓味噌，加入日式高汤。腌菜、豆腐切成小丁做辅助食材。将小鸟肉拍碎加入汤中。腌菜要洗干净，可在出锅时放入。纳豆最好在高汤里充分搅拌拉丝。提香佐料用黄芥末、香橙、蒜头。

醋拌之部（4 例）——

醋拌鸟肉：先把所有食材切好。鸟肉用醋炒一下，再与鲷鱼等食材拌匀后上桌。最好加上山葵。

山葵拌菜：清理好雁或鸭的“鸟杂（内脏）”，加少许醋、盐翻炒。将其中的醋倒掉收干，加入江珧贝、鲍鱼、鲷鱼等食材，再用山葵醋拌匀。这道菜亦可以不放鸟类食材。

黄芥末拌菜：鹌鹑等小鸟肉加酱油烤制，切碎后用黄芥末醋拌匀。也叫“青捣拌”。

水拌：加料酒和醋拌即可。将小型海鳗鱼干、沙丁鱼干、鱿鱼干、干海参、小鸟肉等烤熟，搭配上鲑鱼干、“青瓜（越瓜或黄瓜）”、阳荷（又名野姜）、木耳、牛蒡，拌匀后上桌。也可加入切碎的花椒叶。

刺身之部(5例)——

野鸡:将整只野鸡煮熟，拔掉鸡毛，加入花椒味的味噌和醋即可。这道菜虽叫刺身，却有水煮工序，可见鸟肉刺身并非全是生食。

鸭、雁:与野鸡做法相同。也可将去骨后的鸟肉切成薄片，用山葵醋、生姜味噌调味。

鸡:与野鸡做法相同。

绿翅鸭:野鸡(应为绿翅鸭的笔误)刺身与焯过水的鲷鱼肉松组成拼盘，加“山葵味噌醋”调味后即可上桌。配菜用叉枝蜈蚣藻(蜈蚣藻属的海藻)或金橘。做这道菜要注意拔净鸭毛。

酒腌:用加盐的酒浸泡鱼或鸟制成的料理。在咸鲷鱼、咸鲍鱼、咸鳕鱼、咸香鱼、咸鱼子干、鲸鱼上颚软骨、鹤、雁、鸭等中，选出咸度合适的食材做成拼盘。配菜用沙柑(橘子的一种)，也可任选其他。再加日式高汤酒(用木鱼花与放了少许盐的新酒制成的高汤)即可。

炖菜之部(13例)——

什锦海参:干海参切丝后煮熟，将小鸟肉、鸭肉拍散后下锅，再加日本山药。用日式高汤和“大豆酱油(指做味噌酱的桶表面渗出的汤汁，或是由大豆制成的特浓酱油)”炖煮。如果只放干海参，则称作“炖海参”。禽鸟料理中品种最多的是炖菜，可以说炖煮是制作禽鸟料理最主要的方法。

笋羹：竹笋煮熟后切成各种形状，加入鲍鱼、小鸟、鱼糕、江珧贝、蛋烤麸（即薄蛋饼）、蕨菜、黑海带，再加入日式高汤和大豆酱油炖煮。此外，还有将竹笋的笋节挖空，中间塞入鱼糕炖煮后切块上桌的做法。

浓饼糊：也叫浓饼。把鸭子先做成煎鸟（做法详见后文），再用日式高汤和大豆酱油炖煮。煮开时调咸淡，然后用高汤将面粉调至浓稠状加入汤中，再次煮开后出锅。也会用丘鹬、鹌鹑做这道菜。现在日本的地方菜中，有一道从古代传承下来的名为浓饼汤的料理，浓饼糊与之类似。

生皮：剥下雁或鸭的皮，用醋煮沸两次，即将鸟皮过两次醋。再把雁肉鸭肉过一次醋后捞出。加入日式高汤和大豆酱油调味，煮开尝咸淡，加入鸟肉后直接上桌。放在菜肴表面的配菜用芹菜，其他视情况而定。也可以搭配鲷鱼肉松。

船场：不管是小型鸟还是大型鸟做成的高汤最好稍作调色。“调色”是指在清汤中加入少量大豆酱油。船场又名船场汤、船场煮。在《料理物语》中被划分为炖菜。船场是旧时大坂（今大阪）地区的一个地名，那里批发业发达。而且，船场也是这道菜的发源地，这便是菜名的由来。如今，船场仍是大阪的地方传统菜之一：将盐渍青花鱼、盐渍鲑鱼的鱼头或脊骨与白萝卜、海带一同炖煮，做成咸味清汤。江户时代人们在用鹤、雁、鹌鹑、云雀、鸽子等炖汤时也会用到这种做法。

无骨：切掉鸭屁股，再将从尾部到鸭腿、鸭肩的骨头去掉，在鸭肚里塞入蛋和鱼糕，缝上嘴巴，然后清炖。煮熟后切片装盘上桌。留下“红脚”（鸭掌）与鸭头不吃。绿头鸭的脚为红色，所以俗称红脚。

清炖：带骨禽鸟用高汤加大豆酱油长时间炖煮。

煎鸟：将野鸭切好备用。先煎鸭皮，再煎鸭身，然后加入适量高汤和酱油熬煮。也可加料酒。再加芹菜、大葱和油菜即可。提香佐料用香橙和山葵。“煎”或称为“熬”，也叫“煎烤”或“煎物”，是指在锅中将食材煎至焦黄或是熬煮食材、收干其中水分的烹饪方法。与上文室町时代的“煎皮”（参考第一章的菜谱②）相似，不同之处是“煎鸟”包括煎鸟皮和煎鸟肉。这种烹饪方法在当时广为人知，煎鸟也是禽鸟料理的一道固定菜式。煎鸟与后文中的“煎烤”，可谓是当下寿喜烧[①]料理的原型。在19世纪初期出版的《料理早指南》中，记载了锄烧（寿喜烧）的做法。将切块的鸭、雁用大豆酱油腌制，再将自古以来使用的唐锄（中式锄头）架在火上，柚子切片置于前后，然后将鸟肉放在唐锄上烤熟。后来，虽然唐锄被铁锅替代，但其烹饪原理与煎鸟或煎烤相差无几。

治部：在鸭皮中加入适量日式高汤和大豆酱油，熬煎到发出“滋噗滋噗”（日语中“治部”和“滋噗”发音相同）的声音后加入鸭

---

① 寿喜烧又可称为锄烧，据说最早起源于日本古代。农夫于农事繁忙之余，会简单利用手边可得的铁制农具（如锄、犁）的扁平部分，于火上烧烤肉类果腹，因而叫作锄烧。

身。这道菜与煎鸟很像，但只使用野鸭，没有用其他食材做治部料理的记载。《料理物语》中描写的“煎鸟”料理较为朴素。宽文、延宝时期的出版的《古今料理集》中，记载了类似煎鸟的治部料理的做法：多放盐，收干水分，发出“滋噗滋噗”的声音时出锅。配菜也与煎鸟相同。从这份资料可以看出，“治部”是“煎鸟”的一种。《古今料理集》可谓江户料理的百科全书，该书中禽鸟料理的出现频率比《料理物语》更高，且相关记述更加详细。治部这道菜和加贺地区的特产“治部煮”虽然同名，但做法不同。加贺治部煮的做法是将鸭肉或鸡肉裹上面粉或葛根粉，加面筋、香菇、芹菜等时蔬炖煮，再用酱油调味，所以成品有芡汁般的黏稠感。而《料理物语》中的治部料理却不加面粉或葛根粉。下文提到的加贺藩私人厨师舟木传内及其族人，也曾撰写过一本料理书。对该书的相关研究指出，书中的治部实际是一道名为“麦鸟”菜。“麦鸟”做法简单，将鸭肉与面粉混合，放入日式高汤炖煮，配山葵一起吃。它与治部本是不同的菜肴，却被混为一谈。例如，在江户幕府末期出现了用雁肉等鸟肉加面粉做成的麦鸟料理，却被称作“雁鸭治部”（陶、棉拔，2013：218）。换言之，今日的“加贺治部煮”是麦鸟衍生出的料理。麦鸟酷似上文所说的“浓饼糊”，而治部却为煎鸟的一种，二者不可混为一谈。

野衾：将小鸟剁碎，像做船场料理那样焯一下水。把鲷鱼剁成肉末，浇上滚水，控水后备用。把大鲍鱼片成薄片，过热水让其变白。此时鲍鱼片收缩成口袋状。袋中先加入适量日式高汤和大豆酱油，再将三种煮过的食材装入，然后合拢袋口。最后在做好的鲍鱼袋上面撒上鸡蛋松即可。提香佐料有多种可选。

伊势豆腐：把山药碾成泥，鲷鱼肉切碎后，加入三分之一的山药泥。在豆腐中加入蛋清。将所有食材混合，充分碾碎拌匀。在杉木盒内垫上布，将碾成泥的食材放入包好塑形，取出后用开水煮熟切块。淋上葛根粉芡汁后上桌。若配以鸟酱、山葵酱味道更佳。此外，人们也经常只使用豆腐制作这道菜，将豆腐碾碎后按上述步骤烹饪即可。

翻炒云雀：关于这道菜，《料理物语》里只写了一句："可加入鸡蛋、鱼糕。"在《古今料理集》中记载的"翻炒"做法，是将治部炖熬至汤汁全干、略微散发香气时出锅。这道菜最好不用配菜。熬制时加入山葵、生姜，期间需不断翻动食材以防煳锅，故得此名。

滚鸟肉：将小鸟肉拍散，像做船场料理一样焯水备用。将鱼糕切成无患子果实大小，与鸟肉一起翻炒，然后加入适量高汤和酱油稍煮后出锅。

烧烤之部（1例）——

煎烤：将鸭肉切成大块，淋上大豆酱油入味。煎鸭皮，将鸭肉夹在鸭皮中间，在锅中一块块地烤。收干水分后加入少量大豆酱油。这道菜与前文的煎鸟类似，但因为汤汁较少，所以被列入烧烤之部。这道菜与寿喜烧的做法也比较接近。

料酒之部（3例）——

鸽酒：现在的“料酒”一般是指做菜用的调味品，而《料理物语》中记载的“料酒”，则是一种酒与食材混合的料理。鸽酒的做法是先将鸽子肉剁碎，加入酒拌匀；在锅中加入少量味噌酱，将味噌酱煎至焦黄色后再将鸽肉和酒加入即可。可以加入少量花椒粉、胡椒粉或芥末。用酱油煎亦可。

羽节酒：将野鸡的翅中到翅尖的部分拍碎，加少许盐和酒下锅煎，可随意多加一些配菜。酒烫好后上菜。食肉时可蘸取少许酱油。

手抓酒：取出野鸡内脏，加少许味噌搅拌入味后剁烂。把每只鸡爪分别串起来，在脚趾中塞入上述内脏肉末，烤一下捏紧。待内部烤至熟透时，沿脚趾根部切开，将脚趾中的肉末再次拍散，再稍微煎一下，加入酒，入味后上桌。

下酒菜之部（2例）——

蓬松蛋羹：打散鸡蛋，加入蛋液量三分之一的日式高汤和大豆酱油，再加入料酒，充分蒸熟后上桌。不宜蒸得过硬。若加入鲻鱼幼鱼、鸟内脏，也被称为“野衾”（详见上文炖菜之部）。

盐辛：盐辛[①]指腌鱼、鱼酱、肉酱等盐腌制品。用以腌制的食材包括鲷鱼子、鲷鱼肠、青花鱼肠、“福多味”（鲍鱼或小鲍鱼）、

① 盐辛，是日本最常见的“渍物”（用盐或酱油腌制的酱菜或海鲜等）之一。作为菜名一般指鱿鱼的盐辛。

沙丁鱼、海胆、香鱼、香鱼子、鸣子(不详)、鸭肠、鲑鱼肠、块状鱼卵、金梭鱼肠、鲣鱼松、云雀、鹌鹑等等。

野鸟美食的多样性

江户时代初期的《料理物语》中记载的野鸟美食，种类繁多，令人叹为观止，其数量远超现代日本的禽鸟料理。现今人们不再食用或无法再食用的各种鸟类，都曾出现在江户时代的餐桌上，足见江户时代禽鸟料理的丰富多彩。不同鸟类做成的菜，味道有所不同，而食客对不同鸟类的喜好程度也不尽相同。

在日本的食鱼文化中，人们对食用鱼的品种有一定程度的认识和了解，通常能够判断适合不同种类的鱼的烹饪方法及最佳食用时间。江户时代的食鸟文化也是如此。人们将鸟类加以细分，根据类别配以详细的菜谱，并对各种菜式的口味做出点评。比如“做汤的话，野鸭比野鸡美味”，“还是鹤汤最好喝”，“肥美的雁肉做成刺身更好吃”，“同样是鸭子，绿头鸭适合做火锅，绿翅鸭适合做烧烤”，等等。

江户时代令人惊叹的各色野鸟美食，吸引了一大批饕餮食客。于是出现了为他们提供各式菜肴的专业厨师。江户初期烹饪书中记载的禽鸟料理由厨师们传承下来，专业色彩浓厚，体现出他们的精湛技艺。

3. 庖丁人——一流大厨的传统与技术

成为技术权威的专职庖丁人

我们现在习以为常的厨房用具“庖丁”（菜刀），最初并非指刀，而是指烹饪鱼鸟（鱼类和鸟类）。换言之，把鱼鸟加工成食物的过程叫作“庖丁”。烹饪禽鸟料理也属于庖丁的一种。现在名为“庖丁”的厨房刀，本叫“庖丁刀”。庖丁刀在中世以前是一种特殊的刀具，用来加工鱼鸟等“有腥味的食物”。烹饪蔬菜等素菜名曰“调菜”，使用的刀叫作“菜刀”。厨师也有分类。在中世，烹调鱼鸟类荤菜的厨师叫“庖丁人”，而做蔬菜类素斋的厨师则叫“调菜人”。因此，烹饪禽鸟料理的厨师自然是庖丁人了。

图5 鹤庖丁。处理鹤肉的庖丁人。烹饪高贵的鹤时要遵循繁琐的流程规范

[《秘传千羽鹤折形》（部分），桑名市博物馆收藏]

庖丁人（厨师）烹饪鱼鸟的行为，即“庖丁”，并非仅是指做菜。比起做出美味的饭菜，人们更重视庖丁人做菜时的行为表现。庖丁又叫“庖丁道”，是一种高雅的艺术，也是一种详细规定了动作流程与礼仪规范的仪式（图 5）。庖丁人的一招一式、一举一动，都是可供宾客和主人观赏的艺能表演（熊仓，2007：92）。食客们观赏庖丁人的做菜过程与欣赏料理作品的传统，一直持续到江户时代。

中世以前，庖丁人都有公卿贵族的血统，是具备技术权威的专业性人才。他们不服务于普通民众，而是受雇于宫廷、公卿或武家权贵。庖丁人是职业厨师，为了传承厨艺、食材知识以及本门秘诀，他们留下了多部烹饪著作。这些著作鲜明地反映出上流社会精致多彩的饮食文化，其读者通常也是专业厨师，即武家与公家的私家庖丁人。当时，被称为庖丁人的专业厨师，独占了烹饪书中所记载的烹饪知识与技能；而庖丁人们的有钱有势的雇主，则垄断了这些料理的消费活动。

《料理物语》出版于江户初期，那时还没有像现在这样的餐厅。所谓职业厨师，主要是指为武家服务的私人厨师。这些厨师继承了由中世流传至江户时期的精湛厨艺，烹饪禽鸟料理自然也不在话下。

通过庖丁道学习禽鸟料理

室町时代的厨师分为多个流派，其中代表性的流派是四条流。

此流派的精髓收录于《四条流庖丁书》（15 世纪末成书）中，该书中记载的一些禽鸟料理在第一章已有提及。据精通庖丁道历史的西村慎太郎所言，人们一般会认为四条流庖丁道[①]由公家（贵族）的四条家担纲，但事实上，在江户时代，四条流由身为下层官员的高桥家和大隅家继承，成为其家族职业（西村，2012：35）。高桥家和大隅家主要服务位于京城的天皇，为以天皇为中心的宫廷仪式准备膳食，他们为四条流料理的传播和传承做出了巨大贡献。

起初，高桥家承担宫廷料理的"厨师长"一角，掌管御厨子所，负责照料天皇家族的饮食。但在江户时代，他们的职能出现了变化，开始专门承做仪式用餐点。高桥家不仅作为宗家继承了四条流庖丁道，还广收弟子、门徒，向他们传授本门技艺。顺带一提，在江户幕府，负责将军饮食的是"膳奉行"[②]；负责采购食材的是"贿头"（伙食长）和"贿方"（伙食员），实际烹饪的是厨师长、厨师。厨师长精通庖丁道，其晋升之道便是成为"膳奉行"（西村，2012：66–74）。四条流庖丁道等公家料理的礼仪规矩，还极大地影响了江户时代为武家服务的厨师。

如上所述，庖丁道是以一种追求形式美的艺术，庖丁道的习得与其说是在料理学校学习厨艺，不如说是在如习得茶道或花道般

---

① 公元 859 年，内膳司的藤原山阴根据天皇的授意制定了"庖丁式"（料理仪式），此为日本最初的料理形制。后来，藤原山阴在光孝天皇的敕命下，重新制定庖丁式，创立了"四条流庖丁道"。四条流庖丁道在相当长的一段时间内，都是日本唯一的庖丁式。直到室町时期，侍奉足利家的四条流职人大草公次创立了大草流。

② 奉行是平安时代至江户时代武士阶层的官职之一。

提高修养。学习者们基于宗家至上的宗师制度，修习厨艺及相关礼法。

在江户时代，高桥家的四条流庖丁道吸引了各种身份地位的人前来拜师学艺。其中有京都所司代[①]的武士，还有在京都工作的幕臣（幕府的臣下）和地方大名的家臣。成员以武士居多，也有神社负责祭祀仪式的神主、寺庙住持的家仆、京都和大坂的町人（江户时代的工商阶层）、江户浪人（脱离籓籍、居无定所的武士）、地方厨师、商人、花艺师等等，职业可谓是五花八门。公卿贵族和诸侯大名都热衷于茶道和花道，而庖丁道却似乎未能在上流阶层中流行。

庖丁道的门徒来自天南海北，并不局限于京都、大坂等京城辖区。江户自不必说，还有很多人来自水户藩（今茨城县中部及北部）、加贺藩、尾张藩、锅岛藩（佐贺县）、信州（长野县）、伊予（爱媛县）、安芸（广岛县）、纪州（和歌山县）、南部（岩手县）等等（西村，2012：108–125）。

五湖四海、各行各业的人都来向四条流拜师学艺，他们究竟是想成为专业庖丁人，还是仅仅为了提高修养？这个问题目前尚未有明确答案。不过，前来学习的人中的确有厨师，虽然人数不多，却也能表明确实有人拜师是为了学习实用的烹饪技能。在从各地前来拜师的武士之中，也有人来学习服务于主君权贵的料理及仪式，或

---

① 所司代是指江户时代负责警卫京都并管理政务的官员。

招待宾客的宴会料理。对他们来说，烹饪技术固然重要，但更重要的是成为名震料理界的四条流庖丁道的门人，获得传承四条流厨艺的权威。

在江户时代，除朝廷和幕府之外，各藩也会聘请专业的私家厨师。厨师们为藩主及其家人提供饮食，并在年节或仪式性活动中烹制宴会料理，招待贵客来宾。这些私家厨师是以烹饪为职业的下级武士，他们赖以安身立命的工具是庖丁刀，而非武士刀。为了掌握贵族料理的烹饪技艺，在料理界获得一席之地，这些武士从各藩来到京都学习烹饪技艺、菜式口味，然后将所学及贵族料理的威名传播到各藩。因此，以成为一流庖丁人为目标赴京学习庖丁道的私家厨师们，将精致的禽鸟料理推广到了全日本的上流社会中。

另外，如后章所述，幕府将军有时会给有权势的大名赐予仙鹤之类的高档野禽。烹饪这类尊贵禽鸟有着严格的礼仪规范，因而在这种场合下，四条流庖丁道的技艺和知识必不可少，因为四条流庖丁道同样注重规矩礼法。

加贺藩的御用庖丁人——舟木传内

加贺藩的舟木家就是这样的私厨世家。舟木家的很多成员乃是加贺藩的专属厨师，世世代代侍奉加贺藩主。舟木家第一代厨师名为甚助，甚助本是加贺藩某个重臣家的家臣，负责照料主上的饮食。第二代传人为舟木传内包早[①]，传内包早成名之后，被加贺藩这一大藩[②]聘为御用庖丁人。

舟木传内包早受命师从江户幕府的厨师长小川甚四郎，继承园部流（四条流分支）的庖丁道（绵拔，2006：259）。传内包早勤奋好学，整理撰写了《力草》《料理方故实传略》等地方菜的烹饪书，书中记载的菜式包括诸多禽鸟料理（大友、川濑、陶、绵拔编，2006）。《料理方故实传略》详细记载了烹饪拜领自将军的"御鹰之鹤"（参考第六章）时所须遵守的礼仪，并提醒厨师们处理"御鹰之鹤"时尤须郑重认真，不容半点差池。同时，书中还记录了烹制通过鹰猎捕获的猎物（雁、鸭、野鸡、鷭、孔雀、鹌鹑、鹬等）时的规矩礼法，包括上菜时的装盘规则等。《力草》则详细解说了烹制禽鸟料理的实用技法，从食材的准备到如何调味，再到做菜方法，面面俱到。该书与上节介绍的《料理物语》相同，收录了汤类、浓浆类、煎鸟类、治部煮类、船场类、烤鸟类等多种禽鸟料理。而且，仅汤类料理就涵盖了鹤、绿头鸭、绿翅鸭、鷭、苍鹭、野鸡等野禽。《力草》中提到的鸟类品种繁多，这点也与《料理物语》有异曲同工之妙。

---

① 在江户时代，武士除了他们的姓（家名）之外，还有两个名字：公开名和私人名。公开名是家族以外的人对他们的称呼，家族的长子会代代相传，使用同一个公开名。私人名则是个人的真名。因此，第二代的舟木传内包早的舟木为姓，传内为公开名，包早是私人名。第五代的舟木传内光显，也是以传内为公开名，光显则为私人名。

② 藩是日本江户时代幕藩体制下将军家直属领地以外的大名领国，领地辽阔的称为大藩。

图6　治部煮

舟木传内包早撰写的烹饪书，与其说是其独创，不如说是对以京都庖丁道为基础的正统烹饪方法的传承。因此，传内包早的烹饪书与朝廷印制的烹饪书不乏共通之处。当然，从书中细节可以看出，他潜心研究了符合加贺风土的美食。不过，舟木家作为加贺藩藩主前田家的御厨，首先要能再现源于京城的具有正统性的饮食文化，即烹制菜肴时要遵从京都上流社会传统饮食文化的仪式礼法。

后来，舟木家的养子舟木传内光显成为第五代传人，并在文化元年（1804）做了御厨接班人。13年后的文化十四年（1817）四月，光显进京，向四条流宗家高桥家拜师学习庖丁道（西村，2012：117）。光显当时的职位已接近于御厨长，可以想见其厨艺已经到达一定水平，他已经无须再学基础厨艺。之所以进京学习正统料理的仪式礼法，是由于他身为藩主的御厨需要掌握庖丁道。

庖丁人的识鸟慧眼

正德四年（1714）出版的《当流节用料理大全》，是一部由上方地区辑录、编纂的烹饪书，汇总了与四条流相关的文献，其中有一篇题为《诸鸟人数分科》。这篇文献为我们提供了极为宝贵的资料，使我们可以了解到当时的庖丁人对鸟类食材的认知程度。前文的《料理物语》中提到的鸟名，只是粗略的分类名，而这本书则进一步做了细分，不仅给每种鸟起了名字，还详述了各种鸟的风味特点。

《诸鸟人数分科》是一份鸟名清单，解说了每种鸟烹制时的分量配比。以绿头鸭为例，一只刚迁徙过来的瘦野鸭，能做出一锅供八到九人食用的鸭汤，而一只膘肥体壮的野鸭则能做出十人份的汤。

当然，江户时代四条流庖丁人在烹饪领域大显身手，他们流传下来的鸟类分类与名称，与现代生物学的"种"并不能一一对应。有些鸟名与分类学上的"种"所对应的标准日本名称相同（例如绿头鸭与绿翅鸭），但也有闻所未闻的名字（例如秀景附鸭）。在有限的线索中仍能明显看出，当时的四条流庖丁人已将鸟类分为 91 种（野鸭、丘鹬、黑尾塍鹬三个种类重复），并对鸟类有了透彻的了解。不过，笔者想要再重申一遍，这种分类方法与现代生物学意义上的分类并不相同。

虽说该文献可谓是一份可食用鸟类的清单，但不知为何，其中收录的 91 种鸟类并不全是用作食材的禽鸟，还包含一些不适合烹饪的鸟和笼养鸟（观赏鸟）。然而，即便除去这些特例，可食用鸟类仍有 80 多种。仅鹤、雁、鸭、鹭之类的水禽就有 40 种，而鹬类鸟有 28 种。

从这些数字我们不难判断：与现代日本的厨师相比，江户时代的厨师对可食用鸟类的分类更为详细，拥有的与禽鸟相关的知识更为渊博。他们对丰富的禽鸟品种了然于心，因而能够依据不同种类禽鸟的特性，创造出花样繁多的鸟类菜肴，提供给热爱美食的权贵享用。

不受季节限制享用禽鸟的方法——盐腌与味噌酱腌

江户时代的庖丁人须在环境限制下烹制禽鸟料理。例如，需用禽鸟料理的招待宴席不一定在固定的时日举办，遇到红白喜事或有客人来访，随时随地都有可能设宴。因此，庖丁人必须随时为宴席做好准备，保证全年都有稳定的禽鸟货源。然而，彼时还没有冷藏冷冻技术，想必庖丁人们为了一年四季都有活禽可用费了不少心思。

《古今料理集》中列出了禽鸟料理的四季菜谱。例如，在春季的三个月里，主菜和第二道汤菜会用到鹤、豆雁、天鹅、大雁、野鸭、太平洋金斑鸻（鸻科鸟类的一种）、灰头麦鸡、翻石鹬、灰尾漂鹬、苍鹭等。该菜谱中还收录了在《料理物语》中也出现过的菜式，如煎鸟、生皮、煎烤、船场、浓饼、烤鸟等。而且，斑鸫、鹌鹑、麻雀、太平洋金斑鸻、翻石鹬、灰尾漂鹬、鹤鹬等小型鸟主要被做成烤鸟。从这份菜谱不难看出，在春夏秋冬四季中，冬季菜中禽鸟料理的种类相对较多，但总体而言，一整年中鸟类都会被当作食材。

有趣的是,《古今料理集》中还写道，人们在一年四季都能品尝鹤、豆雁、天鹅、雁、鸭等候鸟。夏天，大雁与野鸭大多离开了日本，应该无法捕获。但在该书中，春夏秋冬的菜谱中均能找到雁、鸭的影子。这要归功于庖丁人传承下来的食材保存方法。

首先是用盐腌制的方法保存禽鸟。《古今料理集》中多次出现“寒盐鸟”“寒盐水鸟”“寒盐野鸡”之类的菜名。例如，在夏季菜谱中，主菜和第二道菜都会用到寒盐鸟汤。寒盐鸟又叫盐鸟，是在寒冬时节用盐腌制的储备食材。不用盐腌的无盐鸟叫作“生鸟”，加盐的则叫作“盐鸟”。前文已经提到,《料理物语》中记载了用盐腌制野鸭内脏，但事实上不仅是内脏，人们还会腌制一整只鸟。

《合类日用料理抄》中详细描述了盐鸟的做法。书中写道：天鹅、雁、鸭等所有鸟类做盐鸟时，都要先排干其体液，切除其屁股。而后分为三块，去掉躯干的骨头，连皮带爪加盐腌制，用草袋包裹存放。长途运输时为防剐蹭破损，会用木桶作为腌制的容器。做菜时洗掉盐鸟表层的盐即可，无需去除鸟皮。

此外，制作“盐鸭”(盐渍野鸭)时，要仔细拔掉新鲜野鸭的毛，屁股要比平时切掉更多，内脏和凝结在背脊上的黑血也要清理干净。然后向鸭嘴里倒盐，填满肚子后再把外皮也擦上盐。桶底铺大量盐，堆放野鸭后再用盐盖面，腌制方法同熟寿司[①]类似。

---

① 日本的熟(成)寿司始于公元10世纪。制作方法是把鱼去鳞和内脏，涂盐，风干数月，再往鱼腹中填糙米，层叠入坛，置于屋中阴凉处，于室温下持续发酵。发酵时间少则数月，多则数载甚至数十载。

烹饪时最重要的是除去盐分，如果处理得当，味道跟新鲜禽鸟无异。桶中加温水，将盐鸟没入其中浸泡，泡软后捞出，像处理活鸟一样拔干净表皮上残留的毛。据说如果是抹盐后卷上海带腌制，鸟肉就不会变干，即使历经数月也能保持新鲜。此外，在《料理纲目调味抄》（1730）中收录的一道叫作“鲜鸟”的料理，则是用味噌酱腌制的。

如前所述，在镰仓时代的许多烹饪书中都有盐鸟的记载，可见这一保存鸟类食材的方法是一种传统技术。即使在今天，同样的方法也适用于保存鱼类，如新卷鲑[①]等。

不受季节限制享用禽鸟的方法——畜养

当时庖丁人们还采用了另外一种独特的禽鸟保存方法，即将禽鸟畜养起来，需要烹饪时再宰杀。如前文所述，据《古今料理集》记载，春季三个月的汤品中会用到鹤、豆雁、天鹅、雁及鸭，这些作为食材的鸟类被分为“野绞鸟”和“活鸟”两类。

“野”指山野的猎场，“野绞鸟”指代在猎场中当场被绞杀的鸟。通常为防禽鸟逃窜挣扎，猎人会将捕获的猎物杀死，也就是所谓的“野绞”。“野绞”是较为普遍的处理方法。活禽死后，生鲜状态难以为继，肉质迅速劣化，所以必须趁其腐坏变质之前尽早烹饪享用，或者如前文所述一样用盐腌制的方法保存。与“野绞鸟”相对的是“活鸟”，即没有被杀死的鸟。同时，“活鸟”也指代处理方法，

---

① 新卷鲑是日本新年必备年货之一，做法是将新鲜鲑鱼除去内脏之后盐腌风干。

即不让鸟死掉。狩猎结束后，人们会将没有被当场绞杀的鸟畜养起来，以备后用。这种方法使得人们在一年四季都可以品尝到候鸟等受季节限制的鸟类。

《当流料理献立抄》（出版年份不详，可能是宝历时期）通过插图描述了饲养“活鸟”的情况。图中鸟舍里的禽鸟看起来像是鹤或野鸭，一个带刀武士指着鸟舍中的鸟儿说：“春季有鹤、野鸡、鹂；夏季有鹭、黑水鸡、三道眉草鹀、云雀、鸡；秋冬有雁、鸭；等等，品尝禽鸟要应季。野鸭一年四季都可食用，春季品尝的话，最好用盐腌上一晚。”（图 7）。要想一年四季都能享用某类禽鸟，需要有畜养这类活鸟的鸟舍。

图7　鸟小屋饲养的鸟

（《当流料理献立抄》）

在《古今料理集》的春三月菜单中，被食用的鹤、雁和野鸭，既有野绞鸟，也有活鸟。而夏三月和秋三月的菜单中只有活鸟，冬三月的菜单中则只有野绞鸟。这意味着人们在冬季没必要吃盐腌或畜养的禽鸟，因为这个时期能捕获到大量迁徙至日本的鹤、雁和野鸭。新鲜的野绞鸟主要拿来食用，剩余部分腌制，另有一部分活鸟则被畜养保存。春季候鸟即将飞回北方时，既可品尝到野绞鸟，亦可食用畜养的活鸟。而在候鸟迁徙结束后的夏季和秋季，捕猎不到鹤、雁鸭类时，盐鸟或活鸟就会派上用场。近世的日本虽然已经有鸭子之类的家禽存在，但家禽的饲养及利用并未普及。我们可以由此推测，盐鸟和活鸟这两种保存鸟类食材的方法，在日本的食鸟文化中具有重要意义。《古今料理集》一书按照每种食材的上市时间和最佳食用季进行解说，可见过去的厨师会根据季节的变化烹饪不同种类的禽鸟料理。

在江户初期，由知识渊博、技术高超的庖丁人们精心烹饪的禽鸟料理是百姓触不可及的高端菜肴。但随着禽鸟料理逐渐大众化，鸟类食材开始进入寻常百姓之家。于是，江户的鸟类销售额大幅增加。下文将着重介绍江户中后期食鸟文化的普及与繁荣。

第三章　江户的大众禽鸟料理——富商、穷武士、町人的喜好

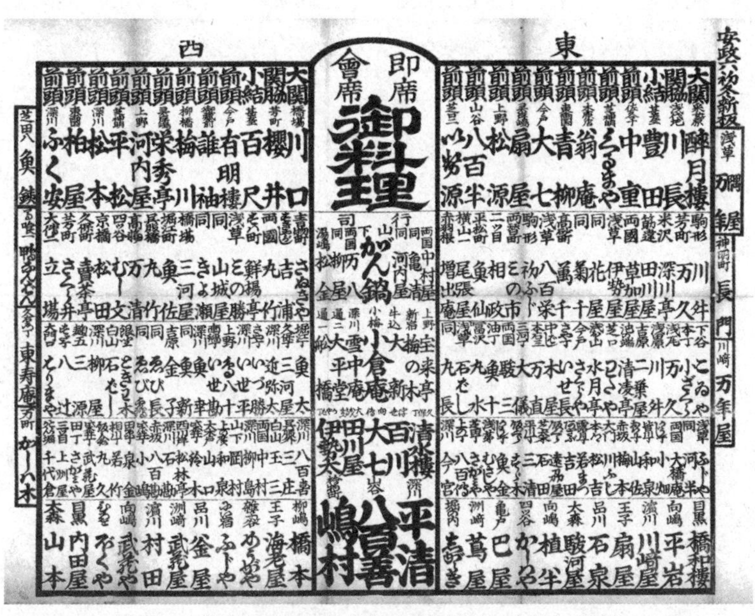

图8　鱼类及鸟类料理排行榜《鱼鸟料理仕方角力番附》

（东京都立中央图书馆特别文库室收藏）

1. 鸡肉火锅、雁肉火锅、鸭肉火锅——中下级武士的餐桌

尾张藩的中级武士享用的禽鸟料理

在江户早期到江户中期的烹饪书中，记载了丰富而精致的禽鸟料理，这些料理大多是当时贵族及武士才能享用的豪华大餐。不过，武士有级别之分，将军家、幕府阁僚、大名及其家老[①]、高家旗本[②]等为高级武士，他们的家臣、陪臣等则是中低级武士。不同级别的武士所食用的禽鸟料理有所不同。除了宴席的残羹，下级武士鲜有机会品尝专业厨师烹饪的美食。

然而，达官显贵们无法完全独霸美味的禽鸟食材。在江户时代，虽然由私家厨师精心制作的精致禽鸟料理是主流，但也出现了一些简单食用禽鸟的方法。因此，中低级武士和平民百姓偶尔也能品尝到禽鸟的美味。本章我们来看一看中低阶层人士如何食用禽鸟。

《鹦鹉笼中记》是尾张藩的藩士朝日重章留下的日记，日记的时间跨度为 17 世纪末到 18 世纪初。朝日家是有百石米领地[③]的“御目见”（有谒见藩主的资格），其门第可视为中士（中级武士）级别

---

① 作为大名的重臣，统帅家中的所有武士，总管家中一切事务。一藩中有数名家老，通常为世袭。家老的权力很大，藩中大事藩主都要与家老团商议后再决定。

② 江户时代俸禄在 1 万石以下，500 石以上的直属将军管辖的武士。部分名门后裔的旗本可以担任幕府的高家职位，称为高家旗本。他们负责组织幕府的典礼、仪式，作为幕府使者参见天皇，有朝廷授予的官位。

③ 有权从能够产出 100 石大米的土地上收取贡品。

的武家（冢本，1995：349）。重章喜欢娱乐、美酒和美食，他在日记中记录了他品尝过的食物，其中就包括禽鸟料理。《鹦鹉笼中记》的写作时期，正值德川纲吉的动物保护政策（俗称《生灵怜悯令》）的推广期，但身处尾张的重章，在食用禽鸟时却并无顾忌。

例如，元禄五年（1692）十一月三日，重章家“煮着吃”了一只野鸡和一只野鸭，大概是类似于火锅的吃法。重章似乎对这道菜很满意，写下了“美味充胃肠”的评价。十一月十八日，他受到大坂屋三郎左卫门（可能是商人）的盛情款待，日记记录的菜名中，有名为“熬物、鸭菜”的禽鸟料理，这两道菜应该是前文提到的煎鸟或煎烤。此外，同年十二月二十二日的记录为“获赐鹤御料理”，由字面可知重章被赏赐了鹤肉料理。主君以鹤料理赐予家臣，是一种显示主君与家臣分享美味的礼仪性下赐，关于这一点后文会有详细说明[《鹦鹉笼中记（一）》）]。

到了第二年，也就是元禄六年（1693），生灵怜悯的风潮甚器尘上，连各地大名的鹰猎都遭到了禁止。但在新年的一月九日，重章携父母去友人家做客，菜肴中有“烤鸽子”。一月二十九日，他在熟人家里吃了“野鸭”，二月八日吃了“煮雁肉”。接着在二月二十四日，重章用煎炒“绿头鸭”招待亲朋。二月二十七日吃“煎烤鸟”。四月二十四日，他邀请妻子的娘家人喝“盐鸭”汤。还有，四月二十八日喝“盐雁”汤，五月三日喝“盐野鸡”汤，七月十五日吃“野鸭”，七月十六日吃“雁盐（盐雁）”，十二月二十五日吃“野鸭汤泡饭”［（《鹦鹉笼中记（一）》）］。由此可见，元禄六年（1693）

的一年中，重章吃鸭、雁、鸽子之类的野禽至少有十一次（可能还有些没有记录在日记中）。

禽鸟料理是朝日家的新年必备菜品。宝永三年（1706）一月十二日，重章买来鹅和豆雁，同友人在新年宴上一起享用。想必重章非常爱吃禽鸟，因为此次他也称赞其“美味盈胸”。而且由于当时菜量过大，重章还让友人们带了一部分回家［（《鹦鹉笼中记（三）》）］。可以吃到被当作伴手礼带回家的美味禽鸟料理，他们的家人肯定很开心。当天的日记中还记录有“雁肉火锅”和“烤小鸟”之类的禽鸟料理。

朝日家的禽鸟料理并不像前述烹饪书中记载的那样丰富多彩。但也有一部分在烹饪书中出现过，例如煎鸭。此外，值得注意的是，他们还吃火锅，而火锅的吃法在当时的烹饪书上并未出现过。从锅中直接取菜到各自盘中分食的火锅，在上流社会中难觅踪影，但自古以来都是寻常百姓家的家常吃法。尤其是用雁鸭类禽鸟为食材的火锅料理，在平民百姓中非常普遍。上流社会与普通平民所食用的禽鸟种类及烹饪方法不同，菜肴口味也不尽相同。

住在乡下的下级武士享用的禽鸟料理

下级武士吃的禽鸟菜是什么样的呢？在《料理物语》等著作出版的江户时代早期到中期的史料中，找不到关于下级武士饮食情况的详细记载。直至江户时代末期，才终于留存下来一些与武士饮食生活有关的记载，我们可以从中了解到下级武士食用的禽鸟料理。

以下是关于江户幕府末期下级武士的食鸟记录。

《石城日记》是忍藩（今埼玉县行田市）的下级武士尾崎隼之助贞丁（石城是其别号）在文久元年（1861）六月到次年四月之间撰写的日记。石城嗜酒，也会自己下厨。石城在日记中记载了每天的饮食情况，日本生活文化史学者原田信男对其饮食内容进行了整理（原田，2009：128–133）。根据原田整理的清单可以看出，石城的日常饮食极为简朴，几乎找不到禽鸟菜肴。只是在文久元年十一月四日晚上，他吃了醋虾、汤豆腐和“鸡肉大葱”，第二天傍晚又吃了炖白萝卜、鰤鱼刺身和“鸡肉大葱”。这两道“鸡肉大葱”应该都是火锅料理。虽然没有给出详细的食谱，但应该是现在也能吃到的普通鸡肉大葱火锅。

此外，在第二年的一月十三日，他吃了“山斑鸠”和“炒鸡肉牛蒡”。山斑鸠是日本可狩猎的鸟类，现在也能尝到。从大小来看，山斑鸠不适合做火锅，可能是烤着吃的。炒鸡肉牛蒡的做法是先用酱油调味，再炒干水分。

在十个月左右的时间里，禽鸟料理只出现过三次，而且都是别人请客。换言之，下级武士石城从未在自家餐桌上吃过禽鸟，或者说吃不到禽鸟。当然，这与石城的饮食偏好，以及他是个经济拮据的地方小藩藩士有关，但我们仍可以推测，对于俸禄只有十人扶持[1]的穷武士来说，禽鸟料理是一种奢侈品。

---

① 武士的俸禄能维持十人生计（按一人每天 5 合米来算）。

偷吃御鹰的饵料

下面我们再来看一个担任江户勤番[①]的下级武士的日记。日记的时间从万延元年(1860)至万延二年，与《石城日记》的写作时期差不多。纪州和歌山藩士酒井伴四郎，单身去江户赴任，与叔叔一起住在勤番大杂院里。他的俸禄是30石，经济上并不宽裕。在江户逗留期间，伴四郎在日记中记录了他的日常生活和饮食，其中就提到了禽鸟料理。

如后文所述，幕末时期江户已经有了可供外食的餐馆，伴四郎会在外出就餐时品尝鸟肉。不过，他最爱的是泥鳅火锅，一年中在外吃了9次；其次爱吃“鸡肉火锅”，一共吃了4次(青木，2005：63)。他似乎是关西人，把鸡写作“黄鸡”，对鸡的味道要求较高。

九月十八日，伴四郎在日本桥附近闲逛了一会儿后，进入京桥前面的一家餐馆，点了“黄鸡火锅”。不过，鸡肉似乎并不新鲜，肉质干硬且臭不可闻，实在令人提不起食欲。因此他只尝了一口就叫人换成了蛤蜊火锅(青木，2005：82)。

七月八日，伴四郎竟然和同伴偷吃了“御鹰的饵料鸽”(青木，2005：65–67)。“御鹰”是大名鹰猎时使用的鹰，御鹰的饵料是小鸟或小动物。伴四郎从运送到京城的饵料鸟中偷取了一些鸽子。

正如后文所述，鹰猎这种行为和制度，对江户的食鸟文化产生了重大影响。它限制了禽鸟利用的渠道，但在鹰猎制度中使用的鸟

---

① 大名的家臣轮流出府前去江户藩邸供职。

类也有一些会被人们暗中吃掉。喂鹰的饵料鸟，对于普通人而言本是高级食材，所以出现偷吃现象也很正常。虽然被发现了免不了一顿斥责，但对下级武士来说，禽鸟的美味足以让他们不惜铤而走险。

上野的山下雁锅

十一月八日，位于浅草的鹫神社举办酉市[①]，酒井伴四郎跟两个叔叔一起结伴前往鹫神社的途中，吃了上野地区著名的山下雁锅。当时雁锅店内顾客盈门，他们好不容易拨开人群挤了进去。在那里吃了雁肉火锅，喝了五瓶酒。参拜神社结束后的回家路上，他们又途经山下雁锅，发现菜品已经售罄，门口挂着谢绝入内的牌子，可见雁锅店生意之火爆（青木，2005：187–190）。

山下雁锅这样的餐馆面向普通民众，门槛不高。以雁肉加上大葱为食材的雁锅，是一种可以边煮边吃的火锅料理，同前文中尾张藩中级武士朝日重章吃的“雁肉火锅”应属同一类。鸡鸭火锅经常出现在19世纪初的人情本[②]和滑稽本[③]之类的小说作品中，这表明在江户后期，禽鸟火锅已经在江户市民中普及开来（图9）。前面已经提到，这样的火锅是大众菜，所以在那些讲究仪式礼法、高深莫测的烹饪书中并没有记载。下级武士伴四郎和江户本地人曾一起围

① 每年十一月，日本全国的许多神道神社都会举办丰富多彩的“酉市（鸡市）”。十二地支的“酉”对应的动物是鸡，“酉市”在十一月的鸡日举行，其目的是祈求五谷丰登、生意兴隆。

② 流行于江户时代后期到明治初年的、主要描写町人（市民）的恋爱故事的小说。

③ 也称“中本”。指日本江户时代后期流行于世的一种以描写城市平民的日常生活和游乐生活为主的滑稽、诙谐的通俗小说。

着雁肉火锅大快朵颐。

图9　鸭肉火锅的食材
（石川县加贺市）

其实，伴四郎到访的上野雁锅店，就是本书绪论所述的《吾辈是猫》中描写的“上野的山下雁锅”。这家老字号名店在明治时期的许多文学作品中都曾出现过。山下雁锅最初是一个在上野山的路边，以苇帘围挡的简易小饭铺。文政三年（1820），小铺搬到山脚下后，变成了雁锅店（吉原，1996：199）。从幕府末期到明治时代，该店一直生意兴隆，并深受江户人以及东京市民的喜爱，直至明治三十九年（1906）关店。

绘草纸[①]《琴声美人录》(1851)中的插图(图10)，以细致的笔墨描绘了雁锅店的布局以及平民百姓品尝雁锅的情形。目前还不能确定图中的雁锅店是不是山下雁锅，但极有可能，毕竟山下雁锅是当时首屈一指的雁肉火锅店。

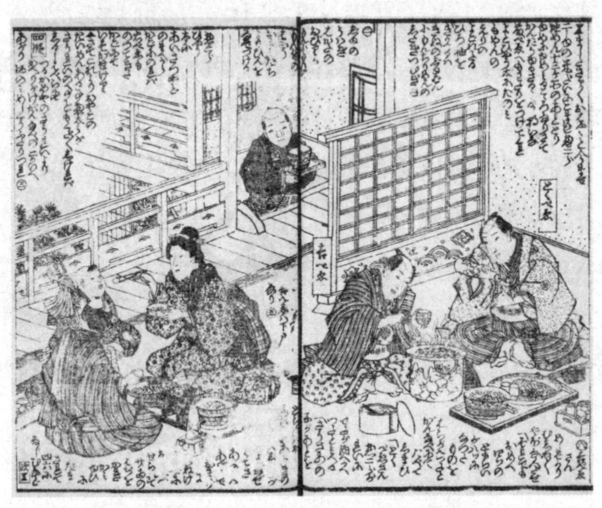

图10　人们品尝雁肉火锅的场景

(《琴声美人录》，早稻田大学收藏)

图10描绘的是雁肉火锅店二楼的情形。餐馆服务员正端着菜品上楼。餐厅内有两桌食客用餐。右边一桌是两个平民(町人)模样、衣着光鲜的男人。两人围锅而坐，一人正在给自己斟酒，另一人正伸手往用煤炉加热的火锅中夹菜。仔细观察可以发现，热气

① 江户时代带插图的读物。

腾腾的火锅汤底极浅，肉在少量汤汁中炖煮，或是像寿喜烧（见前文）那样一边煎一边吃。雁肉富含油脂，若煎熬的汤汁较少，则必定会有油滴溅出。其他配菜放置在炭炉旁边的盘中，像是大葱之类佐肉的蔬菜。盘边还放有辣椒、花椒之类的调味品。可见，当时吃火锅与现在类似，人们会依据自己的口味添加调味料。

左边的一桌客人是一对带小孩来就餐的夫妇。母亲正用筷子夹菜喂给幼儿，男童留着额发，天真烂漫。父亲一边喝酒一边看着妻子与儿子的互动。可以说雁锅店是属于大众性的饮食空间，人们即便拖家带口也可轻松就餐。当然，同当时满足江户人饱腹需求的街头快餐小摊相比，这里的价格并不算亲民。

2. 高级餐馆、名店的味道——富人和文人墨客的奢侈消费

禽鸟料理的大众化

江户时代中期以后，上流社会的豪华禽鸟料理渗透到町人的富裕阶层。事实上，此时富裕町民享用的禽鸟料理，远比下级武士奢华。除了武家和公家，町人品尝禽鸟的情景也开始出现在烹饪书中。例如，《料理纲目调味抄》是享保年间（江户中期）的代表性烹饪书，由京都的茶人[①]啸夕轩宗竖撰写，他描写了“庶人游民（普通

① 精通茶道之人。

民众和远离世俗追求人生乐趣的人）的生活”，正如“庶人游民”所言，此书与传统的烹饪书并不相同。《料理纲目调味抄》记录的是庶民的饮食生活，而传统烹饪书侧重记载高贵的武家、公家所享用的料理。然而，作者是京都的茶人，虽在庶民之列，但其周围的庶民应该都是有一定经济实力的富人。

该烹饪书中提到用于烹饪的禽鸟，有鹤、雁、天鹅、野鸭、苍鹭、野鸡等23种。烹饪方法包括煲汤、生吃、烤鸟（串烤）、炖煮、火锅煎、凉拌、清汤、船场煮、酱煎、鸟味噌酱、味噌酱渍、盐鸟等等。部分菜品在《料理物语》《古今料理集》等早期烹饪书中也曾出现过，由此我们可以了解这些禽鸟料理是如何一步一步走向大众化的。此外，书中还记载了一些新式料理，例如鹿煮[①]、定家煮[②]、清蒸鸟、荷兰煮[③]、扇贝烤（或小碗烤）等，这表明禽鸟料理逐渐变得更加丰富多样。

“扇贝烤”的做法是将鱼、鸟、银杏果、大葱等各种食材一同炖煮入味，放进贝壳里，加入打了鸡蛋的汤汁后蒸烤制成。在日本海沿岸，人们会把大扇贝的贝壳当作锅来炖煮食材，这一农家菜传承至今，现名为“烤呗”，是“扇贝烤”的音变。岛根县的“烤呗”

---

① 虽写作“鹿”，但表示的是“肉”的意思。此处指煮鸟肉。

② 江户时期流行的一道名菜，做法是用盐和白酒煮。因镰仓初期的歌人藤原定家尤其喜欢这道菜而名为定家煮。

③ 其做法是将原料煎或炒，然后放入由酱油、味淋、日本酒、高汤混合而成的汤汁中炖煮，并加入辣椒。江户时期日本与荷兰交往密切，荷兰煮的“荷兰”有“西式”的意味。

的做法是把鲍鱼的贝壳放在炉子上煮日式高汤。白萝卜切片，牛蒡切丝，和百合根、鸭肉一起放入贝壳中，做成贝壳火锅，这种吃法很像《料理纲目调味抄》中的扇贝烤。

如果不是经过烤制，而是放在碗里蒸熟，那扇贝烤就相当于现在的茶碗蒸。茶碗蒸如今使用鸡肉做配料，但在江户时代，人们还会使用其他鸟肉。在江户料理中，禽鸟不仅是一种主要食材，还会作为辅料，与其他食材配合使用。

《料理纲目调味抄》显示了禽鸟料理的大众化，这种大众化在宝历至天明时期（1751—1789）又有了进一步的发展。

禽鸟料理的秘密

宝历至天明时期，也就是18世纪下半叶，日本的饮食文化发生了划时代的变化，即开始在料理中融入“娱乐”的元素（原田，1989：113–114）。在此之前的烹饪书，主要为上流社会的庖丁人等专业厨师所撰写，而从这一时期开始，烹饪书借助出版这一文化形态，向社会中下层推广渗透，从而扩大了通晓料理的人群范围。

《万宝料理秘密箱》俗称《玉子百珍》，是一部广为人知的烹饪书，也是在料理中融入大量“娱乐”元素的代表性著作之一。据推测，作者器土堂是京都的专业厨师；其门徒将其关于菜品的珍贵记录进行整理，汇编成书，并称其为“秘密箱”。该书序言中写道：打开箱子就可以解开层层秘密，包括每道菜的分量、味道以及品质等等。器土堂留下了100多道禽蛋料理的菜谱，数量之多令人惊叹不已，这些菜谱极大地激发了读者们的好奇心。

由于《万宝料理秘密箱》中记载了丰富多彩的禽蛋料理，而禽蛋在日语中可写作“玉子”，故该书俗称《玉子百珍》。人们往往关注书中记载的禽蛋料理，但书中其实还介绍了各式各样的禽鸟料理。如果考虑到禽蛋是禽鸟的产物，或许将其改称《禽鸟百珍》更为合适。该书可谓是江户时代首屈一指的禽鸟料理烹饪书。

该书从“鸟之部”入手，而后进入“蛋之部”，开篇便是“禽鸟的各种料理方法”。首先，书中介绍了一道名为“长崎大吕煮”的菜肴，这道菜使用了“鹬鸟”“源氏鸽（不详）”“大鹌鹑”“野鸭”等禽类食材。这道菜的制作步骤繁琐，书中就其复杂的工序作了细致入微的说明，但由于篇幅较长，此处不再逐字逐句复述。简而言之，先用鸟肉包卷鲷鱼之类的鱼肉，用细线捆绑固定，然后用酱油和酒炖煮入味，煮好后捞出切成小块，趁热蘸上芥末酱食用。

书中接着介绍了准麸鸟（甜味噌煮鸟）、煎鸟、酱煎、鹿煮、定家煮、鹰野鸟、御山影料理、杜鹃土器盛、鸟肉包、鸟肉丸、长崎鸟田乐、长崎鸟山药汁、鸟肉芋泥饼、煮鸟、煎斑鸫羽节、鸟肉浓浆、生拌鸟肉、鹰野碎切鸟、鸟酱、干酱鸟肉、野鸡山影汤、煎盐鸟、鸟饭南蛮料理、味噌腌鸟、盐鸟、鹤、雁肉料理、盐腌灰椋鸟的做法，共计29道禽鸟料理。禽鸟料理阵容豪华，包括炖、煎、烤、汤、生拌、饭……每一项的解说都极为详尽，此处不一一抄录。只要阅读书中的菜谱说明，就能大致了解这些禽鸟料理的做法和味道。而且，想必一定会有人在阅读此书时不只是停留在想象层面，而是尝试亲自动手制作这些从未品尝过的禽鸟菜肴。

在《万宝料理秘密箱》中，除收录了3道附有长崎地名的禽鸟料理外，还有1道被称作“南蛮”的料理。这里的“长崎”与其说意在表示真正于长崎制作的当地美食，不如说是一个令人联想到舶来品的标签，一个隐含着新颖、时尚意味的形容词。长崎这一地名催生了当时禽鸟料理的新模式。在闭关锁国的江户时代，长崎是日本唯一的对外开放港口。事实上，在长崎发展出了一种将中餐、西餐与日式料理要素融合在一起的“卓袱料理”[①]，这是一种无国籍化的混合美食（由几种饮食文化混合而成的美食）。卓袱料理被认为是江户时代的料理，在许多烹饪书中都有提及。在普遍食用肉类的中餐、西餐中，禽鸟食材也很常见，因而江户时代的卓袱料理中包含了许多种禽鸟元素。可见，日本国内的禽鸟料理，在江户中期以后，开始受到之前闻所未闻的异邦菜的影响。

此外，书中还记载了名为“鹰野”的禽鸟料理，即记述了鹰场猎获之鸟的料理秘籍。被武家垄断的鹰猎鸟的菜谱和味道，或许就是通过该书传播至民间的。我们也可以通过该书了解到日本食鸟文化的大众化过程。

---

① 卓袱料理是长崎受日本国外文化影响的产物，是中餐与西餐被日式化之后的一种日式宴席形式。有点像中餐，但由于集合了日式和食、中餐、西餐的特点，因此也有人称其为“和华兰料理”。

高档餐馆的全席宴

上述烹饪书中介绍的风雅精致的禽鸟料理，究竟可以在哪里品尝到呢？很难想象为平民百姓服务的饮食摊或小饭铺会供应这种美食，小巷大杂院里热情洋溢的老板娘也不太可能端出这类佳肴。

在江户时代早期，人们还没有外出就餐的习惯，所以几乎没有机会花钱在外面品尝禽鸟料理。即便在文化发达的京都和大坂地区，也是到了江户中期的宽文、延宝至元禄（1661—1704）时期，才出现料理茶馆这种高档餐厅（原田，1989：54）。而在同一时期的江户，只有提供“奈良茶饭”等简餐的茶屋。奈良茶饭是一种茶泡饭，用煎茶煮咸味米饭制成。

江户随笔集《嬉游笑览》中写道，直到宽文时期之后，江户才开始出现料理茶馆。在享保（1716—1736）中期之前，花钱在外就餐是无法想象的。从宝历早期到江户后期的明和时期（1764—1772），提供精致菜肴的茶馆终于出现在街头巷尾。宝历、明和以及天明时期，即18世纪后半叶，是江户饮食文化的重要转折点，也是禽鸟料理深入民间的重要节点。禽鸟料理的大众化是在文化、文政时期实现的。

可以说到了江户后期，提供精致禽鸟料理的餐馆才在江户普及开来。江户时代的食鸟文化因而逐步渗透到民间，曾经被权贵垄断的高端禽鸟料理成为寻常百姓也可以品尝的大众化菜品。而料理茶馆在禽鸟料理的大众化进程中起到了举足轻重的作用。

山东京山在其随笔中写道，在明和时期，深川洲崎有一家名为升屋祝阿弥的餐馆。店主夫妇精明能干，店铺生意很是红火（《蜘蛛之丝卷》）。这家餐馆的外观优雅别致，常有美食行家光顾。该餐馆的一份天明二年（1782）一月的菜单十分壮观，从清汤（吸物）开始，接着是御砚盖、御小碟，再到清汤（吸物），其后才是御膳（正菜）的部分，正菜有小菜、炖菜、烧烤……可谓一顿源源不断罗列珍馐的全席宴。而其炖菜中就有一道“熬煮野鸭”（大久保，2012：167–168）。

天明时期以后，许多料理茶馆相继出现在隅田川（位于江户城北区）沿岸。八百善是其中最具代表性的一家名店。这家店在前文介绍的料理排行榜《即席会席御料理》（参照绪论的图 1）中也有出现。八百善位于排行榜最下方的中央，作为“劝进元”受到特殊礼遇，比占据“行司”位置的山下雁锅的字体还大。八百善是江户料理排行榜上的明星，当然，这家江户最负盛名的餐馆也提供禽鸟料理。

江户首屈一指的名店——八百善

19 世纪初，禽鸟料理完成了大众化的进程，江户人的生活水平逐渐提高，餐馆如雨后春笋般涌现，外出就餐文化（包括平民在内）开始繁荣（原田，1869：144–146）。当时出版了一本介绍八百善料理的书——《料理通（江户流行料理通）》（后文简称《料理通》）。八百善是一家驰名江户的高档餐馆。酒井抱一为该书的封二画了一幅蛤蜊图，蜀山人（大田南亩）为该书作序，可见八百善老板和当时的文人墨客交情匪浅，老饕文人们曾在这家店享用饕餮美食。《料理通》在江户的书肆发行，八百善位于江户的浅草山谷，而《料理通》的作者是八百善的老板栗山善四郎，他介绍的是自己餐馆的菜单中的菜品。由此可见，书中介绍的禽鸟料理，是曾在江户能实际品尝到的菜肴。

书中只列举了不同季节菜单的菜名和食材，并未记载各种菜品的具体烹饪方法。本膳料理（仪式料理）也只列出了品类而已。例如，在“本膳汤之部”的秋季部分，介绍了一种由雁肉、牛蒡丝、松露碎加热制成的汤汁。“本膳平之部（炖菜）”的冬季部分则记载了由绿翅鸭和子笼（将盐渍鲑鱼籽放回到腌渍的鲑鱼腹中）、皮带虾（不详）、金针菇、白萝卜和新鲜紫菜制成的炖菜。此外，在《料理通》的第一章与第二章，出现了数十处用到雁、鸭（包括盐鸭）、豆雁、绿翅鸭、鹌鹑、黑水鸡、鹬鸟、鹤等多种鸟类的料理。

该书介绍的料理大多烹饪方法不详，只有“秘传之部”的菜品附有详细的烹饪方法说明，其中包括一道鸭肉料理。这道菜名为“肉末山药糕”，使用了野鸭肉作为食材，即用鸭肉末制成的肉末山药糕。做法如下：首先，把鸭肉在案板上剁碎，放进研钵研磨成泥，加入山药泥和鸡蛋清；将鲣鱼干削成薄片放入水中充分浸泡获得调味水；以调味水稀释鸭肉山药泥；加入熬煮后冷却的味淋增加甜味；再加盐调咸淡；用碗盖调整形状，最后放入大锅的沸水里稍氽即成。这道菜与现在的肉末山药糕的做法几乎没有区别。

后来，善四郎还专程赶到长崎学习卓袱料理和普茶料理[①]，并出版了与卓袱料理和普茶料理相关的《料理通》续集，续集中还介绍了充满异国风情的新式禽鸟料理。例如，有一道菜叫作“伦派”，名字听起来颇有异国情调。这是一道将鸭肉切成薄片，与竹节虾、松茸、白果、鸭儿芹的秆、禽鸟蛋等混合搅拌，放入浅锅中烤制的料理。通过八百善的推介，人们在江户也可以吃到这些新式禽鸟料理了。

鹭鸟料理的名店——驻春亭田川屋

说到提供禽鸟料理的江户高级餐馆，不得不说田川屋。这家店的特色菜是鹭鸟料理。《川柳江户名物》是一本描绘江户特产的川柳[②]诗集，其中收录了几首以“田川屋鹭鸟料理”为题的川柳（西原，1926：90–91）。

○ 笼中苍鹭探头出，穿过鸟首入茶屋

田川屋饲养了许多用以食用的苍鹭，苍鹭从拥挤的鸟笼中探出头来，客人进店时要拨开鸟头穿行而过。

○ 花始落时果未熟，投喂青柚戏苍鹭

“花落”是指刚落花未成熟的果实。苍鹭张大嘴索求食物，人们大概是以戏耍的心态给苍鹭投喂青柚的吧。

---

① 江户时代初期从中国传至日本的素菜。

② 川柳是日本的一种诗歌形式，音节与“俳句”一样，也是17个音节，按5、7、5的顺序排列。但它不像俳句要求那么严格，也不受“季语”（季节词语）的限制，内容大多轻松诙谐。

〇“泥水”逍遥归来后，“田川”鹭店酒润喉

“泥水”喻指花街柳巷，这里指的是附近的新吉原。这首川柳描写的是人们在新吉原风流消遣后，回家途中再去田川屋鹭鸟店小酌一杯的情景。鹭鸟常栖息在带有泥水的田地或河川里，所以诗中提及的物名与店名之间颇有关联。

田川屋以其屋号“驻春亭”而为人所熟知。在深川新地经营茶馆的驻春亭宇左卫门，在吉原附近的金杉大恩寺（大音寺）前（现在的台东区龙泉一丁目）开了一家餐馆。这家店独具匠心，别出心裁。在《江户名物诗 初篇（江户名物狂诗选）》中有关于“田川屋料理 金杉大恩寺前”的介绍，说庭院里有个雅致的浴池，食客醉后入浴可以快速醒酒。

《武江年表》的“享和年间记事”也有记载：“山谷町八百屋善四郎、深川土桥平清、下谷龙泉寺町驻春亭，文化年间生意兴隆。”（斋藤编，1812：182）可见驻春亭田川屋与前文提到的八百善处于同一时代，且颇有名气。前文提及的料理排行榜《即席会席御料理》（参考绪论图1）中，山下雁锅为行司，八百善是劝进元。虽然田川屋不及八百善，但也属于劝进元之列，字体的大小仅次于八百善。在其他料理排行榜，如《御料理献立竞》（当世堂）、《献立竞》（出版社不明）、《流行料理包丁 献立竞》（出版社不明）之类的餐饮排行榜中，田川屋堂而皇之地居于东方的正大关之位。虽然在《八百善御料理献立》（泉永堂）中，田川屋排在东方的关胁位置，地位稍有下降，但毫无疑问，其与八百善并驾齐驱，都是具有

代表性的江户高级餐馆。许多锦绘（彩色浮世绘版画）作品都曾以田川屋为主题，如歌川广重《江户高名会亭尽》中的“大音寺”，歌川国贞、广重《东都高名会席尽》中的“驻春亭田川屋”，歌川国芳《东都流行三十六会席》中的“大音寺前 白井权八”等，足见其名气之大。

文人墨客钟爱的鹭鸟餐馆

驻春亭田川屋同八百善一样，是酒井抱一等著名文人墨客经常光顾的地方。演员兼艺术批评家渥美国泰，将驻春亭描述为文人沙龙，内容如下。

每到黄昏，莺邨君（抱一上人，即酒井抱一——引用者注）喜欢沿着烟花柳巷的街道散步，他偏爱下谷龙泉寺町的高级餐馆，是驻春亭田川屋的常客。驻春亭的老板田川屋出生在芝地区，是丝屋源七的次子，本名源七郎。后继承姑姑的家业，在深川新地经营茶馆。他作俳句时的笔名为煎罗，剃度后法号为愿乘。他在龙泉寺寻找建造别墅的地皮时，发现有井中涌出了清冽的泉水，水质之好周边罕见，在与名主[①]和抱一上人协商后，便在此地开了一家高级餐馆，该餐馆就是驻春亭田川屋。

餐馆的每个包间都可以煮茶，一开始只有三个包间。餐馆内有

① 土地以所有者的本名登记称“名田”，“名田”经营者被称为“名主”。名主须向领主进贡。

一浴池，浴池有一丈见方大小，呈四方形。浴池的天花板也是四方形，由青竹制成。一道热水瀑布与一道冷水瀑布从上而下，营造出独特的氛围。室内设有多个烛台与丁香浴池（丁香味的热水或丁香香炉。这里应该是后者——引用者注），还有精巧的浴衣架、落地镜与梳妆台。屋顶的正中央放有一个鸬鹚形的陶瓷器，其象征着水湿后易干。餐馆的所有设计草图都由抱一上人完成，外匾额“沧浪”由鹏斋先生（亀田鹏斋——引用者注）题字，内匾额“混堂”由天民（大洼诗佛——引用者注）题写，匾额“紫香乐”由蜀山人（大田南亩——引用者注）醉笔，二楼匾额“鹊雀楼”为抱一上人题字，入口匾额“驻春亭”由关中和尚挥毫。其他种种，暂且略过。（渥美，1995：234-235）

除酒井抱一外，文中还出现了几位杰出文人的名字，如江户时代文化和文政时期最伟大的书法家亀田鹏斋、汉诗人大洼诗佛、狂歌师大田南亩。此外，歌川广重在《江户高名会亭尽》的“大音寺前”中描绘了外匾额的一部分，从中可以看到“沧”字。由此可见，那块外匾额应该就是鹏斋题字的匾额（图 11）。

图11　《江户高名会亭尽》描绘的驻春亭田川屋。貌似展现的是酒醉的客人正带吉原妓女来店的场景

（《广重画帖》，国立国会图书馆收藏）

浴池设置飞瀑，店内还配有出自名家之手的匾额和用具。这家充满雅致情调的餐馆，吸引了许多擅长书画的文人墨客聚集。在这里，画家、书法家、诗人与作家等拿来各自家藏的书画一同鉴赏；还会有小型的“书法、绘画沙龙”，由著名书法家现场挥毫泼墨，其作品或售卖以获取润笔资费，或赠予求取人（坎贝尔，1987：61–66）。如此，文人墨客汇聚于此召开书画展示、展销会，而不同寻常的鹭鸟料理，则成为在酒宴上吸引风流雅士的一种设置。

鹭鸟料理是驻春亭的名菜，但其具体内容不详。《鱼鸟料理仕方角力番附》（泉永堂，参考图 8）并不是餐馆的排行榜，而是菜品的排行榜。该排行榜的西边写有“关胁：魔芋丝苍鹭茶碗”的字样，位居“关胁”第四位。排在其前面的三道菜是“鲷生作”“鲤生作”和“鲛鱇汤”。由字面可知，“魔芋丝苍鹭茶碗”的配菜使用了魔芋丝，其他不明。而且也无法判断这道菜与驻春亭的名菜鹭鸟料理是否相同。顺带说一下，在《鱼鸟料理仕方角力番附》的排行榜上，第一层级前排出现了“鸭肉茶碗蒸”“鸭羽盛”，第二层级前排出现了“鸭肉末山药糕”“鸭煎鸟”之类的禽鸟料理的名称。

如上所述，文化、文政时期以后，江户的美食家们在前文介绍的八百善、驻春亭田川屋等高级餐馆尽情享用高级禽鸟料理。另一方面，餐饮业的发展与在外就餐文化的普及也促进了食鸟文化的大众化。烹饪书中记载的美食菜谱，原本只有一部分专业厨师能了解或制作，但通过这些餐馆得以推广普及。过去只有少数人能够品尝到的高档禽鸟料理，逐渐进入底层民众的世界，成为各阶层都能享用的美味。

然而，八百善、驻春亭田川屋这种高级餐馆，对于住在大杂院的熊五郎和八五郎[①]这样的平民百姓而言还是门槛过高。这些餐馆的菜肴根本无法反映江户百姓的日常饮食生活。对普通百姓来说，八百善、驻春亭的禽鸟料理是一种可望而不可即的奢侈品。

① 古典落语中的虚构人物，主要出现在江户落语中。

3. 鸭南蛮与烤雀——老百姓的朴素快餐

平民百姓的美食——鸭南蛮

到了江户时代后期，在江户的街头巷尾，出现了售卖蔬菜、鱼、调味料之类食材的流动小贩，以及提供天妇罗、寿司和荞麦面之类简餐的路边摊和简易小饭铺。简单、廉价的餐饮为普通百姓在外就餐提供了便利。然而，面向平民的餐饮生意似乎并未使用到很多鸟类食材。例如,《守贞谩稿》是起草于19世纪中叶的天宝年间的一部风俗随笔集，其中包含许多关于食品摊贩及饮食店的记载，但涉及禽鸟或禽鸟料理的描述并不多。书中提到的禽鸟专卖店只有一家，是家提供斗鸡大葱火锅的鸡肉餐馆。据说，从文化年间开始，大坂京都一带的上方地区吃黄鸡大葱火锅，江户的餐馆则卖斗鸡火锅。

然而，这本书也指出“食用野鸭之类寻常禽鸟很是常见”。也就是说，野鸭类禽鸟是百姓们的日常食材。可见，在当时的江户，食鸟文化已经普及到民间。即使是囊中羞涩的江户人，在手头里有点小钱时，也会去买便宜的禽鸟自己烹饪，或是下馆子吃一顿禽鸟餐。虽然去不了山下雁锅店和八百善之类的高档餐馆，但时而会奢侈一下去餐馆吃一顿平民化的禽鸟料理。平民百姓享用的代表性禽鸟菜是“鸭南蛮”。

现在荞麦面馆的菜单上也有鸭南蛮这道菜，所以即使不作详细说明，日本人也大致知道鸭南蛮是什么。鸭南蛮指一种用野鸭（现在是家鸭或杂交鸭）或家鸡与大葱一起煮的荞麦面或乌冬面。随笔集《嬉游笑览》出版于19世纪初的文政年间，略早于《守贞谩稿》。《嬉游笑览》将南蛮的起源解释为异国风味，书中说："菜里加大葱叫南蛮，再加鸭肉就称鸭南蛮。自古以来，'南蛮'一词被用来指代异国风味，同时也可以说南蛮料理是卓袱料理的变体。鸭南蛮最早起源于马喰町桥头的笹屋。"荞麦面装在大平盘里也被称作"卓袱"，是长崎卓袱料理的变体，而鸭南蛮则是这道菜的进一步变体。

然而，如果说鸭南蛮的首创者是江户马喰町（现在的东京中央区日本桥马喰町）的荞麦面馆笹屋，则意味着这道菜起源于江户地区（也有人认为源于上方地区）。在前文多次提到的《即席会席御料理》（参考绪论图1）排行榜中，从位于西边的编外部分可以找到"马喰—鸭南蛮"的字样。虽然只是在编外部分出现，但能够进入榜单，便足以说明其知名度之高。另外，据说《南总里见八犬传》的作者曲亭马琴，在文政十年（1827）一月二十九日探访江户火灾遗迹后的归途中，在马喰町吃了"野鸭荞麦面"（《曲亭马琴日记》），他当时去的肯定是笹屋这家店。

鸭南蛮的价格

"有一道菜叫'鸭南蛮'，食材是鸭肉和大葱，只在冬天销售。"如《守贞谩稿》中所述，鸭南蛮本是仅限于寒冷冬季食用的季节性食物，因为野鸭只在冬季迁徙至日本。但事实上，由于可使用杂交鸭或鸡作为替代，所以一年四季都可以吃到。书中还提到了一款“亲子南蛮”荞麦面，是鸭南蛮的略微升级版。它由蛋花汤加鸭肉制成，可以说是亲子丼[1]的荞麦面版本。据说实际上使用雁肉的情况更多。

《守贞谩稿》中记录了当时荞麦面的价格，但并未提到鸭南蛮和亲子南蛮的价格。不过幸运的是，在几乎同时代的江户见闻记中却有所记载。《江户见草》是尾张的随笔家小寺玉晁在天保十二年（1841）写下的江户见闻记，其中记载了以下内容：“蛋汤荞麦面四十八文，海味荞麦面（盖浇了干贝和海苔碎的荞麦面）二十四文，花撒（撒了烤海苔碎的荞麦面）二十四文，卓袱二十四文，天妇罗荞麦面三十二文，皮带乌冬面十六文，过水乌冬面十六文，酱油面十六文，凉面四十八文，鸭南蛮四十八文，黄鸡南蛮四十八文，亲子荞麦面四十八文，打卤乌冬面三十二文。”

鸭南蛮的价格是乌冬光面或酱油面的3倍，是天妇罗荞麦面或打卤乌冬面的1.5倍，与蛋汤荞麦面价格相同。在上文的价目表中，鸭南蛮和黄鸡南蛮的价格最高，但不至于让人高攀不起。鸭南蛮是以鸭肉为原材料的快餐，并非精心制作的高级料理。不过，看到盖铺在荞麦面上的肥美鸭肉，还是会令食客体味到几分奢侈之感吧。

鸭肉与鸡肉一样，是一种通用性极强的食材，适用于制作各种

---

① 一种日式盖浇饭，浇头的主要食材是鸡肉、鸡蛋和洋葱。丼指盛装米饭的碗。

菜肴。例如，在幕末的奈良奉行川路圣谟的日记《宁府记事》中，有篇弘化三年十二月九日（1847 年 1 月 25 日）的日记，其中就有“和捕吏一起享用鸭肉酱油面”的记录。鸭肉作为面条和米饭之类平民饮食的配菜备受重视。

烤雀

此外，江户还有烤小鸟之类的小吃，位于杂司之谷的鬼子母神“烤雀”尤其出名。《东京年中行事》一书中记载了从江户时代到明治时代，东京（江户在明治时代更名为东京）的传统节日活动。该书对十月举办的“杂司之谷鬼子母神庙会”有如下描述：“庙会的名品是平日里就小有名气的烤雀……通往寺院的路上热闹非凡，两侧售卖烤雀的摊铺都在忙着招呼顾客。”（若月，1911：265）参拜鬼子母神的路上常年设有烤雀店，可见，烤雀是该地区的特产。此外，江户、明治时代的风俗杂志《风俗画报》的一期增刊中也有这样的记录：“茶馆兼餐馆位于寺院内近门处，有蝶屋、菖蒲屋、武藏屋、常陆屋等八九家。特色菜是烤小鸟、烤芋串、烤丸子。”（山下编，1911：19）。鬼子母神“烤雀”的做法是去掉麻雀的内脏，整只用酱汁腌制，做成照烧风味。这道菜并不像烤鸡那样切块后烤制，而是直接烤整只麻雀。

照片8　石川县加贺市的烤雀　河本一男提供

京都的伏见稻荷大社虽不在江户，但门前也有提供串烤整只麻雀、鹌鹑的餐馆，例如稻福和日野家，一直存续至今。养殖的鹌鹑一年四季都能吃到，但野生麻雀却是珍稀的美味，只在每年 11 月到次年 2 月的狩猎期才可品尝。烤雀成了稻荷大社新年参拜时的一道风景线。每逢新年，通往大社的参道上便弥漫着烤雀的香味。如果撒上花椒，味道会更胜一筹。然而，随着野鸟资源的枯竭，这道传统小吃的未来不容乐观。

乡村百姓的禽鸟料理——铁火饭

如上所述，在江户，不论是武士还是町民都喜欢禽鸟料理。在都市文化蓬勃发展的文化、文政时期，江户的食鸟文化达到了顶峰，并完成了大众化，即食鸟文化彻底融入了江户民众的生活。可以说，食鸟文化是一种在包括京都、大坂在内的城区发展起来的城市饮食文化。那么，在同一时期的农村地区，食鸟文化又有怎样的表现呢？山野乡村栖息着众多鸟类，自然资源丰富。农村地区的人们能品尝到怎样的禽鸟料理呢？

然而，由于相关史料非常有限，笔者只能参照自己的走访调查记录来推测江户时代的乡下农民吃的禽鸟料理。根据访谈内容，能够确认过去的三十余年间农民们食用的禽鸟料理。这些料理虽然不见得都是江户时代的农民品尝过的，但由此可推测到当时的情况。

例如，千叶县的手贺沼周边在江户时代是为江户提供雁鸭类野禽的一大供应基地。根据笔者在此地的走访调查，20 世纪 40 年代的农民可以在手贺沼合法狩猎水鸟，当时捕获的野鸭几乎全部销往东京，偶尔也会留下一些自己吃。当地人烹饪禽鸟的方法比较随便，通常做成名为“铁火饭”的菜肉焖饭。做法是：将鸭肉剁碎与胡萝卜和豆腐果一起，加入酱油和白糖调味煮熟，然后再与米一起煮成焖饭。

做铁火饭除了用鸭肉之外，还会加入剁碎的鸭心和鸭肝。因为配菜中有红色的胡萝卜，也被称为赤饭，据说在狩猎水禽之前向惠比寿神[①]供奉铁火饭，就能抓到很多红脚鸟（指绿头鸭，脚是红色的，故得此名）。铁火饭用鸭肉，剩下的鸭架会被剁碎做成丸子，

① 日本传统七福神之一。传说惠比寿神教人们用鱼和农作物进行物物交换，因而被日本人尊崇为买卖兴隆的守护神。惠比寿神满面笑容，身着猎衣，右手持钓竿，左手抱喻示吉祥的鲷鱼。

放在汤里吃掉。这些农家菜虽然简朴，但无疑是乡下人的美味佳肴。据说他们品尝禽鸟的机会并不多，大人小孩在饭前等待时都会垂涎欲滴。与江户的禽鸟料理相比，农家禽鸟料理非常简朴，而且毫不考究，或许这种禽鸟料理才是真正的平民料理吧。

扩散到日本各地的禽鸟料理

20 世纪 80 年代至 90 年代，日本人在全国范围内就各地的传统饮食展开调查。形成的访谈记录，汇编为《日本饮食生活全集》一书。书中收录了日本各地的特色传统乡土菜，其中就有许多禽鸟料理。如下文表 2 所示，笔者整理了《日本饮食生活全集》计 50 卷中的禽鸟料理，并按行政区划分门别类。例如，千叶县南总丘陵地区就是上述铁火饭盛行的地区，在那里，人们捕猎野鸟并制成“鸟饭”。

> 到了冬天，孩子们会在庭院或其他鸟类可能出没的地方设置“罩盖”或名为“罩盖”的陷阱，来捕捉野鸟。如捉到栗耳短脚鹎或赤腹鸫之类的鸟类就做成“鸟饭”。做法是将野鸟褪毛清理后，去骨留肉，和胡萝卜一起用酱油红烧入味，然后拌入煮好的米饭。
>
> 全家人一起开开心心地享用“鸟饭”，即便没有佐菜也能吃很多碗。
>
> （《日本饮食生活全集 千叶》编辑委员会，1989：197）

栗耳短脚鹎在今天仍是能吃到的可猎捕鸟；而赤腹鸫则属于不可猎捕鸟类，现已被禁止捕捉和食用。直到几十年前，孩子们捕获的野鸟还是点缀全家人餐桌的珍贵美食。制作鸟饭的基本材料和烹饪方法与铁火饭基本相同，唯一的区别是鸟的种类。归根结底，禽鸟是什锦饭的配料。

表 2　《日本饮食生活全集》中出现的各地禽鸟料理

都道府县名	记录的鸟名	菜品名
北海道（阿伊努）	松鸦	汆肉丸汤
	长尾雉	汆肉丸汤
	鸟名不明（鸟肉）	汤
	鸟名不明（鸟肉）	鸟肉
青森	野鸡	荞麦面
	野鸡	日式高汤
岩手	野鸡	鸡肉杂烩汤
	野鸡	疙瘩汤
	长尾雉	荞麦面
	长尾雉	荞麦饼
	长尾雉	手打荞麦面
	长尾雉	鸡肉杂烩汤
	长尾雉	鸡肉荞麦面
宫城	野鸡	野鸡骨丸子汤
	野鸡	干炖冻豆腐
	野鸡	酱油煮
	野鸡	佃煮（咸烹海味）
	野鸡	鸟饭
	野鸡	野鸡汤
	长尾雉	酱油煮
	长尾雉	年糕杂烩汤

续表

都道府县名	记录的鸟名	菜品名
秋田	野鸭	扇贝烤鸭
	野鸭	味噌火锅
	野鸡	荞麦面
	长尾雉	干炖冻萝卜
	长尾雉	鸟肉火锅
山形	长尾雉	味噌汤
福岛	海鸟	海鸟汤
	长尾雉	长尾雉高汤
	长尾雉	长尾雉清汤
栃木	野鸭	鸭汤
	野鸭	鸭肉什锦饭
	野鸭	烤全鸭
	斑鸫	斑鸫酒
	斑鸫	烤斑鸫
	长尾雉	卓袱荞麦面
	长尾雉	酱油长尾雉
	长尾雉	长尾雉肉
	长尾雉	长尾雉骨
	长尾雉	长尾雉年糕
群马	野鸡	野鸡肉汤
	长尾雉	什锦饭
	长尾雉	卓袱荞麦面
	长尾雉	芡汁荞麦面
	长尾雉	长尾雉肉
	长尾雉	长尾雉骨

续表

都道府县名	记录的鸟名	菜品名
千叶	赤腹鸫	鸟饭
	野鸭	大葱炖鸭肉
	野鸭	鸭肉铁火饭
	野鸭	铁火饭
	栗耳短脚鹎	鸟饭
神奈川	长尾雉	味噌汤
新潟	野鸭	酱油腌鸭
	野鸡	生荞麦面
	野鸡	荞麦面
	麻雀	烤雀
富山	麻雀	烤雀
	斑鸫	烤斑鸫
	长尾雉	味噌汤
石川	野鸭	治部煮
	斑鸫	治部煮
山梨	野鸡	鸟饭
	麻雀	烤鸟
	长尾雉	鸟饭
长野	野鸡	乌冬面
岐阜	野鸭	乌冬面
	野鸭	鸭肉寿喜烧（火锅）
	麻雀	麹渍（酒曲腌）
	斑鸫	麹渍（酒曲腌）
	斑鸫	烤斑鸫
	长尾雉	炖长尾雉
	鸟名不明（鸟的内脏）	盐辛（咸腌）
爱知	野鸭	鸭肉寿喜烧（火锅）
	野鸡	宽面

续表

都道府县名	记录的鸟名	菜品名
三重	野鸡	烤肉
	斑鸫	鸟汤
	长尾雉	烤肉
滋贺	野鸭	鸭肉寿喜烧（火锅）
	野鸭	鸭骨
京都	野鸭	干炖堀川牛蒡
兵库	鸽子	寿喜烧（火锅）
	长尾雉	寿喜烧（火锅）
奈良	小鸟	盐烤小鸟
鸟取	野鸡	炖煮菜
	长尾雉	菜煲饭
岛根	野鸭	汤
	野鸡	鸟饭
	长尾雉	鸟饭
	长尾雉	炖煮菜
冈山	野鸡	盖浇饭
	小鸟	盖浇饭
	麻雀	盖浇饭
	麻雀	烤鸟
	斑鸫	盖浇饭
	鸽子	盖浇饭
	栗耳短脚鹎	盖浇饭
广岛	长尾雉	酒糟汤
	长尾雉	杂烩汤
	长尾雉	丸子汤
	长尾雉	晦日荞麦面
	长尾雉	长尾雉肉
山口	鸽子	荞麦面

续表

都道府县名	记录的鸟名	菜品名
德岛	长尾雉	荞麦面
	长尾雉	荞麦米汤
香川	麻雀	烤鸟
	鸽子	鸽饭
爱媛	野鸡	小鸟料理
	野鸡	姜酒甜辣炖
	野鸡	甜辣汁
	麻雀	小鸟料理
	鸽子	小鸟料理
	三道眉草鹀	小鸟料理
高知	野鸡	肉汤
佐贺	鸽子	鸽子荞麦面
大分	野鸡	野鸡汤
	野鸡	蒸饭
	鸽子	鸽肉丸
宫崎	鸽子	杂烩粥
	鸽子	荞麦面
	鸽子	山鸽杂烩粥
	鸽子	山鸽骨
	长尾雉	杂烩粥
	长尾雉	荞麦面
鹿儿岛	小鸟	荞麦面杂烩粥
	斑鸫	荞麦面杂烩粥
	鸽子	七草杂烩粥
	栗耳短脚鹎	荞麦面杂烩粥
	栗耳短脚鹎	栗耳短脚鹎
冲绳	灰面鹫	灰脸鹰菜饭

再如，每年秋天，栃木县渡良濑川流域的低湿地都有大群野鸭飞来。所以在该地，野鸭并非是难以入手的珍稀动物。

鸭胸肉刺身和鸭肉什锦饭都是家庭餐桌上深受人们喜爱的禽鸟料理。鸭胸肉刺身就是将鸭胸肉切块，蘸芥末酱油生吃。有时还会做烤全鸭，即将清除内脏的整只野鸭架在灶火的余烬上烤熟，然后蘸盐食用。烤全鸭是平常很难品尝到的美食，大多用于招待客人。

鸭汤的做法：将鸭肉和鸭皮切成小块，胡萝卜斜切薄片。锅里加水，先放入胡萝卜煮沸，再加鸭肉、鸭皮继续炖煮。煮至软烂后加酱油调味。最后加入葱段，再煮至沸腾后离火。

用这种鸭汤做汤底的手工荞麦面或乌冬面味道非常鲜美。

（《日本饮食生活全集 栃木》编辑委员会编，1988：271–272）

日本人在镰仓、室町及江户时代食用的鸭肉刺身，不久前在栃木县的农村还能吃到。而鸭肉什锦饭应该是菜煲饭，类似于前文提到的铁火饭。

利用灶火的余烬烹制的烤全鸭是一道充满田园风情的农家菜，也是招待客人的佳肴。在余烬中蒸烤鸭肉，利用远红外线正好将肉烤透。那时，野鸭表面应该会渗出油脂吧。

鸭汤是荞麦面和乌冬面的底汤，味道浓郁，鸭汤的调味与上述的铁火饭相同。用鸭汤煮米饭就可以做成铁火饭或什锦饭。

在其他农村地区也有朴素而花样繁多的禽鸟料理。当然，因为不同环境中栖息的鸟类不同，所以各地的禽鸟料理名称各异。

岐阜县南部的木曾川、长良川和揖斐川的最下游流域是浓尾平原，浓尾平原的轮中一带是日本代表性的低湿地带之一，那里曾经也是水鸟猎场，猎物以野鸭为主。

> 秋冬时节，大河沿岸会有成群的野鸭飞来。夏天，河边的芦苇丛中栖息着黑水鸡。喜欢打猎的人会架起网来捕捉这些水鸟。野鸭和黑水鸡都身体肥硕，可以用来做寿喜烧火锅或炖煮乌冬面。
>
> 捕捉野鸭和黑水鸡都需要技巧，而且捉到后的加工处理费时费力。因此，人们只要捕获这些水鸟就会叫来邻居一起享用。
>
> （《日本饮食生活全集 岐阜》编辑委员会，1990：306）

在轮中地区，用野鸭和黑水鸡等栖息在水边的鸟类做成的寿喜烧火锅或乌冬面，是与邻居分享的佳肴。而在岐阜县惠那地区之类的山区，人们食用的则是斑鸫、麻雀等栖息在山林中的禽鸟。

> 秋意渐浓，山中的树叶开始染上红色，人们会架起霞网[1]抓鸟。架网的地方被称为“鸟屋场”。此时穿过日本海迁徙而来的斑鸫，正是肉质极为肥美的时候，因而滋味最佳。

---

① 用细丝线制成的网，用来捕捉大群迁徙的小鸟。之所以这样命名，是因为鸟类的眼睛看不见这种细网。

有些人会在山上搭建一个小屋住下来，就在小屋里烤食刚刚捕获的小鸟，有时也会将其分给邻居及关照过自己的人。还有人大规模捕猎小鸟，然后去镇上将猎物卖给城里人。

吃不完的猎物就用酒曲腌制起来，在庆贺生日或新年时做成大餐。东浓（岐阜县东南部）有很多美食，而烤斑鸫被视作最美味的食物。

（出于保护鸟兽的需要，霞网于1947年9月被政府禁用。）

（《日本饮食生活全集 岐阜》编辑委员会，1990：117）

虽然斑鸫现在已是禁猎鸟类，但曾经却是至高的美味。可以用酒曲保存斑鸫肉，用盐保存其内脏。这类禽鸟曾是当地的美味佳肴，人们将其分给邻里，或邀请众人共享。

除了野鸭以外，《日本饮食生活全集》还介绍了用其他各种各样的野鸟制作的料理，包括赤腹鸫、海鸟（种类不详）、松鸦、野鸡、小鸟、灰面鹫、麻雀、斑鸫、鸽子、栗耳短脚鹎、三道眉草鹀、长尾雉等。遗憾的是，其中的一些野鸟因数量骤减，现在已被禁止捕猎。曾经，在山林河海中栖息有大量鸟类，朴素的禽鸟料理是乡野农家的珍馐美味，深受当地人的喜爱。江户时代已有分享禽鸟美食的做法，人们将禽鸟料理分送给邻里，或与亲朋、来客、家人欢聚共享美味，这种做法拉近了人与人之间的距离。而如今，农村的食鸟文化也与城市一般，早已淡出了人们的记忆。

第四章　黑市的禽鸟买卖与政府管控——幕府和黑市贩子的斗法

图12　喜好鹰猎的将军——江户幕府第八代将军德川吉宗

（公益财团法人，德川纪念财团收藏）

1.《生灵怜悯令》引发的危机

野鸭的流通渠道

京都的文人橘泰，曾在其于文化三年（1806）所著随笔《笔之趣》中提到，他在朋友举办的夜宴上吃到了鸭肉。那鸭肉实在是鲜美至极，在场的客人无不对其美味赞不绝口。

据宴会的主人水野说：每年冬天，他都会从故乡加贺的金泽采购野鸭，但该年的野鸭 12 月下旬才发货，加之路上走了 16 天，所以直到办宴的这天才寄到。一般来说，过了冬天，公鸭会变瘦，而母鸭的体重并不会发生变化，所以今年收到的都是母鸭。尤其因为保鲜方法得当——在野鸭嘴里、两翼以及苞苴（稻草绳和包裹野鸭的稻草袋）中都塞满了大棵山葵，因而寄来时完好无损，鸭肉鲜美如初。

可见，如果保存方法得当，鸭子可以保持新鲜状态寄到很远的地方。而且因为野鸭的捕猎一般是在冬季，从季节上来说也很适合保鲜运输，所以宴会的主人特地从石川县的金泽订购野鸭送到关西。不过，琵琶湖等野鸭产地就在京都附近，宴会主人其实没有必要大费周章从遥远的金泽购买鸭子，或许是由于自己身为东道主，想炫耀一下家乡的特产吧。而且作为加贺特产的治部煮一般要添加山葵烹制，所以客人在享受美味野鸭的同时，还可以品尝到作为保鲜材料的大棵山葵。

据说，这位主人每年都能通过私人渠道购得产自远方的野鸭。但这种私下买卖，要是运往京都附近并无太大问题，可如果是发往江户地区，则相当麻烦。一旦事情败露，订购人就有可能因走私野鸭而受到严惩。

在江户时代，人们不能随意将野鸭带进江户城内，更不能随意贩卖。针对向江户运送和售卖禽类，江户幕府制定了非常繁琐的规则，并对禽类市场进行了严格管控。试图掌控禽类买卖和流通的幕府，想方设法规避监管、到处钻空子的商贩，以及即便大费周章也想要买到美味野禽的江户食客。这三者之间，不停地你来我往，明争暗斗。

同时，提供禽类产品的农村与消费禽类产品的城市之间有着密不可分的关系。与京都、大坂地区不同，当时野禽从农村流向江户大多通过非正规渠道，而且这种特殊的野禽流通体系十分发达。那么，在江户吃到的这些野禽，是何人、以何种渠道，带进江户城的呢？在此，我们不妨探寻一下野禽在流向江户的过程中涉及的人及路径。

江户初期的禽鸟市场

西班牙贵族唐·罗德里戈于庆长十四年（1609）到访过江户，其在游记中写道，他曾在日本猎捕过鹿、兔子、鹌鹑、野鸭及一些其他水禽，日本的鸟兽种类比西班牙多。他还说，在江户有专门售卖鹌鹑、大雁、野鸭、仙鹤之类的野鸟以及鸡的特殊场所（《唐·罗德里戈日本见闻录》)。也就是说，在江户时代初期，江户城内已有禽鸟买卖，并形成了禽鸟交易的特定市场。此外，明历三年(1657)，在日本桥的河岸两侧，除鱼棚(鱼店)、蔬菜棚(蔬菜店)外，还同时开设有鸟棚(鸟店)[《正宝事录(一)》]。只是不清楚这个时期野鸟从农村流通到江户城的渠道体系。

民间相传“每食用一种最新上市的时鲜，就会延长七十五天的寿命”，相信这种说法的江户人不惜一掷千金，四处求购各类时令食材。比如，初夏新鲜上市的鲣鱼，便是其中的代表。这种奢靡风气的不断高涨引发了幕府的担忧，于是幕府发布公告，设置鱼鸟蔬菜的交易解禁期，并对“时鲜货”“初上市食材”进行限价。

在宽文十二年(1672)幕府下发给地方的公文中，规定了各类商品发售的解禁时间。以鱼类为例，从四月起可以合法销售香鱼和鲣鱼，而鳕鱼和鮟鱇鱼的销售则从一月开始解禁。该禁令自然也包括鸟类。山鹬从七月起，大雁从八月起，野鸭、野鸡、斑鸫则从九月起解禁[《正宝事录(一)》]。幕府竟出台法令进行管制，可见江户初期人们对野鸟的需求有多么旺盛。

幕府对野鸟流通的管控

因为德川将军家和御三家(尾张德川家、纪州德川家、水户德川家)经常在江户周边的鹰场举行鹰猎活动，故而江户野鸟市场始终处于幕府的管理之下。正如后文详细描述的那样，由于鹰猎不仅是权贵的一种“爱好”，更是一种重要的社会性行为，所以有可能妨碍鹰猎活动、危害武家威信的平民猎鸟，以及禽鸟的流通，就受到了制约。鹰猎和鹰场制度，催生出江户特殊的野鸟流通机制。

宽永五年（1628），江户方圆五里（约二十公里）范围的村庄都被指定为将军进行鹰猎的鹰场（御拳场），而其外围村庄则被划定为将军租借给御三家的鹰场（御借场），从而从制度上禁止了老百姓在江户周边捕猎水鸟。然而事实上，在禁猎的鹰场内，频频发生非法狩猎，即所谓的偷猎（偷鸟）现象。不仅如此，通过走私渠道将禽鸟偷运到江户的黑市交易也非常猖獗。

需要注意的是，幕府对鹰场的管控与地方领主对土地的管控有所不同。例如，若是某个旗本在江户周边拥有封地，那么封地内的各个村庄都会受到旗本的管辖，但一旦该封地被编入鹰场，其支配权在很多方面就会受到制约。被划归为鹰场的地区，严禁当地村民捕猎。不管那里的禽鸟资源多么丰富，哪怕得到旗本的许可，村民都不可以捕鸟。即使旗本本人想捕猎，也不被允许。甚至那些有可能会对鸟的栖息造成影响的行为（诸如开垦农田等改变自然的行为），也会受到限制。

幕府派驻管理鹰场的鸟见役人[①]（鸟监官）在巡查、监管鹰场的同时，会处置违规行为。即使是领地的统治者，也不能随意干涉鸟监官的一举一动。江户附近的鹰场受当地领主与幕府官员的双重管辖，而与禽鸟有关的管理权则属于幕府。

① 江户幕府和诸藩中常见的职务名称，常驻并负责维持管理鹰场，养护鸟类，并从事与鹰场相关的其他建筑、祭祀工作。

《生灵怜悯令》带来的禽鸟市场危机

江户中期以后，幕府颁布的两项政策使江户野生禽类的流通受到了巨大冲击。第一项是江户幕府第五代将军德川纲吉制定的一系列保护动物的政令；另一项则是第八代将军德川吉宗制定的一系列重振鹰场制度的政策。

首先是《生灵怜悯令》的颁布，该政令使江户禽鸟市场面临生死存亡的危机。

从贞享二年（1685）至宝永六年（1709）的二十余年间，德川纲吉一直在施行禁止杀生、保护动物的政策。他因此废止了将军们爱好的鹰猎。实际上，在第四代将军家纲时期，就已经很少举办鹰猎活动了，鹰场相关的官吏也被裁减。可以说，纲吉废止鹰猎的政策是对家纲时期政策的延续和强化。他不仅废止了武士家族的鹰猎活动，还限制了民间的禽类买卖。禽鸟交易是涉及生灵的买卖，是为了满足人们的口腹之欲而杀害生灵的交易。所以，禽鸟市场首当其冲受到了《生灵怜悯令》的冲击。

贞享四年（1687）二月二十七日，幕府着手限制禽鸟买卖，继而颁布法令禁止贩卖、饲养用来食用的鱼鸟。虽然幕府允许饲养宠物鸟及金鱼之类的赏玩动物，但明确禁止饲养鸡、龟、贝类等用以食用的动物[《正宝事录（一）》]。同时，幕府还发布命令，要求禽鸟商将畜养的食用野禽放归山野。

最受冲击的是禽鸟商人。因为根据这一政令，他们畜养待售的野禽将无法进行交易。这对从事禽鸟业的商人来说是一个极其严重的打击。

然而，禽鸟商们也不愿束手就缚，他们立即开始处理库存的野禽。如果放任不管，好不容易购进的禽类便无法销售，所以尽快将活禽处理成肉制品才是上策。于是，商人们不约而同地准备绞杀自己畜养的活禽。

幕府对此大为紧张。次日便追发了这样一则公告："鉴于昨日公告颁布后，有人欲从速绞杀迄今所饲之禽鸟，故追加此令，禁止紧急绞杀畜养之鱼鸟，若有违令者，依法严惩。"[《正宝事录（一）》]。从幕府发布追加通告的举动，也能看出当时的禽鸟商人不肯轻易屈服于幕府政令，他们坚韧不拔地与之周旋。

次月，幕府又发布了一则不合常理的法令。虽然此前刚刚发布法令禁止畜养活禽，但这次的公告却又对鸡、鸭以及"唐鸟（鹦鹉、孔雀、红腹锦鸡等国外品种）"之类的禽鸟网开一面。或许是因为对于那些没有在野外生活过的禽类来说，即使被放归自然也会因为没有食物而饿死，所以幕府允许暂时继续饲养它们，并要求如果这些鸟生了蛋，要精心呵护鸟蛋，让蛋孵化出小鸟，等小鸟长大后可以免费送给需要的人。这对把禽类作为商品经营的店家来说，简直是无稽之谈，令人忍无可忍。事实上，有多少店家会规规矩矩地按照该政令的指示，继续费心饲养这些禽鸟呢？

被逼得走投无路的鸟商们

如上所述，贞享四年（1867）的法令禁止养殖、买卖用来食用的活禽。虽然法令限制了食用鸟类的交易，但并没有严格禁止禽鸟的买卖。活禽不行，死去的禽鸟却可以进行交易，所以江户人食用的鸟类仍在市面上流通。不过此后，相关管控渐次严格起来。

元禄三年（1690），江户开始限制销售粘鸟胶，粘鸟胶只能卖给饵差[①]之类的职业猎鸟师（后文详述），不能售与其他人。元禄十一年（1698），幕府再次禁止猎鸟师以外的其他人杀生，也不得向猎鸟师以外的人销售狩猎器具之类的杀生工具[《正宝事录（一）》]。该禁令说明，当时存在不遵法令的偷猎行为。

于是，幕府终于在元禄十二年（1699）九月，推出了更为严格的禁令，禁止"城廓内各街道"的门店（常设店）进行鸟类的销售。"城廓内各街道"原指江户城内的街道，此处则指江户城外护城河内侧区域的各条街道，包括西边的四谷御门、市之谷御门、牛込御门，东边的浅草御门、两国桥、新大桥附近，北边的小石川御门、筋违御门，南边的新桥到御成桥、虎御门，以及溜池到赤坂御门。并且在次年正月，不仅城区内的门店禁止售卖禽鸟，连"行商叫卖"也遭到了禁止。所谓"行商叫卖"，指的是小贩手提或背负物品，一边吆喝一边沿街叫卖。换言之，在江户城内，先是店面零售食用鸟遭到禁止，接着小商贩的流动叫卖也被列入禁令。

① 江户时代的幕府及诸藩设置的、负责捕捉喂食猎鹰的小鸟的职务，即饲鹰负责人。

但是，在城廓外的街镇，却允许买卖禽鸟，因此如果有需要，去城外购买即可。也就是说，通往江户城内的禽鸟供应链并没有完全断绝。同年十月，幕府又发布政令，明确规定鸟类买卖必须在指定场所内进行，其他地方禁止交易。但即便如此，城内还是能看到携鸟行走的商人。由于城内买卖鸟类的现象没有完全被杜绝，所以幕府再次发布了关于城廓内各街道禁止鸟类销售的法令［《正宝事录（一）》］。可见，走私鸟贩肆无忌惮、不遵法度。

反抗《生灵怜悯令》的禽鸟商贩

宝永二年（1705）十月，幕府进一步强化管控，禁止在江户城内畜养鸟类，甚至禁止买卖鸟类的腌制品［《鹦鹉笼中记（三）》］。及至宝永五年（1708）正月，幕府严令禁止所有鸟类交易，江户鸟类交易因此全面终止。

直到宝永六年（1709）正月八日，将军纲吉去世的前两天，这项禁令都一直有效。且正月八日，幕府还颁布了最后一则禁令，禁令中严厉声明：违反禁令进行禽鸟交易的人，除当事人外，房东、五人组[①]、名主（见前文）也均要以违法罪名论处［《正宝事录（一）》］。

但正月八日发布的这最后一则禁令指出："相闻事鸟生意者有之。"即"听说还有人在城内做禽鸟生意"。禁令似在感叹，尽管再三颁布严禁鸟类买卖的法令，却仍然无法杜绝偷买偷卖的行为。鸟

① 平民百姓的邻里互助组织或同一宗派寺院的自治组织。

类买卖屡禁不止，表明之前禁令的效果并不理想。也就是说，虽然幕府颁布了怜悯生灵的一系列政策，但并不能使江户的禽鸟交易绝迹。

纲吉去世仅两个月后的三月十六日，幕府立刻向江户各地的名主发布通告，称凡是之前在江户从事动物类、鸟类买卖的商人，无须顾忌，可以继续做禽鸟生意[《日本财政经济史料(七)》]。于是，江户的禽鸟市场瞬时恢复了活力。纲吉去世之后，幕府改弦易辙之神速着实令人惊叹，或许是幕府内部早就有人希望尽快恢复禽鸟交易。

如上所述，《生灵怜悯令》这一政策虽然在较长时间内限制了鸟类买卖，但并未完全达到预期的目的。我们不难想象其原因，一是江户人对禽鸟的喜爱，他们为继续享用禽鸟美食不惜违反幕府禁令；二是鸟类生意的利润之丰，商贩们为售卖禽鸟而不惜铤而走险。

导致对鸟类无序捕杀的《生灵怜悯令》

但是，从另一方面来说，《生灵怜悯令》也对江户食鸟文化的发展造成了威胁。《生灵怜悯令》的发布，使得江户初期设立的鹰场遭到废弃，而鹰场制度的式微，导致了鸟类的无序捕杀甚嚣尘上。

如前所述，鹰场禁止平民进入。管理鹰场的鸟监官会巡视猎场，严格管控人员进出，所以普通人想要偷猎并不容易。如此一来，适宜鸟类生存栖息的环境也因而得到了保护。但是，纲吉将军不仅自己放弃了鹰猎，还在元禄六年（1693）禁止大名鹰猎，使得江户周边的鹰场名存实亡。鸟监官的人数也因此锐减，鹰场的管理系统不再像之前那样正常运作，治安管理也明显松懈下来（村上、根崎，1985：75）。在纲吉去世后不久，江户及其近郊的鸟类管控机制完全停摆，捕杀鸟类其实已不受限制（冢本，1983）。加之禽鸟交易的再度放开，对鸟类的滥捕滥杀也由此拉开了序幕。

例如，在纲吉去世的宝永六年（1709）十月，江户周边就有人使用猎枪违规捕鸟。幕府因此发布通告禁止滥捕，但收效甚微。实际上两个月后，幕府还抓捕了数名偷猎的武士，并对他们处以流放远岛或关禁闭之罚[《正宝事录（一）》]。虽然不确定这些武士偷猎的是否是禽鸟，但在《生灵怜悯令》解除后，人们狩猎的欲望确实被大大激发了。于是，禽鸟的生产（捕猎）、流通和消费市场的范围骤然扩大，引发了严重事态——野生鸟类的资源剧减，甚至接近枯竭。可以说，正是《生灵怜悯令》导致了鹰场制度的解体，而鹰场制度的解体最终又引发了对鸟类的过度捕杀。

鹰猎虽是一种猎杀鸟类的行为，却使鸟类资源得到了保护。讽刺的是，基于鸟类保护理念的爱护动物政策，却反而导致了现实中鸟类资源管理机制的崩溃。在《生灵怜悯令》颁布之后，虽然制度上仍禁止在鹰场捕猎，但实际上让偷猎变得容易了很多。因此，大量禽鸟流入江户市场。后来，不只是在鹰场，在江户城中，甚至在护城河周边，都有猎鸟人出没[《正宝事录（一）》]。

纲吉去世后，家宣、家继相继任将军，短期内政权更迭频繁，最终德川吉宗成为第八代将军。自1709年纲吉去世，到1716年吉宗将军就任，只有短短七年。这七年间，一直没有举行过鹰猎活动，鹰场制度也逐渐失去作用。七年里由于过度捕杀，鸟类资源遭到了巨大破坏。于是，吉宗一就任将军就以与《生灵怜悯令》完全不同的理由，下令对禽鸟交易进行限制。因为当时在江户周边，猎场和鸟类资源的管理处于瘫痪状态，任何人都可以随意在猎场捕猎，而无序滥捕引发了资源枯竭，即发生了所谓的“公地悲剧”[①]。

2. 不法分子们的交易手段

鹰将军吉宗带来的鹰场复兴

德川吉宗喜欢鹰猎活动，他非常钦佩德川家康，上任后致力于复兴武家的荣光（冈崎，2009：137）。享保元年（1716）吉宗就任幕府将军，上任伊始就立即重振了鹰猎以及鹰场制度。当年，吉宗向鹰场所在的各个村庄颁布了“鹰场法则”，以加强对鹰猎场地的管理，防范并严厉打击偷猎行为。

鹰猎需要饵料鸟（鹰的饵料）。为了保证饵料充足，吉宗在鹰匠（训鹰者）的手下中设置了一个叫作“饵差”的职务。然而在这

---

① The Tragedy of the Commons，由美国生物学家加勒特·哈丁提出，指面对一种完全开放、人人都可自由使用的共有资源时，其使用者出于经济合理的思维追求利益最大化，过度使用资源而导致资源崩溃枯竭。

一时期，由于有人冒充饵差进行违法偷猎活动，所以“鹰场法则”规定，捕鸟人须持有证明自己饵差身份的饵差证（烙印牌），否则不能捕鸟。此外，在饵差可以巡回捕鸟的村庄，政府下发了“判鉴”[①]，以方便各地仔细比对饵差证，确认饵差身份的真伪。

饵差也叫“饵指”“鸟刺”，原本是幕府设置的一种较低级别的官员，但享保三年（1718）时，幕府又同时选举商人作为“饵料鸟承包商”，与饵差平起平坐，继而在享保七年（1722），甚至废除了饵差这一公职，统一由民间提供饵料鸟（大友，1999：277）。饵差是一个被社会边缘化的存在，其中有一些不遵法度的饵差除了猎捕饵鸟外，还参与偷猎。于是，“鹰场法则”规定，即使是拥有饵差证的饵差，也有禁捕的鸟类。体型大于大雁和野鸭的大型鸟类自不用说，鹭鸶、鶴、河乌（水乌鸦）、鹌鹑、云雀等鸟类也被包含其中。虽然饵差的职务级别较低，但不管怎么说也算是公职人员。可他们竟然也会染指非法捕猎，足见猎鸟的诱惑力之大。

普通百姓自然无法在鹰猎场捕猎，如果发现有人在有雁、鸭栖息的池沼、河流、原野、水田等地打猎，无论其使用何种工具，幕府均要求扣押猎物并上报。而且幕府还规定，即使是鹰场所在地的地头（统一管理领地的将军以及与将军缔结主从关系的武士），或者幕府直辖地的地方官，也不能捕猎禁猎的鸟类及其他禽鸟［《正宝事录（二）》］。

---

① 江户时代作为核对用，事先向关卡、岗哨等提交的盖有印章的样本。

随后幕府又多次发布通告，彻底取缔鹰场内非法捕杀禽鸟的行为。他们通过控制禽鸟产地（即江户周边的农村），来对鸟类资源进行统一管理。然而，仅是这些措施并不足以恢复已经减少的禽鸟数量，还需要通过管控城市消费（即江户这个鸟类主要消费地）来管理禽鸟资源。最终，幕府从两个方面，即江户周边的鸟类生产和江户城的鸟类消费来加强管控。

限制野生鸟类的消费

亨保三年（1718）七月，幕府解除了禁止在御拳场和御借场，即江户城的鹰场中猎杀禽类的禁令。这使得禽类逐渐灭绝，结果连幕府公用的禽鸟供给也难以维系。于是，幕府出台了为期三年的有关禽类消费与买卖的限制令。内容如下：

◎ 鹤、天鹅、豆雁、大雁、野鸭等活鸟及禽鸟腌制品，三年内无需上贡。其余禽鸟类可上贡。

不过，当年第一批捕获的鹤与豆雁亦可上贡。

◎ 鹤、天鹅、豆雁、大雁、野鸭等活鸟及腌制禽鸟，三年之内，禁止用于赠礼或宴请接待，其余禽类不拘于此。若为病人身体调养，雁、鸭等但用无妨。

◎ 三年内，江户地区禽类买卖统一集中于禽鸟批发商处，从雁、鸭到小鸟、畜养鸟等，所有交易须在指定的十家禽鸟批发店进行。且禽鸟批发店主人须向鸟监官申请名为“御鸟见判形”的流通许可证，盖印后预先交给负责捕猎的名主。名主将禽类数量证明书连同流通许可证一同交给运输者，方可将禽类运送至江户。若无此证明书和许可证，将会被视为走私。

鸟监官与野回（禽鸟管理的地方官吏）进行禽类运输时也要接受例行检查，若无许可则须扣押，仔细盘问。

◎ 武士从自己支配的领地索取禽类时，须在鸟监官负责发放的许可证上加盖自身的印章，之后方可流通。以上诸条，须严格遵守。

1718年（戊戌）七月

如上条例，须通知城中众人，令其遵照执行。

[《正宝事录（二）》]

幕府出台这些限制使用野禽资源的法令，不是源于主观层面上保护动物的观念，而是出于实际保护野禽资源的目的。这些法令，首先限制了消费者对于禽类的消费。

鹤、天鹅、豆雁、大雁、野鸭等，不管是活鸟还是腌制品，三年里都不必上贡，但是其他的鸟类需上贡。不过当年捕获的第一批鹤和豆雁也必须上贡。上述鸟类为鹰猎的对象，故而需要特别设限。

这些水鸟，在三年里不能用于赠礼和宴请招待。但其他鸟类不受此限制。此外，大雁、野鸭可用于病人调养身体，也就是可被作为“药膳”食材。

此处出现的这些水鸟，便是前文所述料理书中介绍的豪华禽鸟料理的原材料。禽鸟曾是用于取悦、招待重要宾客的料理食材。甚至在江户时代以前，上流社会就已将这些水鸟视为用于互赠的珍贵礼品了。到了江户时代，在武家社会中，野鸟作为贡品、赠礼与赏赐品被频繁使用。因此，首先受到法令影响的，是作为最主要消费群体的武士集团。但如后文所说，这种赠礼文化逐渐从武士阶层传播到平民阶层，野鸟成为岁末等重要时节的馈赠佳品。因此市井平民也成为禽鸟消费者，同样受到法令的制约。

名额受限的野鸟经销商

此外，享保三年（1718）的法令也限制了野禽的流通与销售。该法令将江户三年内的“禽鸟批发商”数量限制为十家。除了这十家以外，不论是大雁和野鸭，还是小鸟及畜养鸟，其他人都不得进行售卖。所谓禽鸟批发商，是获得幕府许可、在市场上合法销售禽鸟的商人。禽鸟商人获取许可的条件，是从禽鸟产地收货，并上缴（无偿提供）幕府所需的禽鸟。通过这种方式，幕府建立了以禽鸟批发商为中心的野禽分销系统，具体如下。

首先，十家禽鸟批发商分别向鸟监官申请一张名为“鸟见判形”[①]的禽鸟运输许可证，并且盖押各自店铺的名章。然后将许可证事先交给与自家店铺有合作关系的禽鸟产地的名主，该名主可以合法捕捉禽鸟，并将禽鸟运往江户。产地村庄的名主在向江户的禽鸟

① 江户时代冈山藩的职务名称。

批发商运送鸟类时，会将运输禽鸟数量的证明，连同许可证一起交给运输者。运输者在将禽鸟运入江户时，必须携带名主出示的证明和许可证。如果没有相关证明，就会被视为非法偷猎或走私禽鸟。之后运输商将货物送到预定的批发商处。届时，他们会将证明、许可证、禽鸟一起交给批发商。然后，批发商将证明文件提交给鸟监官。如此，从地方到江户的禽鸟运输，形成了一套严密的产地确认及证明体系。

法令显示，当时的禽鸟批发商虽自称批发商，但他们并不是将货物批发给中间商或零售商，而是直接从事零售业务。他们从江户以外的地方进货，不经零售商之手直接进行交易。

如果江户城内有太多的禽鸟零售商，必然会影响幕府的管理。因为其中可能会有零售商染指偷猎或走私的禽鸟。为了防止这种情况的发生，从产地收货到市场零售的一条龙模式相当合理。倘如是十家店以外的非指定商店出售禽鸟，就可以立即认定其为私卖，如此一来，幕府对禽鸟市场的监督和管制便会更加容易。

因难抵诱惑而参与走私野禽的公职人员

此外，幕府怀疑公职人员中也有人也参与了违法行为，认为负责巡视鹰场、管控禽鸟流通的鸟监官，以及鸟监官下属的“野回”，都有参与走私活动的嫌疑。也就是说，负责管制的官员中可能就有违法乱纪之徒。因此，享保三年（1718）的法令指出，试图将鸟类带出村庄的鸟监官或野回都必须接受检查，如果该人没有携带许可证，货物就要被扣押并接受仔细盘查。

前文提到，提供饵料用鸟（猎鹰的食物）的御用饵差，有时也会参与非法狩猎。甚至那些负责管理鹰场、取缔违法活动的官吏，有时也会染指非法交易。连公职人员都受到了诱惑，可见私运禽鸟是何等的有利可图。

将禽鸟批发商的数量限制在十家以内，其背后似乎还有一个与鹰猎有关的原因。大友一雄对近代早期鹰猎及鹰猎物的赐赠往来进行了详尽研究。据他所说，享保年间，御用饵差与并设的饵料鸟承包商均被置于这十家禽鸟批发商的统领之下。如此便形成了一个完善的联络、协调系统，即按照训鹰所、禽鸟批发商、饵料鸟承包商、饵差这样一个流程下达指示及采购饵料用鸟（大友，1999：271）。换言之，对禽鸟批发商的限制不仅是为了管控禽鸟交易，完善产地认证制度，同时也是为了确保鹰猎用饵料鸟的稳定供应，防止饵差倒买倒卖饵料鸟。

虽说是旗本或御家人[①]

江户幕府将江户近郊允许捕猎野鸟的场所（鹰场以外），作为领地恩赐给近臣。根据享保三年的法令，即使是居住在江户的旗本和御家人之类的领主，从自己的领地往江户方向进行鸟类运输也受会到限制。因为领地不在鹰场内，所以在领地内捕猎禽鸟原则上应

① 与幕府将军直接保持主从关系的武士。“家人”最初是贵族及武士首领对部下武士的称谓，在镰仓幕府成立后，幕府将军被敬称为“御”，故有“御家人”一说。

该是合法的。然而，想向江户输送鸟类的领主，须在鸟监官发行的许可证上加盖自己的印章，只有使用这种附有私章的许可证才能进行鸟类运输。

幕府如果不对禽鸟流通进行规范管理，就会无法区分合法与非法的禽鸟。为了不给禽鸟私运有可乘之机，幕府觉得需进行彻底管控。尤其在涉及鸟类时，即使是旗本和御家人也不可完全信任。可见，幕府已经到了疑神疑鬼的地步，连领主都被怀疑是走私者。

本章开头提及，有个人从故乡金泽订购野鸭发往上方地区（京都大坂一带），如果是运往江户的话，会更加麻烦，原因便来自于这条法令。在将军和御三家设有鹰场的江户，对野鸟的溯源格外严格。反之可见，鸟类的私运和黑市交易在江户是如此猖獗。

不管享保三年（1718）的这些限令是否达成了目的，到了享保五年（1720）时，相关限制开始有所缓和。具体来说，幕府允许使用除鹤以外的鸟类作为进贡物和礼品（有数量限制），并解除了鸟类批发商仅限十家的限制，商家可以自由交易。但是，幕府仍然禁止将鸟类用于宴请，而且对新增的禽鸟批发商发出了严厉警告：一旦发现其贩卖偷盗之鸟，即在鹰场之类的“禁猎场所”偷猎的禽鸟，就会取缔其禽鸟批发商的资格。此外，幕府还反复强调，禽鸟批发商有义务向鸟监官头领提交关于外来鸟类的证明文书。由此看来，野鸟的地下流通渠道仍未被彻底杜绝。

进城枪炮出城女[1]，还有鸭和雁?

幕府为了防止有人向江户走私野鸟，在从产地通往江户的正规运送路线途中设置关卡，并对禽鸟货物进行检查。江户时代有这样一个著名的说法，叫作“进城枪炮出城女”，指的是关卡对进入江户的枪支以及离开江户的女子均要严格检查。事实上，进入江户，或者说运往江户的野鸟货物，也要在关卡接受严格的检查。换言之，幕府管控的对象不仅是进城的枪支，还有进城的鸭、雁。

越后国（现新潟县）高田藩的郡奉行[2]于承应三年（1654）发布的文书中，详细记载了关卡对禽鸟货物的检查方法。从中不难看出，高田藩曾向其他封地以及江户城输出过雁、野鸭及其他多种禽鸟货物。在运输禽类时必须附上可以作为证明的票据。

据记载，他们从高田藩管辖的新潟上越、中越地区，通过“鱼沼街（三国街道）”运输野鸟到江户。途中，首先在小千谷（现在位于新潟县小千谷市）接受检查，由三名村官签发证明票据通行。之后在下一个关哨盐泽（现新潟县南鱼沼市）出示此票据，并由盐泽的查验员签发运输到目的地三吴村（现新潟县汤泽町）的通行票据。文书记载中特意指出，查验人在留置运鸟商人查验禽鸟货物时，如

---

① “进城枪炮出城女”意为警惕进入江户的枪支，警惕离开江户的女子。之所以要警惕枪支进入江户，为的是防止引起对幕府的叛乱；而之所以要警惕从江户出去的女子，为的是防止大名妻子逃跑，当时地方大名的妻子必须作为人质住在江户。这一说法象征着德川时代幕府对江户的严格管制。

② 江户时代幕府各藩设置的职务名称。

运鸟商人有“肆意妄为”的行为应严厉申斥，同时，查验方应加快检查、放行的速度。由此可以推测，与运鸟人打交道颇为不易（《新潟县史·资料编七·近世二·中越编》）。

另外，据宽文八年（1668）鱼沼郡八尺泽关卡颁布的《取缔条目》所载，鹤、天鹅、大雁、野鸭以及鹭的运输和女子进出江户的要求一样，都需要有盐泽签发的通行票据。若无该票据，便不能在下一个关卡证明所运输的禽鸟货物来自合法渠道，因而也就无法继续运输。

幕府用这种在沿途设立关卡、层层签发通行票据的方法，来证明禽鸟产地、来源等信息，来管理禽鸟货物的进入。虽然流程相当繁琐，但为了顺利把禽鸟运往江户，这样麻烦的程序必不可少。在严密的监视下，不法商人很难向江户私运偷猎的禽鸟。关于走私的方法，后文还将述及。在江户周边地区有这样一种做法——将禽鸟和鸡蛋、鱼等货物混装在一起，伪装成运输鱼、蛋的车来蒙混过关。

对野禽偷猎者的揭发

关于偷猎和黑市走私，德川幕府曾多次颁布禁令，但仍有不少人在鹰场内偷猎禽鸟，非法向江户供货，以及私自买卖禽鸟。

吉宗时代，《生灵怜悯令》颁布之后，出于对野生鸟类急剧减少的担忧，幕府颁布了“鹰场法令”以强化猎场管理。尽管如此，也无法彻底根除非法捕猎，于是幕府开始在农村地区严打偷猎行为。

亨保九年十二月（1725年2月），在下总国布施村（今千叶县柏市），村民不论贫富，均须向村里的地头[1]递交绝不买卖禽鸟的保证书。因为该村是水户藩的鹰场，幕府禁止村民在此捕猎和贩卖鸟类。同时，幕府还要求该村村民不得有疑似违法的举动，比如在其他领地售卖禽鸟，或为收取运费运送禽鸟。后来，为了再次重申这一禁令，幕府要求村民出具书面保证文书。这与村里发生的偷猎事件有关。

十二月二十五日，江户町的执政官大冈越前守（大冈忠相），派当地地头抓捕了三名偷猎禽鸟的村民。其中两人是布施村的村民，一人是隔壁久寺家村（今属千叶县我孙子市）的村民。第二天，三人被押往江户，于二十八日在大冈的府衙接受审讯。这三人涉嫌在水户大人的鹰场偷猎，并把禽鸟卖给我孙子村（今属千叶县我孙子市）一个名叫六助的人。三人一开始声称：水户大人的鹰场有鸟监官不分昼夜地巡逻，监管十分严格，且那里还有鹰匠和饵差捕鸟，根本无法偷猎。但随着审讯的推进，佯装无辜的三人最终还是承认了偷猎的事实。

在这次偷猎事件中，大冈越前守最终罚了三人每人十贯文[2]钱。虽然钱和小判金[3]的换算率根据时代而变化，仅能作为参考，但按照这一事件发生的二十八年前，即元禄十年（1697）的比率来看，

---

① 江户时代由领主指派负责管理庄园的庄头，负责征收赋税及上贡。
② 一贯文等于1000文钱。
③ 江户时代通用的一种金币。

十贯文钱相当于二两半金。大冈又对这三人所在的五人组追究连带责任，征收了三贯文的罚款。此外，他还以包庇偷猎的罪名，对两位名主处以“封门”（将家门用钉子封上，禁止外出的刑罚）的刑罚［《柏市史资料集（五）布施村相关文件（中）》］。

十贯文钱对小农百姓来说是一笔高昂的罚款。如果他们偷猎失败，就会受到严惩，还会给邻里和村长带来大麻烦。但明知这么做风险巨大，还是有许多人选择了铤而走险。该事件发生的四十几年后，也就是明和三年（1766），鸟监官又在布施村发现了两处“偷猎者小屋”（偷猎用的小屋），并予以取缔。所以对于农民而言，虽然偷猎野鸟并未成为一种常态，但他们会虎视眈眈地寻找机会，一有空子可钻就进行偷猎。

可能被判死刑的“杀鹤”——将军家纲的外祖父是偷猎者？

19世纪20年代，荷兰洋行员工费瑟尔（Johann Frederik van Ofermer Fissel）曾在日本旅居，他在书中写道：在所有鸟类中，鹤最受日本人尊重。在日本，一方面明令禁止杀鹤；另一方面，在某些特殊场合，鹤又会被作为最重要的一道大菜端上餐桌，因而人们时常偷偷杀鹤［《日本风俗备考（二）》］。江户时代，在各种鸟类中，鹤被赋予了特殊的地位。但也正因为如此，鹤成为偷猎的对象。因此，当时也流传着各种因偷猎鹤鸟而受到严惩的“杀鹤传说”。

比如，在茨城县利根町，就有这样一个不能确定其真伪的传说：因为偷猎一只鹤，十个农民被判死罪。并且，人们还为这只鹤建了一座慰灵碑（芦原，1977：i）。此外，江户幕府的官方史书《德川实记》中也记述了类似的“杀鹤传说”。《德川实记》中的《严有院殿御实记》，围绕第四代将军德川家纲（严有院是法号）所写。其中记录有这样一则传闻：家纲的母亲“乐之局”的父亲朝仓惣兵卫，违反“国禁”，猎捕了一只鹤。事情败露后，朝仓惣兵卫被处以极刑。但之后，该书却对此传闻予以强烈否定，称其内容“完全为牵强附会之说”[《德川实记（三）》]。

不知为何，关于将军的外祖父是“杀鹤”罪人的流言四起。在另一本关于将军家女性的传记中，更是详细地记录了这一传言。据说，武士朝仓惣兵卫因丑闻，被从江户流放到下野的古河（今茨城县古河市），沦为无处依附的浪人。连累全家穷困潦倒的他，走投无路，不顾后果偷偷猎捕各种禽鸟，这才好不容易地活下来。

但是有一天，他用枪猎杀了一只被禁猎的鹤。他把鹤从古河带到江户，偷偷卖给日本桥小田原町的禽鸟批发商，然后拿着钱回到了古河。他本以为这样便可养活妻儿，可没过多久，因多次猎鹤之事被人揭发，他最终还是被逮捕了，并被判处了死罪。

之后，惣兵卫的遗族因机缘巧合移居到了浅草。家光的乳母春日局在参拜浅草寺时，偶然看到了惣兵卫的女儿。只见那位女孩姿容秀丽，正是将军家光所喜欢的类型，春日局立即相中了她。以此为契机，惣兵卫的女儿被召入城中，进入后宫成为家光的女人，并生下了家纲。据说这位女子就是乐之局夫人（摘引自《柳营妇女传丛》）。

荻生徂徕的祖先也是偷猎者

虽然《德川实记》中否定了上述传闻的真实性，但其真伪还是无法确定。或许正是因为难以忽视街头巷尾四起的流言，官方史书才不得不特别记载并加以否认。对于严厉取缔捕鸟和禽鸟买卖的幕府，江户人背地里一定极尽讽刺，恶语相向。

从朝仓惣兵卫的故事可知，当时猎鹤乃是“国禁”。但在江户时代的法令、公告等资料中，并没有出现“对白鹤偷猎者处以极刑”的表述。江户中期的儒学家荻生徂徕，在呈给将军吉宗的意见书《政谈》中写道，对捕杀鹤者处以凌迟极刑的“鹤取之刑”始于太阁[①]丰臣秀吉，当时有人因向宫中献鹤而受此重惩。但徂徕认为这个处置是“非法刑罚（没有法律依据的刑罚）”（《政谈》）。事实上，徂徕之所以主张“鹤取之刑”不合法理，另有隐情。关于其祖上，有一个不光彩的传说，据说徂徕的曾外祖父因为抓捕白鹤而被迫在京都六条切腹谢罪（平石，2011：404）。徂徕认为“鹤取之刑”是一个非法刑罚，作为依据，他重提“严有院大人（德川家纲）母亲之事”，即将军家纲之母“乐之局”的传闻，并指出由于这一传闻，家纲时代就已废止了该刑罚，只是有些老中[②]仍误以为该刑罚依然存在罢了。为了洗清先祖身上的罪名，徂徕多少有点强词夺理之嫌。

---

① 摄政关白让渡职位后的专有名称，丰臣秀吉让渡关白之位给外甥丰臣秀次后，被现代人称为“丰太阁”。

② 老中是江户幕府的职名。为征夷大将军直属的官员，负责统领全国政务，在大老未设置的场合上，是幕府的最高官职。

“严有院大人母亲之事”讲述的是这样一个故事，有一位美丽的少女吃了白鹤，她的父亲因此获刑，后来少女进入江户城，被将军家光相中还生下了家纲。具体内容虽与《柳营妇女传丛》和《德川实记》中的记载略有不同，但将军家的亲戚因参与偷猎而受极刑的故事，居然传到了严厉打击偷猎的将军吉宗耳中，确实极具讽刺意味。

如前文所述，三游亭圆朝是活跃于江户至明治年间的落语大师。明治二十年（1887），他在其报纸连载作品《鹤杀疾刃庖刀》中，也描写了这样一个情节：主角东城氏胜“罔顾国禁、猎杀白鹤”（三游亭，1887：160），最后只好谎称捕猎的是“鸿雁”。由此可以看出，老百姓依然认为偷猎白鹤是重罪。

制造野鸟赝品的奸商

围绕一本万利的野禽买卖，除了偷猎、私运、黑市交易外，还有各种非法的地下交易。商贩们可以说是机关算尽，手段不可谓不巧妙。

本节首先要介绍的一种地下交易，是制作“赝品”禽鸟。

据说在江户初期的庆安四年（1651），就有人暗地里取出鮟鱇鱼肝、鱼卵，甚至掏出大雁以及野鸭的肫肝后，再伪装成整鱼整鸟进行售卖。所谓“移花接木”就是“以假乱真”，即用假货糊弄人，掩人耳目。这是种欺诈行为。商家通过取出大雁和野鸭的肝脏，再填充别物并缝合腹部，若无其事地以平常价格出售禽鸟。取出的肝脏则单卖，从而增加利润。江户人是出了名地爱吃鲣鱼，所以也有一些商人把不新鲜的鲣鱼加工成新鲜模样，以次充好。为此，幕府在江户颁布了严禁销售此类加工伪造商品的法令［《正宝事录（一）》］。

在江户后期（19 世纪初）的书籍中，从事这种赝品售卖的人，在京都、大坂被称为“敲竹杠商人”，在江户被称为“暖帘师”[①]，现在则被称为“奸商”。无良奸商们四处行骗，贩卖假货，巧取豪夺。据说有个奸商，掏空野鸭和大雁身体里的肉，塞上豆腐渣卖了出去（《守贞谩稿》）。不仅是鸭肫肝，连鸭肉也能掏空，这比起江户初期的手法更为巧妙。掏出的鸭肉和内脏，怕是在别处推销处理了。此种做法的性质相当恶劣。

谎报货源的“武家出让鸟”

接下来介绍的一种地下交易，是通过“谎报货源”进行非法禽鸟买卖。这种方式不足以被判定为走私，但确实是一种与正规渠道不同的野鸟交易。这种行为就是买卖所谓“武家出让鸟”，即买卖“武士阶层低价转让的禽鸟”。江户时代，据说武士们会将水鸟用作贡品和礼物，因此通过正规途径购买后，它们就会被作为礼品送出。收礼人满怀感激地接受这份礼物后，既可以自己享用，也可以转送或上贡给别人。而且，武士们会将礼品中剩余的部分出让转卖给他人。

江户时代有一种叫作“献残屋”的商店，低价收购贡品或礼物中的闲置物品，也就是现在所说的回收商店。所谓“献残”，是指大

① 指贩卖假绸缎及小饰品的小贩。

名和武士所收礼品中的剩余或多余之物。献残屋的经营者奔走于幕臣和大名的宅邸，让他们将多余的礼品变现。当然，这对于武士们来说也很重要。献残屋中还销售武士们仪式用的道具，以及干鲍鱼片、干货、干贝、海带、葛粉、太白粉（生马铃薯粉）、水饼[①]、金海参（海参干货）、干鲍、胡桃、唐墨（中国制的墨）、海参肠（盐渍海参内脏）、海胆等食品（《守贞谩稿》）。此外，献残屋里还会出售未被送出的礼品鸟。为了便于存放，必须将这些鸟做成腌制品——“盐鸟”。故而武家出让的活鸟，并不在献残屋的操作范围内。

献残屋是一种正经生意，所以买卖腌制盐鸟是合法行为，但所谓的“武家出让鸟”，却相当令人生疑。销售武家出让鸟时，售卖人声称“自己只是销售从武士那里回收来的处理品”。因为贩卖的是武士大人们转售的禽鸟，所以按逻辑来说当然是合法的。但是，并没有任何票据能证明这些禽鸟的出处。

如果忽视这类买卖，势必不利于禁止偷猎和走私。因为这种鸟来历不明，所以盗猎的鸟类很有可能会混入其中。还有，武士们贱卖武家出让鸟，本身就相当可疑，说不定其中大部分是走私来的非法盗猎禽鸟，只是依仗武家的权威谎报了出处而已。这才是事情的真相吧。与其称其为“洗钱”，称其为“洗鸟”更合适。于是到了文政五年（1822），幕府发出布告，禁售武家出让鸟（《御触书天保集成下》）。

① 为防止生霉或干裂而浸在水中的年糕。

围绕着利润可观的江户禽鸟买卖，勇猛的江户人花样百出，千方百计地牟取暴利。而这样的买卖，更是吸引了黑市中那些狡猾的罔法之徒。

3. 禽鸟交易与大冈裁决

再次对禽鸟批发商加以限制

当针对野鸟的非法活动日渐猖獗时，幕府并没有袖手旁观。

享保九年（1724）六月，也就是前述下总国布施村的水户御鹰场偷猎事件发生的同一年，为应对江户深川筋海边城镇的偷鸟贼（偷猎者），防止偷猎，关东郡代下令设置名为“护鸟员”的放哨人。可见，连江户的紧邻地区也发生了偷猎现象。

偷猎的禽鸟一直源源不断地被运往江户，这让幕府大为恼火。同年，幕府再次加强了对江户禽鸟交易的管制。享保三年（1718），幕府将禽鸟批发商的数量限制在十家。享保五年（1720），幕府虽短暂取消了这一限制，但很快便又再次恢复。在这一时期，对农村狩猎的限制和对城镇禽鸟交易的打击同时得到加强。这一系列的禽鸟狩猎管制政策，可以说是一种联动城乡进行的管控。

享保九年十二月二十四日（1725年2月6日），也就是水户藩鹰场偷猎事件曝光的前一天，时任江户南町奉行[①]的大冈越前守和

① 町奉行：江户幕府的职称，掌管领地内都市的行政、司法。分为北町和南町奉行。

江户北町奉行的诹访美浓守（诹访赖津）等人，首次将禽鸟批发商分为“水禽批发商”和“陆禽批发商”两类，并发布了法令（后有修订），规定水禽批发商为十八家，陆禽批发商为八家。同时还规定，不允许其他人从事任何与禽鸟相关的交易。这与之前在享保三年（1718）时规定的禽鸟批发商不得超过十家的限制有所不同，根据经营的禽鸟类型进行批发商的划分是其特征所在。

水禽批发商出售大雁、野鸭、天鹅、鹤、鹭鸶等水鸟，这些水鸟都是用于鹰猎活动的狩猎对象。而陆禽批发商除了出售野鸡等狩猎对象外，出售的大多是作为猎鹰饵料的陆禽，即麻雀、鹌鹑、云雀、鸽子等饵料用鸟。事实上，被指定为陆禽批发商的八家批发商，原本是当时御鹰饵料鸟店（饵料用鸟承包商）的八名负责人，后被调任而来［《撰要类集（三）》］。因为陆禽批发商都是饵料鸟承包商，而且不允许其他人加入，所以可以推断，这项措施“与确保饵料用鸟的供应密切相关”（大友，1999：283）。禽鸟交易是鹰猎活动不可分割的一部分，两者在政策上形成了一体化。

自享保五年（1720）的十家限制解除后，禽鸟批发商的数量有所增加，但只有十七家专门从事禽鸟交易的“禽鸟专营批发商”被认定为水禽批发商，非专门店则被驱除在外。另外，在十七家批发商的基础上，幕府又特意增加了一家批发商，即千住小冢原町（现在的荒川区南千住）的小左卫门。至此，批发商总数达到了十八家。

小左卫门其实并未从事过鸟类交易，却被加入了名单。幕府想要减少禽鸟批发商的数量，却为何还要加上这一家呢？其理由颇耐人寻味。

深谙黑市禽鸟买卖的男子——千住小冢原町的小左卫门

在幕府探讨如何限制禽鸟交易时，鸟监官提出了书面申请，建议让小左卫门加入禽鸟批发商的行列。如前文所述，鸟监官是负责管理鹰场、取缔偷猎的官员。据鸟监官称，这位小左卫门“知晓附近村镇盗猎禽鸟的手法，有助于今后查案审讯，故建议加入禽鸟商名单”[《撰要类集（三）》]。小左卫门知道“盗猎禽鸟的手法”，即偷猎的方法，对今后取缔偷猎有所帮助，所以鸟监官请求让他加入合法禽鸟商的名单。

知晓偷猎方法的小左卫门，到底是位什么样的人物呢？小左卫门住在江户北端的千住小冢原町。下一章将会提到，当时（享保九年，1724）被选中的八家水禽批发商中，有五家聚集在位于江户中心的日本桥附近，还有两家在日本桥附近的神田，只有小左卫门处于江户边界上的千住（表3）。千住小冢原町以其南部有小冢原刑场而闻名。千住大桥横跨隅田川，其北侧带有驿站的村镇千住宿延伸至大桥南侧，使得千住小冢原町也成了驿站。那里是江户城内外的交界地带。

表3-1

享保三年（1718）（10家）	
室町二丁目（日本桥）	七左卫门
濑户物町（日本桥）	甚兵卫

续表

享保三年（1718）（10家）	
本小田原町二丁目（日本桥）	七兵卫
本小田原町二丁目（日本桥）	孙兵卫
长浜町一丁目（日本桥）	喜兵卫
通二丁目（日本桥）	伊兵卫
安针町（日本桥）	久次郎
安针町（日本桥）	吉兵卫
须田町二丁目（神田）	清兵卫
通新石町（神田）	仁兵卫

表3-2

享保九年（1724）（18家）	
室町二丁目（日本桥）	七左卫门
濑户物町（日本桥）	甚兵卫
本小田原町一丁目（日本桥）	七兵卫
本小田原町一丁目（日本桥）	孙兵卫
濑户物町（日本桥）	喜兵卫
长浜町二丁目（日本桥）	三郎兵卫
濑户物町（日本桥）	太兵卫
濑户物町（日本桥）	长左卫门
濑户物町（日本桥）	重兵卫
本小田原町一丁目（日本桥）	伊兵卫
本小田原町一丁目（日本桥）	清兵卫
本小田原町一丁目（日本桥）	与兵卫
本小田原町一丁目（日本桥）	次郎兵卫
本小田原町一丁目（日本桥）	斟兵卫
本两替町（日本桥）	伊兵卫
通新石町（神田）	清兵卫
神田锅町（神田）	吉兵卫
千住小家原町（千住）	小左卫门

表 3-3

享保十年（1725）（6家）	
室町二丁目（日本桥）	七左卫门
濑户物町（日本桥）	甚兵卫
本小田原町一丁目（日本桥）	七兵卫
濑户物町（日本桥）	喜兵卫
长浜町（日本桥）	三郎
千住小冢原町（千住）	小左卫门

表 3　享保年间，水禽批发商的变迁。由此可见，水禽批发商聚集于日本桥。

千住宿位于日光街道、奥州街道以及水户街道汇集的交通要冲，又靠近荒川、隅田川、绫濑川等河流的汇合处，是便于水陆运输的物资运输基地。北关东以北的物资通过千住宿进入江户，其中当然也包括野鸟，北关东曾为水鸟产地。而且发生水户藩鹰场偷猎事件的地点，也位于水户街道附近（现在的千叶县我孙子市和柏市），所以由水户走私野鸟到江户很可能也会途经千住宿。占据此要地的小左卫门，负责协助监管非法禽鸟买卖，作为交换，他成了水禽批发商。对鸟监官来说，小左卫门的协助对侦查案件大有裨益。

在小左卫门成为水禽批发商的 17 年后，即元文六年（1741），史料记载了“山田屋小左卫门”的名字。当时小左卫门与其他水禽批发商一样，在日本桥的本小田原町开设了总店，但并没有在千住地区进行水禽批发生意。元文四年（1739）十二月，因为“做不正当买卖”，小左卫门被从水禽批发商中除名了［《东京市史稿产业篇（十五）》］。

虽然不清楚小左卫门到底做了何事，但由于他本就是个不寻常之人，所以即使做些违法乱纪之事也不足为奇。在此之后，围绕着小左卫门的后任问题，候选人们展开了激烈的明争暗斗。结果，曾经被小左卫门所取代并遭到放逐的男人，一个比小左卫门更熟知黑市交易的侠客，重新回到了水禽批发商的行列。关于这个故事将在下一章详述。

很遗憾，我们已无从得知有关小左卫门更详细的信息。只知道他是一个深谙偷猎手法之类，在黑市颇有门路的男子。因此，小左卫门本身就是个相当危险的存在。近朱者赤、近墨者黑，小左卫门是否会以某种形式参与偷猎或走私鸟类呢？幕府竟然需要借助小左卫门这样不可靠的人物之力来查案，可见当时揭发偷猎和走私是多么困难。

冒充禽鸟专营批发商的人

大冈南町奉行等出台的法令，限定十八家水禽批发商为合法商家，从而将许多因禽鸟相关生意获利的人排除在外。因此，被排除在外的人反对声四起。

首先是之前从事野鸟中介生意的“掮客”。因为他们不是批发商，所以被法令规定不能做禽鸟买卖。他们申辩说，如果这样的话，定会导致“生活困难”。可对于幕府来说，如果江户城中各种贩鸟商人混杂，势必会给管理带来麻烦。因此，掮客的申诉没有被认可［《撰要类集（三）》］。

此外，没有被选为水禽批发商的“鱼鸟批发商”们也满腹牢骚。如上文所述，在选定十八家水禽批发商时，幕府给出一个必要条件，即必须专门买卖禽鸟，不能买卖其他物资。这个举措是为了防止有人将野鸟混入其他物资中走私。江户幕府显然也已看穿了批发商们的这些违法手段。

正如其名，提出抗议的鱼鸟批发商，属于鱼禽兼营店。这些店或是兼卖禽类和鱼类，或是主要卖鱼顺便卖禽鸟。因此，在町奉行制定的方案中，这些商家被排除在外。但被踢出局的鱼鸟批发商并没有坐以待毙。他们说，在根据法令选定水禽批发商时，在那些自称禽鸟专营的批发商中，实际上也有混卖其他物品的、做掮客的，以及与其一样兼营鱼类买卖的；甚至有疑似不是水禽批发商的人混入其中。鱼鸟批发商因兼营禽类和鱼类买卖而痛失资格，却眼见那些商家被选中，他们因而大为不满。或许是为了泄被排除在外之愤，鱼禽批发商们对入选名单提出了异议。

幕府听取了他们的意见，再次进行了审核。结果发现，在入选名单上，有的人以前确实是经营禽类批发的，但近年因缺乏进货资金，批发业务已无以为继；还有人不直接从农村收购，而是倒卖来历不明的水禽；此外还有人自己没有店面，而要在邻街租房开店；甚至还有人因为某年禽鸟资源匮乏，订金交付后乡下无法出货，便用鱼货来填补货物空缺。如此看来，确实有人并不是专营禽鸟的批发商。

享保九年（1724）十二月，大冈越前守等人颁发政令，规定水禽批发商的数量为十八家；之后不到一个月，在享保十年（1725）

一月十九日，大冈越前守等人经过反复斟酌，再次发布了新的法令[《正宝事录(二)》]。该法令指出，各个村庄的鹰场都有偷猎之人，而且把偷猎的禽鸟运到江户买卖，扰乱了市场秩序，因此针对原法令中内定的十八家水禽批发商，幕府撤回了其中对十二家的许可，只有六家(六家中包括小左卫门)得到批准成为水禽批发商(林鸟批发商仍为八家)。同时，幕府禁止其他商家进行任何禽类交易，包括中间商或零售(行商)(参见表3)。

曾经入选为水禽批发商，一个月后却突然被排除在外，那些商家想必一定会很懊恼。不能参与有利可图的生意，对其而言可谓是生死攸关的问题。那些突然落选之人，肯定无论如何都想成为水禽批发商，但他们却难以如愿。即使过了12年，到了元文二年(1737)，落选的商人中仍有人不屈不挠地申请再次认可。有人向幕府哭诉说：自己虽然做了其他的生意，但毕竟是外行，渐渐地落入窘境，已经难以糊口养家。即便这样，他们最终也没有得到准入许可。如下文所述，四年后一个男子重新回归了水禽批发商的行列，但这种特殊之事，是罕见的例外。

揭发水禽批发商的走私问题——贩鸟商与贩鱼商的关系

上述这种对鱼鸟交易的兼营，虽然被认定为违反幕府水禽管理制度的商业行为，但实际上，作为一种自然的经营形态，它是一种再正常不过的现象。究其原因，是因为水禽产地临近湖泊和河流，所以当地人的营生不仅限于捕猎水禽，还包括采集植物、捕鱼等活动（菅，1990）。也就是说，捕猎水禽的猎人，同时也是捕鱼的渔夫，因此售卖水禽的商人，也有可能售卖各种不同种类的商品。

如后文第七章所言，千叶县手贺沼等水禽供给地，不仅生产水禽，同时也出产鳗鱼等淡水鱼。这些地方通过鱼、鸟与作为消费地的江户密切联系。幕府本就没有必要从这些种类不一的鱼、鸟中选出禽鸟一种，限定商家只能买卖禽鸟。而且对于商人来说，为了提高季节性产物的利润，同时经营鱼类和鸟类才是合理的做法。但幕府并不认可这个理由。

经营禽类以外产物的商人也极有可能偷偷插手水禽生意。对于有合法资质的水禽批发商来说，其他商家的偷偷介入，侵害了他们的垄断地位，所以他们不会坐视不管。于是，为了防止水禽走私，获许经营的六家水禽批发商向幕府申请了检视权，并获得了检查可疑的蛋类、鱼类货物的权限。这是正规商家为了保护自己的既得权利采取的举措。被选中的六家水禽批发商为了自己的生意不受影响，最终通过这些举措排除了异己。

监视偷猎和走私，也是合法水禽批发商的一种工作，即所谓的义务。“水禽批发商这样的存在本身，恰与打击偷猎有莫大关系。”（大友，1999：294）所以打击偷猎、走私禽鸟之类的违法行为，也成了水禽批发商的职责。

为了把偷猎的禽鸟偷偷带进江户，将禽鸟混入鱼商、蛋商的货物中，伪装成鱼、蛋货物进行走私，对于从事禽鸟生意的人来说，这是人尽皆知的手法。因此可疑的包袱袋子、鱼篓之类的物品，也成了合法水禽批发商们查验的对象，他们的检查范围因而不断扩大。在乡下，由村吏和鸟监官来承担监管之责，防范偷猎；另一方面，取缔江户黑市上流通的禽鸟则是水禽批发商的责任。当然，作为商人，水禽批发商最终只能到幕府去指控违法者，而不能自己亲自抓捕违法者（大友，1999：296）。

并非只有平民百姓才会购买这种在黑市上流通的禽鸟，就连一些武家权贵也会去购买。他们在购买水鸟时，会吩咐下人到常去的鱼店购买。鱼店从水禽批发商那里进货，卖给武士后再将剩余部分进行倒卖，有的鱼店还会收购偷猎的鸟。于是幕府下令，要求武士也必须直接从水禽批发商处购入水禽。

如上文所述，享保年间不断出台了对禽鸟交易进行严格管制的政策，这与鹰场制度的重组同步。但是，从政策推行的过程可以发现，这个时代明显已有大量水禽流入江户，江户人对水禽的需求日渐高涨。到江户中期，野鸟已成为江户居民不可或缺的食材了。

鸟类批发商公会的没落与复兴

如前文所述，享保年间对禽鸟交易的严格管制与鹰场制度的复兴有着密切的关联。幕府会给正规交易的鸟类印上“羽印”作为标记，禁止偷猎鸟进入流通市场。另外，延享元年（1744），幕府设立了一个名为“会所”[1]的水禽货物检查站。检查站会对货物进行查验，然后再交与水禽批发商进行售卖。由此，形成了一个官方认证

---

① 江户时代进行商业交易、办理政务的集会交易所。

的机制。但在此情形下，起初针对禽鸟交易实施的一些显著有效的新政策也就名存实亡了。在此之后每隔十几年，幕府就会颁布新的法令管控水禽交易，同时也一直在打击非法狩猎、非法运输、非法售卖等活动。尽管如此，直到幕府末期，也并未出现强有力的禽鸟交易管控政策。

天保十二年（1841），幕府下令解散股东联合商会，同时下令取消批发商公会。这个自享保十年（1725）起存续了一百一十几年之久的水禽、林鸟批发制度就此终结。此后，“会所”更名为“改所”，在改所挑选出供给江户城内官方消费的禽鸟后，商贩就可以自由贩卖剩余部分。同时，幕府还允许新的水鸟商加入水禽生意。但事实上，由于水禽交易行业几乎没有新鲜血液注入，所以直到19世纪中期的嘉永年间（1848—1853），即批发商公会再度兴起之时，也只有原有的几家水禽批发商重新获得了经营许可。

在那个时代，很难想象禽鸟交易会失去吸引力和经济效益。如前文所述，自19世纪初的文化、文政时期以来，江户地区的禽鸟料理逐渐大众化，从上流阶层的高档料理到火锅、荞麦面、乌冬面等大众料理，都开始积极地使用大雁和野鸭等鸟类食材进行烹饪。所以到了幕府末期，野生鸟类的消费量甚至还超过了享保年间。

在幕末时期，发生了一件大事，即“黑船来航”。该事件进一步扩大了野生鸟类的消费量。

佩里的无理要求

嘉永六年（1853），佩里率领美国东印度舰队来到了蒲贺。翌年，美国与幕府签订了《日美和亲条约》，逗留在伊豆下田的美国人向幕府提出了各种各样的要求，其中一条是想要在山野中用枪支进行狩猎。之后，在尚未交涉成功时，美国的船员就已经上岸并开始随意射杀鸟类。日方拒绝了佩里的要求，并且对他们的违法狩猎行为提出了强烈抗议，但并无任何效果。不仅如此，到了安政五年（1858），继美国之后，幕府又与荷兰、俄国、英国、法国缔结了《修好通商条约》，这些国家也都正式提出狩猎的要求。然后在未经许可的情况下，这些国家的国民也纷纷违反日本禁令，开始旁若无人地狩猎。对此，幕府以猎鹰场禁猎为据，禁止诸国的狩猎行为，却毫无成效（安田，2020：24–45）。幕府一直以来对江户周边的野鸟狩猎和野鸟销售进行严格管控，但此时，其权威在列强面前彻底崩塌了。

诸国之所以要求在日狩猎，主要有两个原因。一是狩猎扎根于西方文化，在西方人看来，对于狩猎的要求理所当然；另一个更重要的原因，是为了保障西洋饮食文化中不可缺少的鸟兽类食物。安政六年（1859），横滨开港后，聚集在横滨的西洋人大量购买肉类。特别是因为在日本很容易买到禽鸟肉，所以其需求量激增。为应对留居日本的外国人的需要，幕府将横滨的禽类供给委任给了江户的水禽批发商和陆禽批发商，嗅到商机的各个批发商都迅速来到横滨开设分店，将在江户收购的禽类转卖到横滨。但另一方面，为满足横滨方面的需求，盗猎、走私禽鸟现象丛生，大大动摇了江户近郊的野禽捕猎和流通机制（安田，2004：61–72）。

鹰场制度和禽鸟交易管控的终结

到了第十三代将军家定、第十四代将军家茂的时代，将军进行鹰猎活动的频次有所减少。到了文久三年（1863）正月，将军不再进行任何鹰猎活动。庆应二年（1866），将军下令废黜鹰匠和鸟监官的职位；翌年即庆应三年（1867），也就是明治维新的前一年，鹰场制度终于也被废止了（村上、根崎，1985：78）。

根据庆应三年的《鸟猎证文》（村上、根崎，1985：79）记载，因为鹰场不再作为官方专用场所，所以得到营业许可并持有许可证的人，都可以进入鹰场进行狩猎活动。当时，可以猎捕的种类繁多，包括大雁、野鸭及其他禽类，唯有鹤和天鹅不可。捕猎时，除鹰猎和火枪以外的狩猎方法均可以使用。而且，“捕获的禽鸟须全部送到江户的日本桥水鸟交易所”，在那里打上作为来源合法证明的羽印后，“买卖双方即可自由交易”。也就是说，人们可以随意买卖带有认证标记的禽鸟。与享保时期的规定相比，这简直有天壤之别。虽然需要确认羽印，以示管控，但政策明显十分宽松。禽鸟因而可以自由进入江户市场。这一时期，幕府长期以来对禽鸟流通体系的管控，几乎不复存在了。

第五章　行侠仗义的鸟商——东国屋伊兵卫的侠客行

图13　鞘町东伊即东国屋伊兵卫

（图片来源于《本朝侠客传》，国立国会图书馆收藏）

1. 日本桥水禽市场的好汉

日本桥河岸的鱼市场曾经也是水禽市场

这里的日本桥[①]是指江户城中的一座桥梁。在江户时代，以这座桥北侧的本船町、小田原町以及安针町为中心，河岸鱼市场逐渐向周边扩展，这一区域曾被称作“江户的厨房”。在天正年间（1573—1592），从摄津国[②]迁移过来的渔民在日本桥开设了售卖白鱼的鱼市，以此为开端，日本桥及附近作为鱼市场逐渐发展起来。昭和十年（1935），鱼市场迁移到筑地[③]，在那之前，日本桥一直是东京的鱼类销售、流通中心。而从江户时代到大正（1912—1925）末期，日本桥地区也是江户（东京）的水禽交易中心，但这一点并不太为人所知。

首先，我们来看一下图 14。图 14 是《江户名胜图会》中的一幅介绍“日本桥鱼市”的图。《江户名胜图会》为江户时代后期天保年间发行的一本图册。在这张“日本桥鱼市”图上，可以看到，售

---

① 在 17—19 世纪的江户时代，当时的“日本桥”指的是一座桥梁，这座桥是连接江户和日本各地的 5 条主要道路的起点。后来以这座桥为中心发展起来的街区就是现在作为地名的日本桥。

② 摄津国是日本古代的令制国之一，属京畿区域，为五畿之一，又称摄州。摄津国的领域大约包含现在的大阪市、堺市的北部、北摄地域、神户市的须磨区以东。

③ 位于东京都中央区的筑地市场最早是由在关东大地震时烧毁的日本桥鱼市场和京桥蔬果市场搬迁形成的。筑地市场是筑地的公营批发市场，亦是日本最大的鱼市场。2018 年 10 月 7 日，有“日本厨房”之称的筑地市场搬迁到距筑地市场约 2.3 公里外的丰洲市场。

卖各种各样鱼类和贝类的店铺连成一片，市场上人来人往，十分热闹。在呈现这种盛况的鱼市图中，虽然有些模糊，但似乎还绘有一个貌似正在买鸟的客人，以及一个貌似正在卖鸟的小贩。

仔细观察一下这张图的右下角，不难发现，该处有一个左手提着鸟的男子，可能是一位刚购买了鸟的市民。其正对面，是一个挑着扁担的男人。男人扁担两头的筐里装了很多鸟，大概是一个供鸟的鸟贩。虽然我们若不仔细凝神观看就无法发现这些细节描画，但在这张以鱼为主题的图中，确实夹杂有鸟的身影。

图14　日本桥鱼市图。下部为上部圆形所指部分的放大图

（《江户名胜图会》，国立国会图书馆收藏）

然后，我们再来看一下取自《江户图屏风》的图 15。《江户图屏风》描绘的是江户时代初期的江户街景。图 15 是《江户图屏风》左侧第二扇下部的图，描绘的是日本桥本小田原町[①]、安针町、室町等繁华街的街景。在此图的左上角可以看到日本桥。在与日本桥相向的右下角有一个十字路口，路口附近有一个男子手抓一只禽鸟向上（西）行走。这只禽鸟从其描绘的形状来看，像是大雁或野鸭之类。男子带着刀，是个武士，但从其装束来看，好像是个下级武士。

图15　日本桥附近手提雁鸭的男子。下部为上部圆形所指部分的放大图

（《江户图屏风》，日本国立历史民俗博物馆收藏）

① 现东京中央区日本桥室町一丁目、日本桥本町一丁目。

日本桥作为鱼市场闻名遐迩，以至于一直以来大家都没有注意到这里也曾是禽鸟市场。描绘鱼市的图上画有鸟，这说明日本桥鱼市场曾经也是江户首屈一指的水禽市场。

小林一茶眼中的日本桥水禽批发店

江户时代后期的俳句诗人小林一茶，或许是出于对水禽批发店的兴趣，写过多首描绘水禽批发店景象的俳句。

〇 春雨淅沥沥，暂存性命未被食，鸭鸣哀声声

这是小林在文化十年（1813）所写的俳句（选自《七番日记》）。鸭子们差点被买走吃掉，在绵绵春雨中，作者听到了这些暂时幸存下来的鸭子的叫声，不由得心有戚戚。

〇 花开好时节，双目被缝不能行，哀鸣尤堪怜

这是小林在文化五年（1808）三月写的俳句（选自《文化句帐》）。当时，水禽批发商为了防止所养之鸟挣扎逃脱，便用线缝上鸟的双目。春天到了，本来应该返回北方的候鸟，却被囚禁、被缝双目，失去了自由。小林听到鸟的哀鸣，觉得这些鸟儿非常可怜。类似的作品还有他在文化十年写的一首俳句“雾霭蒙蒙天，缝目雁哀鸣”（选自《近世俳句集》）。另外文化二年（1805）一月七日，小林在去“随斋会”（吟诵俳句的文人聚会）的路上，路过日本桥的小田原町（本小田原町的古名）时，创作了如下这首俳句。

○ 雁鸭待宰时，其鸣声声悲

这首俳句（选自《文化句帐》）描绘了水禽批发店的大雁和野鸭不停鸣叫的场景，这些野鸭即将被买走宰杀成为盘中餐。真是令人感伤的一首俳句。

还有以下这首。

○ 残忍缝鸟目，不顾禽鸟凄惨叫，门口纳凉欢

（选自《文化五~六年俳句日记》）

鸟贩们兀自在门口乘凉，毫不怜悯被缝了双眼的禽鸟，任由它们凄惨地鸣叫。这首写于文化六年（1809）六月十日的俳句带有一丝批判的口吻。这首俳句所附的说明写道，在小田原町有一户人家饲养了很多禽鸟。应该是一家禽鸟批发店，在这家批发店地板下方的狭窄空间中，挤满了大雁和野鸭。其中，有的还孵化出了小鸟，雏鸟的叫声很是可怜。但店主叹息说自己是子承父业，所以不能轻易放弃。而且，这些禽鸟是为贵客的酒宴所准备的，会被做成令人垂涎的美食。

“缝目”一词，表达出与前文介绍的文化五年（1808）的俳句、文化十年（1813）的同类作品相同的感慨。大概是小林一茶从禽鸟批发商缝鸟眼的残忍行为中，感受到了禽鸟的悲惨吧。小林写下这首俳句的时间是六月，为非狩猎期，原本应该不会有大雁和野鸭。因此，这首俳句描写的是之前狩猎期捕获的禽鸟，这些禽鸟没有被马上宰杀，而是被留下畜养了。

俳人小林一茶对这些禽鸟心生怜悯。它们被塞在地板下狭窄的空间里，挤成一团动弹不得，而且最终会被做成羹汤，其凄惨的命运令俳人悲悯之心大发。但即便如此，小林是否会因怜悯悲伤而不食野鸟了呢，这点我们无从知晓。

鱼类批发行的水禽买卖

前一章的表 3 为禽鸟批发店的店铺名单（数量有限制）：享保三年（1718）（禽鸟批发店十家）、享保九年（1724）（水禽批发店十八家）、享保十年（1725）（水禽批发店六家）。从表 3 可以看出，日本桥可谓是真正的水禽市场集聚地。水禽批发店，享保三年的十家中有八家，享保九年的十八家中有十五家，享保十年的六家中有五家，都集中在室町、濑户物町、小田原町、长浜町等日本桥地区。

因为日本桥河岸鱼市中夹杂了如此众多的水禽批发店，所以之前的鱼市图中会出现禽鸟也就顺理成章了。对于江户人来说，去日本桥买水禽是件很自然的事情。前一章中提到，在江户有一家鱼鸟批发店兼做鱼买卖和水禽生意。虽然笔者解释说这是一种违反了幕府水禽管理制度的商业行为，是不被认可的，但或许当时的市场环境也助长了这一现象的出现。看到做禽鸟买卖能赚到钱，卖鱼的店铺染指禽鸟生意也没有什么不可思议的。特别是那些河鱼批发店，更是顺理成章，因为河鱼的产地也是野鸟产地，甚至提供河鱼的捕鱼人同时也是猎鸟人。

表 3 中还记载了不幸被撤销了开业许可的十二家水禽批发店的

名单。这十二家店铺在享保九年（1724）十二月时曾一度被批准开业，但经过复审，在一个月后即享保十年（1725）一月，很快又被撤销了开业许可。如前所述，导致他们被撤销资质的原因是其他鱼鸟批发商们的“谗言”。

在这十二家被剥夺开业权利的店主中，有个叫“伊兵卫”的男子。享保三年（1718）在通二丁目，享保九年在本小田原町一丁目和本换钱町的商家名单中都能看到这个名字。尽管不清楚这几个店是否有所关联，但这里的“伊兵卫”有东国屋的商号，而东国屋则是我们谈论江户禽鸟生意时不可不提的名号。

行侠仗义的禽鸟商人——东国屋伊兵卫

伊兵卫在享保十年被剥夺了做禽鸟生意的权利。在约30年后的宝历六年（1756）成书的巷谈集（收录传闻的书）《当世武野俗谈》中，记载了一个名叫“鞘町东伊”的豪爽男子的故事。这名男子被认为就是当年被剥夺了水禽经销资格的伊兵卫。不过，在该书发行时，东国屋又重新开始做禽鸟生意了。

鞘町是指日本桥的北鞘町（现日本桥本石町第一丁目），东伊是东国屋伊兵卫的简称。据说“鞘町东伊”是一个能锄强扶弱的义士。他和《本朝侠客传》（1884）中的町奴[①]幡随院长兵卫、旗本奴[②]水野

① 町奴指平民游侠。大致由商家、贸易商及招安后之浪人组成。

② 旗本是中世纪到近代的日本武士的一种身份。一般在江户时代是指有资格在将军出场的仪式上出现，且家格在御目见（一种资格身份，可以直接面见将军）以上的德川将军家的直属家臣团的统称。旗本奴指的是旗本家的青年武士。

十郎左卫门、金广告牌甚九郎等齐名，是江户著名的侠客（图 16）之一。伊兵卫经营禽鸟生意，以豪爽豁达、精明强干闻名于江户。从《当世武野俗谈》中的“豪侠传”篇中，也可以看出他是个多么豪放的人。

图16　知名侠客图鉴。左下为东国屋伊兵卫
（《本朝侠客传》，国立国会图书馆收藏）

在江户，住在鞘町的东国屋伊兵卫的大名妇孺皆知。伊兵卫在安针町的水禽批发店是江户最有名的。东国屋重新开张后，伊兵卫则退居幕后，开始悠然自得地享受生活。他常常流连剧场以及新吉原[①]，而且每晚都会去品川町、濑户物町听评书人说书。禽鸟批发店

① 新吉原是江户幕府公认的花柳巷，位于江户东北部的浅草寺附近。

由他的儿子源八经营，此时的批发店也为幕府的御鹰提供饵料鸟。

东国屋伊兵卫是当时闻名世间的潇洒风流、人情练达之人，侠客、赌徒、优伶、艺妓等无不对其景仰不已。伊兵卫年轻时自诩才干，到处打架滋事，甚至面对那些豪横之人也从未落败过。而且他又置身于赌场，渐渐混出了一些名头。据说他只赌 1、2、3 这三个数字，其果断、强悍的赌法闻名一时，以致后来人以他的名字将这种赌法命名为“东张”。

伊兵卫曾因违规使用“流粘绳”猎捕水禽而一度入狱，但很快就出狱了。不过，即使在狱中，他在安针町的店也没有停业，仍然为皇室的御用鹰提供服务。据说当时他与将军德川吉宗的近侍——涩谷和泉守关系非常亲密（“说起这个亲密关系的细节，那就是伊兵卫娶了涩谷和泉守的小妾做了妻子。而且，这个妻子有个和涩谷和泉守生的私生子。这个孩子名叫“东里”，当时东里在本乡开了一家名叫“真志屋长门”的点心店。”节选自《当世武野俗谈》，由笔者译为现代语）

伊兵卫是个被侠客、优伶、艺妓仰慕的刚毅之人。由他在赌场上豪气慷慨的赌法也能看出，他确实是个相当厉害的人。“流粘绳”猎捕水禽法是指在细绳上粘上黏胶，将绳投放到湖沼中，绊住戏水的水禽的狩猎方法（参照第七章）。据说伊兵卫的入狱与使用“流粘绳”有关，也就是说，他被怀疑有非法狩猎和秘密贩卖水禽的不法行为。但他很快被从监狱放了出来，说明嫌疑消除了，没有被追究罪责。话虽如此，但从被疑违法而入狱这件事来看，伊兵卫或许与其他不法分子一样，在从事禽鸟生意的过程中有时会铤而走险。

不惧妖魔的东国屋伊兵卫

我们继续来看豪侠传之伊兵卫传。

有一年为完成捕抓鹰场御用鹰的任务，东国屋伊兵卫进入了日光地区的深山。此处的深山连当地的樵夫都不敢进入，因为人们认为那里是魔窟，是妖怪——天狗的家。当地村民都劝阻说，为了安全起见，绝不可进入。但是伊兵卫不管不顾，坚持进山。跟随他的百姓非常害怕，不停地恳求其返回，可是他不答应。于是，百姓们因畏惧退回到了山脚下，只有东国屋伊兵卫继续向前。最终，伊兵卫独自一人在深山里过了一夜。

第二天清晨，大家纷纷猜测，昨晚伊兵卫肯定是被天狗抓走了。于是众人结伴战战兢兢地走进深山去找他。找到时发现他以巨石为枕，睡得正香。大家总想着怪异之事，但伊兵卫看起来并无丝毫不妥，于是便问他，晚间有没有发生什么奇怪的事情。伊兵卫回答说：“我睡得很好，完全没感觉到有什么异样。”人们因而对他敬畏有加，对他的勇气赞叹不已（图 17）。

图17　《樵夫讶然图》中枕石酣眠的伊兵卫
（《本朝侠客传》，国立国会图书馆收藏）

后来，在日光城开始修缮之际，东国屋伊兵卫再次来到了日光。当地人向伊兵卫请求说：您是东伊大侠，是唯一一个曾经进入魔之所在的非凡之人，希望您能赐予我们一个驱妖降魔的护身灵符。应百姓的请求，伊兵卫将小菊[①]面巾纸裁成小块，在纸的背面盖上自己的印章分发给人们，作为驱除天狗的护身符。百姓们非常高兴，都将伊兵卫护身符贴在了家里。有趣的是，如今在日光周边地区仍能见到许多东伊驱妖（天狗）护身牌。伊兵卫是一个威猛的豪杰，在当时的江户无人不知。

同年正月，新木材町起火，蔓延至堺町和葺屋町（现在的日本

① 小菊是和纸的一种。用作怀纸（中古时期日本人经常携带于怀中备用的白纸）等。

桥人偶町附近）。演戏的优伶们因火灾流离失所之时，伊兵卫亲自查看了剧场附近的火灾现场，将市川柏莛（柏莛即团十郎）、濑川仙鱼这两位歌舞伎演员带回自己家中。伊兵卫非常自豪地对人们说："在三津（京都、江户、大坂）地区极负盛名，可谓江户时代真正的名人的两位，都寄居在寒舍。"可见，伊兵卫实乃豪爽豁达之人。

我（《当世武野俗谈》的作者）晚上去听评书的时候，每次都会看到东国屋伊兵卫。有一次伊兵卫这样说道：在镇压肥前岛原的天主教徒武装起义（岛原之乱[①]）时，西国[②]的诸侯费尽心思。现在如果有那样的事，让镇上的人请我伊兵卫来负责平定暴乱好了，无须花很多费用就能解决问题。我伊兵卫会出最低价格来竞标。在座的人哄堂大笑。大家都认为伊兵卫是个名副其实、智勇双全的志士。（节选自《当世武野俗谈》，由笔者译为现代语）

如此，东国屋伊兵卫的名气在江户家喻户晓，而伊兵卫所从事的生意正是水禽生意。要成为艺妓、优伶、说书人等民间艺人的资助者，必须要有足够的资金保障。由此可见，做水禽生意能够获得较为丰厚的经济利润。不管打架还是赌博，伊兵卫都很活跃，他有

① 岛原之乱（1637—1638）又称岛原、天草起义，是九州岛岛原半岛和天草岛农民与天主教徒对幕府和诸藩的横征暴敛，以及迫害宗教信仰的大反抗。起义的失败也促成了幕府锁国体制的最终解体。

② 日本战国时期，以近畿以东为东国，近畿以西为西国。

入狱经历，且不惧民间迷信中的鬼神。他的这种胆魄是在经营水禽批发店时锻炼出来的呢，还是与生俱来的呢？我们很难断言。但在水禽流通市场上出现像他这样有魅力的人物，是件颇为有趣的事。

如前所述，水禽买卖由有权势的人把控，市场又由幕府统一管理。但即使在这样的环境下，仍有水禽在地下黑市上流通，市面上也混有不少偷猎来的禽鸟。可见，有各种各样的不法分子们在幕后活动。我们可以推测，在这种情况下经营水禽生意的人，需要有东国屋伊兵卫那样的胆魄，需要像他一样熟悉地下市场。事实上，伊兵卫的才智在禽鸟生意方面发挥得淋漓尽致。

2. 幕臣与侠客的亲密关系

东国屋伊兵卫重获水禽批发店经营权的过程

如前文所述，享保十年（1725）一月，伊兵卫失去了经营水禽批发店的资格。由于某种原因，伊兵卫被从禽鸟商中除名。虽然东国屋因此失去了水禽批发店的经营许可，但正如《当世武野俗谈》中所写，即便在因“流粘绳”猎鸟案被捕入狱期间，他仍然是安针町御用鹰的服务商，并没有完全从禽鸟相关的生意中脱离出来。

此时伊兵卫所从事的所谓御用鹰服务工作，具体来说是前章所介绍的饵料鸟承包商。享保十年十月，在吹上御鹰房的饵料鸟承包商中，出现了一名自称伊兵卫的人[《撰要类集(三)》]。如果这里的饵料鸟承包商是“为安针町的御鹰服务”的话，那么我们可以推测这个伊兵卫便是东国屋伊兵卫。而如果这个推测准确无误，那么我们可以认为伊兵卫在被从水禽批发商除名后，转而成了饵料鸟承包商。如前文所述，饵料鸟承包商的工作，是从饵差处收集作为鹰饵食的鸟(饵料鸟)，上缴给幕府。享保七年(1722)，由于朝廷的公职饵差被废除，饵料鸟的供给全部由民间承包，因而失去经营水禽批发店资质的伊兵卫可能也加入了其中。

伊兵卫应该很想重拾赚钱迅速的水禽生意，也许作为重回水禽行业的支点，他才会去紧紧抓住这份与饵料鸟相关的工作吧。如上文所述，取缔禽鸟买卖等的管控体制，与鹰场制度、鹰猎制度是表里一体的，因此从这份为御鹰提供饵料鸟的工作入手也是个不错的选择。

希望能回归水禽批发业的，当然并不仅仅是东国屋伊兵卫。享保十年(1725)幕府严格限制水禽批发店的数量，当时只有六家获得了经营资质。那些与伊兵卫一样被排除在名单外的店商，肯定也希望能回归水禽生意。

水禽批发商小左卫门的欺行霸市

事实上，在元文二年(1737)八月，与东国屋伊兵卫一样被取消了水禽生意经营资质的禽鸟批发商们，向幕府提出了恢复资格的请求，但未能获得批准(《东京市史稿产业篇十五》)。不过两年后，东国屋伊兵卫迎来了一个收复失地的大好机会。因为有一个水禽批发商因“欺行霸市”被除名，所以水禽批发商经营资格名额中出现了一个空缺。

这次因欺行霸市被除名的水禽批发商不是别人，正是千住小冢原町的山田屋小左卫门（参照第四章）。如前文所述，小左卫门因为对“偷猎禽鸟的方法”很熟悉，被鸟监官推荐，经特别批准获得了经营水禽批发店的资格。小左卫门是一个精通禽鸟走私、黑市贩卖的怪杰。享保九年十二月（1725 年 2 月）的十八家水禽批发店中，东国屋伊兵卫名列其中，而小左卫门是在这时新加入的。然而，伊兵卫却在不到一个月的时间里，被以某种理由除名。与之相对，小左卫门的水禽批发店则极为稳固。但到元文四年十二月（1739 年 1 月），小左卫门因欺行霸市，被勘定奉行①官罢免了其水禽批发店的资格。遗憾的是，笔者未能查到关于小左卫门欺行霸市行径的详细记录。

小左卫门的出局留下了空缺，于是品川町源四郎和田所町弥右卫门，以全力协助调查盗鸟违法行为为条件，提出了水禽批发店的新开业申请。鸟监官接受了其申请，将这两人推荐给了町奉行。因为之前有先例，鸟监官曾经为了调查盗鸟而将小左卫门加入水禽批发商名单。

---

① 勘定奉行与寺社奉行、町奉行一起被称为三奉行，是江户幕府的要职。勘定奉行通常由旗本担任，主管幕府领地的诉讼、租税、徭役、出纳钱粮。幕府创设时即有此职。

然而，品川町源四郎其实就是小左卫门的父亲[《东京市史稿产业篇(十五)》]。虽然小左卫门因丑闻而无法继续从事水禽批发工作，但小左卫门的离开会影响鸟监官取缔打击禽鸟的偷运和黑市交易的力度。因此，他们表面上剥夺了小左卫门经营水禽批发店的权利，事实上是试图通过将水禽批发店转给其父亲的方式，让小左卫门在背后继续参与。也有可能是因为小左卫门对于偷运、走私知之甚详，因而掌握了鸟监官们的弱点。虽然具体原因并不清楚，但可以看出，对于鸟监官们来说，小左卫门似乎成了不可或缺的存在。

小左卫门的继任伊兵卫

面对这个可以补缺的好机会，作为御鹰饵料鸟承包商的东国屋伊兵卫，自然不会无动于衷。伊兵卫也提交了水禽批发店重新开业的申请。由此令人不由得感觉到伊兵卫和小左卫门之间的某种宿命牵连。

伊兵卫拿回水禽批发店经营权的战略，与品川町源四郎等人有着很大的区别。那几年，伊兵卫注意到御用鹰的品质下降，便以自己担任育鹰官提供优质鹰为条件，向町奉行申请水禽批发店再度开业。多次申请后，町奉行上报给将军的近侍涩谷和泉守，涩谷表示如果能上交优质鹰的话，作为交换条件，可以给予其水禽批发店的营业许可。

于是，伊兵卫遵守约定，在元文五年(1740)，送上了“巢鹰(从雏开始饲养并调教的鹰)十只、驯成鹰一只”，之后以继续上交鹰为条件，希望开设两家水禽批发店（安田，2004：59）。涩谷和泉守为此拜访了老中（宰辅）本多中务大辅忠良。最终，鸟监官上报的两位人士未获许可，而伊兵卫实现了心愿。在元文六年二月十日（1741 年 3 月 26 日），伊兵卫的水禽批发店重新开张［《东京市史稿 产业篇（十五）》］。顺便提一下，田所町弥右卫门在宽保元年（1741），以协助取缔偷猎禽鸟、私囤禽鸟之名，经鸟监官推荐，也获得了水禽批发店的开业许可。但即便此时，小左卫门的父亲品川町源四郎仍没能得到许可。

伊兵卫得以重新成为水禽批发商，可见他以培育御用鹰为由的战略奏效了。禽鸟交易与鹰场制度互为表里，伊兵卫很是精明，他看穿了这一点并加以利用。但仅仅因此，伊兵卫就能成功拿回水禽批发资格了吗？似乎并非如此。坊间传闻，他的成功另有隐情，其原因是与幕臣关系密切。

与幕臣的亲密关系

田所町弥右卫门与小左卫门的父亲品川町源四郎二人未能如愿获得水禽批发店经营资格，他们在与伊兵卫的竞争中以失败告终。他们二人通过鸟监官向幕府提交申请；鸟监官是底层官员，权限很小，需再向町奉行上报，再由町奉行提交幕府。而伊兵卫却是直接向町奉行提交申请，而且町奉行竭力帮他向将军的近侍涩谷和泉守汇报。涩谷和泉守更是向老中呈报了想要给与许伊兵卫许可的意思。如此，伊兵卫重获水禽批发店经营资格才会惊人地顺利。

想必读者们已经注意到这位名叫涩谷和泉守的将军近侍，在之前介绍的《当世武野俗谈》中出现过。书中写道：伊兵卫是一个“与涩谷和泉守侍卫长关系亲密”的人。

涩谷良信（1682—1754），又被称呼为和泉守或者隐岐守，原本是纪伊和歌山藩士。德川吉宗就任将军后，他跟随吉宗来到了江户。涩谷成为幕臣后，担任小姓[①]组（护卫队）头领和将军近卫，一直近身侍奉吉宗。涩谷还把吉宗说的话记录整理，编成《柳营夜话》流传了下来。

将军侍卫和町奉行职级基本相同，他们轮流在江户城内值夜。每天下午，老中离开江户城后，他们代为处理整个将军府的事务，并肩负护卫将军的职责。侍卫的职务非常重要，在他们当中会选出于将军与幕臣之间进行信息传递的“御侧御用取次”[②]。《当世武野俗谈》一书先是描述了伊兵卫与涩谷和泉守之间“非常密切”，然后以“说起这个亲密关系的细节……”为前置词，特意解释了两人之间为何关系密切。据该书记载，伊兵卫竟然娶了侍卫长涩谷和泉守的妾为妻，而且还收养了涩谷的私生子。

我们很难确定侍奉将军一方的幕臣与镇上的侠客之间，究竟是不是如此关系。说书人马场文耕所著的《当世武野俗谈》，是一本

① 小姓一词意为侍童，除了在大名会见访客时持剑护卫，更多的职责是料理大名的日常起居，包括倒茶端饭、陪读待客等。

② 御侧御用取次是将军的侧近，负责将将军的旨意传给老中，将老中的奏章（奉书）汇报给将军。

汇集了诸多传闻的巷谈集，难免有添枝加叶的部分，因此其描述的事情缺乏一定的可信度。但是，姑且不说真伪，我们可以看出正因为类似的传言在社会上流传甚广，这样的内容才会被记载下来。可见他们二人之间的关系极为亲密，以至于让人们不禁揣测他们之间有不为人知的姻亲连带关系。

鹰将军吉宗身边的红人？

江户文化研究者三田村鸢鱼认为，伊兵卫娶了涩谷和泉守的妾为妻，有这样的人脉使其不免会做一些自以为是、妄自尊大的事。关于伊兵卫和涩谷和泉守的关系，三田村是这样推测的：

> 涩谷的领地在下野的都贺郡，东伊（东国屋伊兵卫）就是都贺郡人。只有这一点线索，我想应该是由于某个契机，两人之间关系变得更加密切。东伊能够崭露头角，是因为涩谷的缘故。不过也有人说东伊之所以大放异彩，是因为他深得吉宗将军的赏识。当然，吉宗将军听闻东伊的名字是源于涩谷的牵线搭桥。（三田村，1997：198）

确实，涩谷和泉守在下野国都贺（现在枥木县西部）有三千石[1]

---

① 石高的计算是以公定的土地预估生产量（石盛）乘以面积而得的，以石（容量单位）为单位。在土地为主要财富象征的农业时代，石高就代表了所拥有的财产。德川幕府时代，石高分封制消除了大名割据与混战的根源，成为“强幕弱藩”的基础，使将军可以轻松压制离心势力。

的领地。另外，都贺郡还包括日光，也就是伊兵卫因御用鹰的公务前往，并分发防天狗护符的地方。但是，三田村并没有拿出伊兵卫是都贺人的依据，也没有阐述促使二人关系亲近的“某个事由”。虽然文中提及伊兵卫得到了吉宗将军的赏识，但并未阐明具体情况，只是说传闻伊兵卫与涩谷和泉守有亲密关系而已。

伊兵卫的弟弟是著名点心店的店主

《当世武野俗谈》中说，伊兵卫领养的涩谷和泉守的私生子东里，在本乡经营了一家名为“真志屋长门”的点心店。但三田村说：“关于真志屋，有很多传闻，森欧外好像也提过。”（三田村，1997：198）。确实，在森鸥外所写的《给寿阿弥的信》（1916）中有这样的内容：“真志屋的第七代传人是西誉净贺信士。一本旧账本里对西誉净贺有所标注，说‘净贺实际上是东国屋伊兵卫的弟弟、俳句笔名为东之’。西誉净贺大概是东清的入赘女婿，于安永十年（1781）三月二十七日去世。”（森，2016：76）

寿阿弥即长岛寿阿弥（1769—1848）是江户时代后期的歌舞伎的剧作者，俗称真志屋五郎作，是“真志屋”的人。鸥外调查真志屋，最终寻源发现了“东国屋伊兵卫弟”东之。真志屋是水户藩御用的颇有来历的点心店。据说伊兵卫的弟弟在那里当了上门女婿。这个东之（净贺）是1781年去世的，说他是活跃在18世纪前半期的侠客伊兵卫的弟弟也很合理。

伊兵卫好像确实有个弟弟。明和八年（1771），伊兵卫把水禽批发店的部分股份转让给了弟弟“五郎兵卫”（安田，2004：60）。真志屋的每一代主人都以五郎兵卫或五郎作自居，而且晚年的伊兵卫也有可能将水禽批发店的经营权分给弟弟。文化八年（1811）有个叫真志屋茂兵卫的人和东国屋伊兵卫等人一起经营水禽批发店，真志屋茂兵卫可能是五郎兵卫的后人（安田，2004：61）。由此可见，东国屋与真志屋之间关系匪浅。伊兵卫大概是通过弟弟的关系，把涩谷的私生子东里送进了真志屋。

以提供御用鹰为条件的战略无疑是伊兵卫成功拿回水禽批发店的主要原因。但与幕臣如此亲密的关系，可能才是他获得成功的真正原因。

豪放磊落的东国屋伊兵卫的种种行迹，激发起我们的各种想象。

江户时代的川柳中描写的禽鸟买卖

东国屋伊兵卫因超凡的人格魅力，在江户家喻户晓。另外，东国屋本身作为江户禽鸟生意的代表性名店，在江户名震一时。因此，江户时代的川柳中有很多吟咏东国屋的诗歌。在《川柳江户名物》（川柳集）中，以“安针町的鸟屋店”（西原，1926：108–109）为题的川柳诗里，多次出现了东国屋的禽鸟店。

○ 安针町内忙针线，绕指翻飞罪万千

（因为在安针町，针线是用来缝禽鸟双目的。——译者注）

○ 双眸俱被缝，群鸟苦安针

这两句话描写了在东国屋缝禽鸟之眼的情景。缝封鸟眼是为了不让鸟类扑腾挣扎而想出的办法。后句中的“安针”在日语中意为“便宜的缝衣针”，与作为地名的日本桥的安针町的“安针”双关。在《嬉游笑览》一书中也有“在水禽店缝鹭眼”的记载，所以做禽鸟生意的店商缝封活鸟的眼睛是很普遍的现象。在之前介绍的小林一茶的俳句中，也有描写缝鸟目的场景。

○ 白鹭不知身将死，悠然圈养东国屋

意思是东国屋在给不知明日之身的白鹭喂食，这些白鹭随时都可能被屠宰。

○ 圈养白鹭檐廊下，番内当作九太夫

这是一首有点晦涩难懂的俳句，不知道净琉璃[①]剧《假名手本忠臣藏》的话，就无法理解这首俳句。“番内”是指《假名手本忠臣藏》中登场的赤穗浪士的敌人“鹭坂伴内”。这个姓氏让人联想到“鹭”鸟。而九太夫指密探斧九太夫，也是敌方。他潜藏在走廊监视大星由良之助（人物原型是大石内藏助），结果反而被拖出来杀了。也就是说，“将番内当作九太夫的东国屋”可以解释为“东国屋将鹭鸟关禁在檐廊下，最后将其杀死”。似乎当时在东国屋的檐廊下圈禁了许多禽鸟。

○ 燕子不惧东国屋，春天檐下筑巢忙

是说做禽鸟生意的东国屋，对禽鸟而言是个危险的地方，但到了春天，不知危险的燕子却悠闲地在房前筑巢。

---

① 净琉璃是指日本的木偶戏，源于近松门左卫门发明创作的说唱曲艺。原指曲调，后又指它的脚本，也可做剧种的名称。

○ 勒杀禽鸟获利多，囤积居奇东国屋

“囤货限卖”是指囤购商品后限制供给量，将其价位抬高价出售。可想而知，东国屋对禽鸟类价格的走向有很大的影响力。这句话的有趣之处在于日语的“（囤货）不卖”与禽鸟商人的“勒（鸟脖）杀鸟”是同音词。

○ 细听鸟翅击水声，估判售价东国屋

听鸟翅膀击水的声音来计算价格的东国屋。这句话的妙处在于日语的“计算价格”和“勒（鸟脖）杀鸟”也是同音词，一语双关。

○ 了结禽鸟知多少，结算苦思东国屋

所谓“结算”，是指在账簿或交易上做个总结，即所谓的结账。大概是结算的时候数字不对，所以一边歪着头思索一边写账本。这一句的“苦思”与“了结禽鸟”为同音词。

○ 买鹅安针町，呱嗒呱嗒声声入耳

说鹅的叫声嘶哑，以鹅的叫声代替鹅名，此句意为鹅肉是在安针町买的。

○ 运送青首需获准，确认证牌东国屋

“青首”指的是绿头鸭。绿头鸭运往江户须有许可证明，这首俳句描绘了东国屋拿到许可证牌后进行确认的情形。

○ 货比安针町，买主砍价勤

此句描写了买主在非东国屋的别家店购买禽鸟时砍价的场景。作为水禽批发店东国屋或许在当时非常有名，东国屋的禽鸟质量上乘，售价也相应较高。因此买主连连说道：“如果要出那么高的价格，我还不如在东国屋买。”

这些数量众多的川柳，传神地描绘出东国屋经营水禽生意的盛景。

禽鸟批发店的收益

和描写“鞘町东伊”的《当世武野俗谈》类似，江户中期成书的百科词典《杂事纷冗解》对当时水禽交易的情况也有介绍。在这本词典中，有一个名为“禽鸟批发商”的条目，记录了在江户收购禽鸟的商家。在词典写成的安永七年（1778），江户共有十一家禽鸟批发店，其中有一家歇业。正常营业的十家禽鸟批发店中，有六家是以水禽为交易对象的水禽批发店，其余四家是以陆禽为对象的林鸟批发店。

据说禽鸟批发商在从十月到次年正月的约3个月时间里，有80到90两左右的收入，从二月到九月的9个月里则有20两左右（炎热时期没有生意）的收入。之所以冬季赚钱多，是因为冬季是大雁、野鸭类的大型禽鸟飞来日本过冬的季节，那时货源充足，销售额有所增加。由此可以推测，上述收入是指经营大雁、野鸭类的水禽批发店的收益。

浅草寺与东国屋之间的一场纠纷

东国屋的产业在以胆魄闻名的侠客伊兵卫去世后，被其子孙们继承发展。到18世纪末时，东国屋涉猎饵料鸟承包商、水禽批发店，以及林鸟批发店等所有禽鸟相关生意，一手垄断了江户的禽鸟流通（大友，1999：342）。东国屋伊兵卫的屋号和名称持续存留世间，幕府末期一个名为伊之助的人成为继承人，而在伊之助幼年时期，由其监护人维护东国屋的经营。侠客伊兵卫的继承人们也都在禽鸟生意上大显身手。

饵料鸟承包商须收购麻雀之类的小鸟以便为御鹰提供饵食。天明六年（1786），因洪水等原因，饵料鸟货源匮乏。通常情况下，饵差在关东的农村地区巡回，用鸟刺（竹竿的前端粘上粘鸟胶，粘取小鸟的狩猎法）来捕获饵料鸟，但是这一年的捕获量却无法满足需求。如果饵料鸟供应不上的话，自然会对猎鹰的饲养造成影响。因此，幕府命令东国屋伊兵卫（侠客伊兵卫的子孙）在江户城内也捕猎小鸟，伊兵卫竟然想到去浅草寺。

当时，在江户，与德川家颇有渊源的宽永寺、增上寺、冰川社等六处寺社是幕府公认的禁止杀生的圣地，此外的其他地方，饵差（抓捕饵料鸟的公职人员）基本都可以去捕鸟。理论上来说，浅草寺并不在禁止杀生的场所之列，饵差可以去那里捕猎小鸟。而且浅草寺是寺院，绿树成荫，所以很多小鸟在此筑巢安家，可见该处是能够确保饵料鸟供给的绝佳场所。

话虽如此，但要在浅草寺这样有清规戒律的寺院中捕鸟，人们还是很有顾虑的。因此，一直以来饵差捕鸟都会避开寺庙。但是这一年饵料鸟的匮乏威胁到了御用猎鹰的存亡。在这样的紧急情况下，就只好舍卒保车了。东国屋看中了浅草寺，意欲使浅草寺成为捕猎饵料鸟的猎场，于是向寺院内不得杀生的禁忌发出了挑战。

根据浅草寺的日记记载，一个叫东国屋伊兵卫的人突然送来了这样一封信：“这次由于洪水，影响了喂养御鹰的饵料鸟的供给。幕府要求饵差猎捕饵料鸟。江户有六个禁猎场所，但是浅草寺境内不在禁猎范围内，所以我将带饵差前来拜会。”[《浅草寺日记（五）》]之后，似乎因此发生了一场纠纷。

当然，浅草寺方面也不可能听从一介饵料鸟承包商的要求。浅草寺根据总寺——上野宽永寺的指示，主张本寺自古以来就是禁止杀生的场所，拒绝屠杀小鸟的饵差进入，并向主管寺社的长官提出维护寺院权益的请求。但寺庙的请求没有得到主管部门同意。于是，浅草寺试图借助兼管宽永寺别当①的日光门主的力量和大奥②的威望，千方百计阻止东国屋的企图。但尽管如此，结果并不尽如人意，寺院主管官长最终的裁决是：允许饵差们在大奥委托的天下安全祈祷法会结束后，进入浅草寺内捕鸟。虽然浅草寺认为寺院内是禁止杀生的圣地，但其主张被驳回了，饵差在浅草寺捕杀鸟类得到了官方认可，浅草寺信誉扫地。而另一方面，东国屋伊兵卫和饵差则得到了一个新的猎鸟场。

饵差是一个矛盾的存在

拒绝东国屋伊兵卫和饵差等人进入浅草寺，是因为寺院“禁止杀生”。但说到底，“禁止杀生”实际上只是浅草寺明面上的理

---

① 日本寺庙总掌事务的僧官。

② 指德川幕府家的“后宫”，即是宫女、嫔妃生活的地方。

由。浅草寺的真正目的是不想让饵差进入寺院，因为“在当时的社会阶层结构中，饵差被视为不可进入圣地的肮脏的下等人”（大友，1999：338）。大友的这个观点很是有趣。事实上，当年在浅草寺域内的参道上，确实有摊贩在做“活鱼活鸟的买卖”[《浅草寺日记（五）》]，所以在寺庙内禁止杀生的戒律已经流于形式，以此为理由来拒绝捕鸟，难免牵强。因而这个理由只不过是阻止饵差进入寺庙的借口。

18世纪中叶，大约有800名饵差在籍，饵差分编于“札亲”（负责发放饵差证的官员）①名下，他们的工作非常重要，每年要给幕府供给40到50万只麻雀（大友，1999：339-340）。但另一方面，饵差又因杀生被世人所歧视。在有饵差活动的地域，他们被当地人视为麻烦，时常与村民发生纠纷。比如，人们看到饵差在村镇内的空地上捕食饵料鸟时，或围攻唾骂，或故意驱散鸟群阻碍饵差使用鸟刺粘捕小鸟。幕府末期的天保十三年（1842），官府就曾向市民发布告示，希望人们不要有诸如此类的行为妨碍饵差捕猎饵料鸟。

另一方面，幕府要求饵差对待民众不可粗暴野蛮。也就是说，饵差往往行为粗鲁，有时不免会做出一些蛮横无理的事情。饵差是公差，或许是为了夸示权威，有些饵差会佩戴护身腰刀威慑妨碍捕鸟的百姓。也有饵差因“敲诈勒索钱财”被诟病[《幕末御触书集成

① 饵差证的管理按照饵差、札亲、饵料鸟承包商、鸟监官的顺序，由低到高进行管理。不过在江户末期，由于只有东国屋伊兵卫是饵料鸟承包商，所以他基本相当于札亲的角色。

（二）》]。另外，据说还有些饵差有“恶意杀生”的行为，即他们会偷偷捕猎不属于饵料鸟类的大雁和野鸭等（榎本，2016：78–79）。

虽然捕鸟的差事被视为低人一等的工作，饵差们也因此被人厌恶，但另一方面，饵差又承担着重要公务，支撑着幕府的猎鹰仪式，所以是一个圣俗相结合的矛盾体。在江户，这样一群无法用普通手段对付的饵差们，由饵料鸟承包商东国屋统一管理。而且，当时还有管理并监督江户周边农村鹰场的“野回（乡间巡视员）”，野回隶属驯鹰师总领，与鸟监官的职责范围相同，通常从村长中选出。虽然是农民身份，但是官府允许他们有称姓佩刀的权利。野回甚至有借着驯鹰师的威名仗势欺人，随意践踏农田的行为。据说，老百姓们因此畏惧不已，为了息事宁人，于是就用好酒好菜招待他们[《幕末御触书集成（二）》]。野回们的这种行为是一种变相的敲诈，也是一种恐吓。聚集在鹰猎这一行为周围的人们，往往是极尽玩弄权柄之能、傲慢无礼、肆意妄为之徒。可见，鹰猎中的权势，大到如此地步。

江户幕府末期的东国屋

幕府末期，东国屋由伊兵卫的子孙伊之助继承，伊之助继续经营水禽批发店。自天保十二年（1841）水禽批发商行会解散，到庆应三年（1867）鹰场制度解体为止，东国屋伊之助一直承担林鸟批发商兼饵料鸟承包人的工作。很多林鸟批发店因不堪重负，退出了供应饵料鸟的业务，而东国屋则一直坚持尽职尽力地为御鹰供应饵料鸟，直至江户时代终结。我们可以推测，曾经经营水禽和林鸟售卖的商业巨头东国屋，“做生意的实力相当强”（安田，2020：64）。

横滨开港（1859）后，为了满足外国人对禽鸟肉的需求，江户的禽鸟批发商们纷纷来横滨开设分店，东国屋当然也不例外。横滨开港的当年（安政六年），东国屋伊之助就在横滨本町一丁目的大街上的免费租赁场地[①]开设了一家经营林鸟和家禽的店面。东国屋在横滨开港前就提交了开店申请，可见其早就将横滨开港视为一大商机（安田，2004：68）。如此，善于经商的东国屋的血统，一代代传承了下来。

明治维新后的东国屋

那么，江户时代终结以后，东国屋的命运又如何呢？

明治维新后，因有关禽鸟交易的过于细致的管制体系崩塌，人们可以自由买卖禽鸟。当然，东国屋等禽鸟批发商所拥有的禽鸟交易特权也就不复存在了。尽管如此，东国屋在明治末期或者说大正初期之前，一直都没有放弃在东京售卖禽鸟。

明治二十七年（1894）出版的《东京诸营业员录》，俗称《购物指南》，其中载有东国屋的名字。该书是一本将东京商人的住址按行业分类整理后的名册。例如，在餐饮行业的条目中，可以看到明治五年（1872）创业的位于日本桥的餐饮名店“鸟安”，鸟安至今仍因为“鸭肉一绝”而闻名。另外，之前介绍过的夏目漱石和森鸥外

① 江户时代，幕府无偿出赁给武家、寺社、町人的房屋和土地。

喜爱的上野地区的山下雁锅店，当时也仍存在。

而且，在“食材之肉类经销商”的条目下，果然记录着很多禽鸟批发店的名字。此时的禽鸟批发店虽然不像江户时代那样只集中在日本桥区域，但在日本桥附近还是有很多家。其中，关于一家位于日本桥的禽鸟批发店，文中是这样记载的：“食品禽鸟批发店 东国屋 伊东延 日区（日本桥地区——引用者注）本小田原町七 日本桥北诘向东一丁 向北一丁”（《东京诸营业员录》）（图 18）。

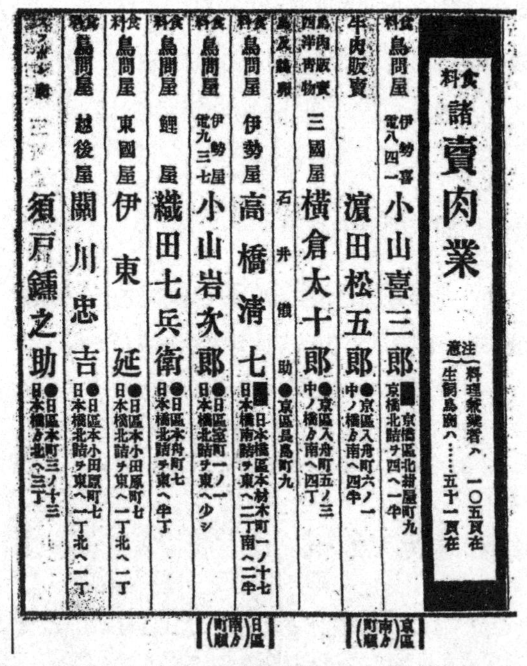

食料諸賣肉業
注意（料理兼業者ハ一〇五頁在
生飼鳥商ハ……五十一頁在）

食料鳥問屋 伊勢喜 電八四一 小山喜三郎 ●京橋區北紺屋町九 京橋北詰ヲ西ヘ一丁半
牛肉販賣 濵田松五郎 ●京區入舟町六ノ一 中ノ橋ヲ南ヘ四丁半
鳥肉販賣 西洋青物 三國屋 横倉太十郎 ●京區入舟町五ノ三 中ノ橋ヲ南ヘ四丁
鳥及鷄卵 石井儀助 ●京區長島町九
食料鳥問屋 伊勢屋 高橋清七 ●日本橋區本材木町一ノ十七 日本橋南詰ヲ東ヘ二丁南ヘ二丁半
食料鳥問屋 伊勢屋 電九三七 小山岩次郎 ●日區室町一ノ一 日本橋北詰ヲ東ヘ少シ
食料鳥問屋 鯉屋 織田七兵衛 ●日區本舟町七 日本橋北詰ヲ東ヘ半丁
食料鳥問屋 東國屋 伊東延 ●日區本小田原町七 日本橋北詰ヲ東ヘ一丁北ヘ一丁
食料鳥問屋 越後屋 關川忠吉 ●日區本小田原町七 日本橋北詰ヲ東ヘ一丁北ヘ一丁
須戸鐮之助 ●日區本町三ノ十三 日本橋ヲ北ヘ三丁

京區（南方町順）　日區（南方町順）

图18　明治时代东京禽鸟批发商名册。上有东国屋的名字

［《东京诸营业员录（购物指南）》，国立国会图书馆馆藏］

由上图可见，东国屋的继承人，到了明治时期以“伊东”之姓自称。“伊东”大概是由来于伊兵卫这个名字和东国屋这个商号。明治时代，开店的是女店主伊东延。伊东延有个叫夏子的女儿。伊东夏子于明治五年（1872）六月十日出生于日本桥本小田原町，因其是明治时期的女小说家樋口一叶[①]的好友而为人所知（河野，2016）。据说夏子和母亲一起进入和歌学堂“萩之舍”时，结识了樋口一叶，并给予樋口以经济援助。夏子在明治三十一年（1878），与长州（今山口县西北部）出身的近卫队士官结婚后，改姓夫家姓田边，并移居山口县，昭和二十年（1945）在山口市去世（《田边家资料读书会》，1997：1）。可见当时伊东家很富裕，即使进入明治时代，禽鸟生意也令其赚得盆满钵满。

老字号禽鸟商东国屋的终结

遗憾的是，东国屋在关东大地震（1923 年）发生前不久就倒闭了。在昭和六年（1931）出版的明治遗老访谈录《明治百话》中有如下描写。

荒芜的小道

关于河岸鱼市的荒废的旧址，实际上也没什么好说的。因为

---

① 樋口一叶（1872—1896）为日本小说家，日本近代批判现实主义文学早期开拓者之一。她的代表作品有《大年夜》《浊流》《青梅竹马》《岔路》《十三夜》等。2004 年 11 月，樋口一叶的头像被印在 5000 元面额的日元纸币上，她成为日本第一位出现在日元纸币上的女性。

说以前的故事，现在的人也不懂。但是说到地震后的影片《鱼河岸掠影》中鱼河岸的原型，或许会有人知道。当年的河岸鱼市中有个叫“东国屋”的禽鸟批发店，是镰仓时代就开业的老店，店主姓伊东，店徽为圆形木纹。店后面是一大片鸡舍，有鸡蛋。内人有时说：“我去要一个鸡蛋。”然后绕到东国屋的后院，拿五六个鸡蛋回来。虽然东国屋曾经是个富甲一方的大财主，但还是因时运不济破产了。店主因为被骗，借了银行钱，最终落得个倾家荡产。（筱田，1996：73–74）

说东国屋是源于镰仓时代的老字号名店或许有点夸张，但它确实是一家著名的禽鸟批发店。附近的大婶们厚着脸皮来要鸡蛋，店家也不会生气。遗憾的是，东国屋最终还是因为受骗去投资自己不熟悉的产业而破产了。如果说东国屋的倒闭时间是大正初期的话，那么东国屋从享保时期的侠客伊兵卫（鞘町东伊）创店以来，至少也延续了两百年禽鸟售卖的历史。遗憾的是，从江户时代开始持续经营两百多年禽鸟生意的老店，竟以这样的方式落下了帷幕。

第六章　将军大人的馈赠——象征王权威望的禽鸟

图19　天皇在观赏“鹤庖丁”

（《旧仪式图画帖》，东京国立博物馆收藏）

1. 通过鹰猎仪式和禽鸟赠答维持王权秩序

为什么会严格管制禽鸟买卖呢?

正如第四章所述，江户幕府对向江户运送、售卖以及消费禽鸟，制定了十分繁琐的规则，以便严格监管禽鸟交易。但对鱼类产品却没有如此严格管理，虽然在江户鱼类的日常消费量比鸟类高，经济地位也更重要。那么，为何江户幕府只是紧盯禽鸟，竭尽全力地试图掌控禽鸟在江户的消费和流通呢?

这是因为，幕府需要对将军府和御三家的鹰场进行严格管理，以保护栖息在鹰场中作为猎鹰猎物的野禽。这一点在第四章已有说明。如果放任江户城内的禽鸟消费，那么无疑会给鹰场的管理带来麻烦。因为野禽资源的大敌，乃是江户人对食物的贪欲。

另一方面，对鱼类的管控并没有形成相当于鹰猎和鹰场的机制。将军们不会亲自去捕鱼，也没有为权贵们设置的专门渔场。捕鱼行为和狩猎行为的象征意义大相径庭。这是幕府对鸟类和鱼类的流通、消费的管理上产生根本差异的最大原因。可以说，如果住在江户的将军不去进行鹰猎，或者说江户周围没有设置鹰场的话，江户的禽鸟交易就不会受到如此严苛的监管了。

鹰猎并不仅是将军的一种游乐、爱好或消遣行为，而且是一种彰显权威的官方活动。极端一点说，即便将军本人对鹰猎毫无兴趣，也必须举行鹰猎活动。甚至，即使将军自己不去参加鹰猎，也必须让鹰匠等代替自己放鹰捕猎，并确保猎鹰能捕获禽鸟。因为在江户时代，不，应该说在江户时代之前，鹰猎这一行为，以及用猎鹰捕获的禽鸟进行赠答的行为，就具有维护王权的礼仪性、政治性和社会性的特别意义。鹰猎活动与维护权力者权威及维持社会秩序密切相关，将军与朝廷、将军与大名及幕臣之间，通过猎鹰捕获的禽鸟缔结赠答关系，鹰猎活动因而在当时被认为是一件非常重要的事情。

江户幕府的开创者德川家康对鹰猎的重要性了然于胸。家康极其喜欢鹰猎，其频繁地去参加鹰猎活动一事早就名声在外。但他并不只是以此为娱乐。家康很是精明，他洞悉了鹰猎活动在维护统治体制上的不可或缺性。所以，设立江户幕府后，他就将鹰猎这种近代以前的惯习，以及用猎鹰捕获之禽鸟进行赠答的行为，一并继承下来，并加以强化，使之更加精巧化、制度化。为此，江户幕府必须确保有足够数量的禽鸟，作为猎鹰之猎物，所以不得不严格管控民间的禽鸟狩猎和买卖。

照片9　手持鹰的德川家康铜像

静冈市骏府城公园

与王权联结的鹰猎活动

在日本，一般将鹰目鹰科的鸟类中体型比较大的称作“鹫”，体型较小的称作“鹰”。鹰猎通常使用苍鹰、鹞鹰、角鹰、隼鹰等猛禽类。绳文时代的遗迹中有形似鹫和鹰的骨头出土，据推测，在那个时代，人们捕鹰是为了获取用来制作箭羽的羽毛（新美，2008：231）。随着时代的发展，人们不再像之前那样直接使用鹰，而是将捕获的鹰用于鹰猎，即利用鹰来狩猎小动物。

世界各国都存在鹰猎活动。日本关于鹰猎的记载最早见于《日本书纪》[①]，另外从古坟时代后期（6世纪末）的Okuman山古坟遗址（群马县太田市）还出土了鹰匠陶俑，可见古代的日本人已经掌握了鹰猎技术。鹰猎起初是以朝廷为中心进行的天皇和贵族们的活动。当时，鹰猎并不是一般庶民用以谋生的手段，而是仅限于天皇和贵族的特权行为，或者说是皇族的一种高雅娱乐（西本，1991）。

从古代到近世的江户时代，鹰都与当时的掌权者以及王权体系（即天皇制度）密切关联，由此产生了包含鹰猎规则在内的社会制度和权力体系（根崎，1995：5）。基本上，到近世为止，当权者都一直拥有捕猎野生动物的绝对支配权。也就是说，鹰猎活动不仅仅是一种娱乐性狩猎，而是一种彰显自身权力和威望的象征性行为。鹰猎在古代是天皇，后来是幕府的将军、藩的领主[②]等的专属活动。“当与鹰相关的活动只限于拥有强大权力之人时，鹰就被称为御鹰，成为一种让诸多平民百姓战栗的动物”（冢本，1983：92）。

例如，在江户时代将军的鹰被称作御鹰，是一种非常尊贵的存在。骑马的人如果是“身份低微之人”，途中遇见御鹰，会因敬畏而下马避让。不过，幕府明确表示没有必要下马表敬[《正宝事录（二）》]，但要求避让通行，以免惊扰御鹰；而且要求在道路狭窄的

① 《日本书纪》是日本留传最早的正史，由舍人亲王等人所撰，于公元720年完成。该书记述了神代至持统天皇时代的历史。全书用汉字写成，采用编年体，共三十卷。

② 统领某一个领地的地主之意。日本江户时代指不拥有城池的小藩主和大名。

地方，不可强行与鹰交错而行，而须停下马，靠边让鹰先行。如同路遇贵人一般。

原本由贵族阶层进行的鹰猎活动，在中世扩展到了武士阶层。尤其战国时代[①]以来，随着武士地位的提升，鹰猎活动愈发为武士们所垂青。在战国的乱世中，大名们喜好鹰猎之类的狩猎活动，也希望得到鹰猎所捕获的禽鸟。鹰猎象征着参与者高人一等的身份地位，也成了武士们为了炫耀、逞威而不可或缺的活动。

到了江户时代，幕府进一步将开展鹰猎活动的权力掌控在自己手中。包括武士进行的鹰猎在内，幕府对鹰猎活动进行了中央集权式的管理。德川政权的"御鹰统治从古代天皇那里继承而来，同时又吸纳了自古以来与王权抗衡、或与王权互补的地方领主的鹰统治权"（冢本，1983：97）。

江户时代，鹰猎活动被仪式化，成为江户幕府的年中例行节日活动之一。入冬后，将军亲自前往鹰场进行鹰猎的行为被称为"鹤御成"，在鹰猎活动中最具权威性。因为这个时候由鹰捕获的鹤会被进献给朝廷。

将军对禽鸟赠答体制的控制

大友一雄详细研究了近世鹰猎相关的赠答机制，他说："将军用于鹰猎的鹰，来自诸藩及朝鲜的进献……将军再将通过鹰猎活动

---

① 日本的战国时代始于 1467 年的应仁之乱，至 1585 年丰臣秀吉就任关白统一天下，或至 1615 年德川家康于大坂夏之阵消灭丰臣氏。

捕获的猎物，下赐给各大名。另外，各大名还会被赐予猎鹰和鹰场，获赠的大名运用受赐的猎鹰和鹰场进行鹰猎，然后将猎物献给将军，并赐给家臣”（大友，1999：202–203），从中可见与鹰猎相关的赠答活动的互酬性。也就是说，鹰和由鹰捕获的猎物，在将军、大名、家臣等不同阶层之间通过赠答的方式得以流转。江户幕府首先掌控了将军与大名之间的、由上向“下”（赐予）或者由“下”向上（进献）的禽鸟赠答之双向路径。

而进一步向上，即向朝廷进贡时，幕府的将军也独占了进献禽鸟的权利。由将军的老鹰捕获的禽鸟被称为“御鹰之鸟”，而将军亲自放鹰捕获的鸟更是被称为“御拳之鸟”，这些禽鸟被进贡给天皇，再由天皇下赐给大名。另外，也有大名将捕获的鹤以“转赠”的形式献给朝廷，他们先将鹤献给将军，使之成为将军之物，再由将军进贡给朝廷。归根结底，向朝廷进献禽鸟的主体始终只限于将军。

按理说，“御鹰之鸟”应由天皇亲自捕获，再赐给将军或大名。但幕府把控了鹰猎活动，将军拥有作为天皇代行者的权威，他们猎捕“御鹰之鸟”，并赐给臣下。而且，将军垄断了为朝廷献鸟的光荣职责，成为权威性禽鸟赠答路径的中心。在这种权力结构下，将军实质上已经站在了当时身份等级制度金字塔的顶端。

丰臣秀吉主导的鹰猎

从朝廷夺取鹰猎的支配权，再以向朝廷献鹰猎捕获的禽鸟来显示权威，江户时代的德川家康将军并非此举的第一人，他是从室町时代的掌权者那里继承而来的。比如，丰臣政权夺取了天皇所拥有的鹰猎的支配权，甚至禁止天皇及朝廷公卿进行鹰猎，将鹰猎奉为武士的特权（大友，1999：203）。成为关白（辅佐天皇处理政务的最有权势的大臣）的丰臣秀吉，从天正十五年（1587）开始，向后阳成天皇进献用鹰猎捕获的禽鸟。对于秀吉来说，开展鹰猎活动，以及将猎物进献给天皇，"不是单纯的娱乐，而是展示'天下人'①与天皇关系的一种政治文化"（中泽，2018：385）。而江户幕府也沿袭了这样的机制。

天正十九年（1591），秀吉带着一百多名鹰匠，在美浓、尾张、三河进行了大规模的鹰猎，并事先从各诸侯国征集了大量的"御鹰之鸟"。秀吉在"归途中边向人们展示御鹰之鸟，边向京城进发"。据说"也请天皇、公卿观赏了这场盛大的巡游，并将捕获的猎物分发给他们"（中泽，2018：386）。这简直就是一次显示秀吉的权力和威望的政治性示威行动。

德川纲吉坚决杜绝在江户进行禽鸟买卖，但即便在他的治世下，向朝廷进贡禽鸟的行为也没有中断。当时，不再开展鹰猎活动的纲吉将军，将盛冈藩和仙台藩等东北诸藩进献的禽鸟，用"转赠"的方式献给了朝廷。幕府自身一直持续这种与生灵怜悯政策相矛盾的行为，由此可以推测，向朝廷进献禽鸟之事意义非凡。

将"御鹰之鸟"进献给朝廷或下赐给大名们的行为，可以说是

---

① 天下人是指能够统一日本的大名，通常指织田信长、丰臣秀吉、德川家康。丰臣秀吉是首次以"天下人"的称号统一日本的战国三杰之一。

为了确认将军在政治上、社会上最高地位的象征性行为。因而产生了很多约定俗成式的规范，比如大名每年首次捕获的禽鸟应该献给将军；大名从将军那里拜领的“御鹰之鸟”，与其他鸟类相比应该受到更加郑重的对待，等等。进而，根据每种禽鸟设置了相应的严格的明文规定，即“对于某个级别的大名，应该赐予相应品级的鸟”。禽鸟的赠答俨然成为一种礼仪。

根据禽鸟的等级来划分大名的等级

江户时代前期，由将军以“御鹰之鸟”的名义下赐的禽鸟有鹤、雁、云雀三种，其中鹤的等级最高。将军根据受赐者的门第和官职来决定下赐的禽鸟类别。比如尾张、纪州、水户的御三家，被称为御两典[①]的甲府和馆林的德川家，还有前田家、岛津家、毛利家等被称为国持大名[②]者，他们中被任命为少将以上官职的人，受赐级别最高的仙鹤。继承家主之位不久的国持大名、老中、若年寄[③]、城代[④]等，则拜领次一等级的大雁。将军的子女也会得到下赐的禽鸟。禽鸟的等级反映了作为领受方的大名和幕府任职人员的门第及官位。

---

① 有着第三代将军德川家光血缘的纲吉和纲重（将军庶子），在第四代将军德川家纲时期，开始使用德川的姓，二人的官位也是正三位，故称“御两典家”。

② 日本群岛（不包括北海道）当时在名义上被划分 66 个令制国，国持大名就是领地覆盖一国以上的大名。

③ 江户幕府的职务名称。直属于将军的仅次于老中的重要职务。管理老中职权范围以外的诸如旗本、御家人等官员。

④ 江户幕府的职务名称。指守卫大阪城和骏府城的职务。

将军捕获的“御鹰之鸟”不会被赐给普通的大名，只有极少数的人能得到这样的荣誉。因为难得，所以对于当时的武士们来说，获赐“御鹰之鸟”是一件极为光荣的事情。甚至在接待传达下赐消息的使者和接受下赐禽鸟时的礼法等方面，幕府都会根据有职故实[①]（引经据典）而加以严格规定，因而“御鹰之鸟”的下赐成为一种仪式。这与现代的奖赏制度有些类似。如此，“御鹰之鸟”也可以被视为一种具有象征意义的“勋章”。

在幕府时代，如同人有身份、级别的高低一样，作为食材和礼品的禽鸟也有身份、等级的区别。食材本来最重要的应该是“味道”，但决定禽鸟的等级位次的并非“味道”，而是包含在食材中的“社会权威”。而且，禽鸟的位次序列和人的序位次列在结构上是平行对应关系，对于等级越高之人，在礼节上自然也赠送或款待其越高等级的禽鸟，以与之相配。于是，连鹤、雁、云雀之类的“禽鸟也可以反映人们的家世门第，能够象征性表明将军与各大名之间关系的远近”；“由将军主导的‘御鹰之鸟’的下赐逐渐制度化，并作为统治大名的一种装置起到了积极作用”（大友，1999：224）。

为御鹰之鸟举办的宴会——鸟开

领受“御鹰之鸟”的大名为了展示这只荣耀门庭的鸟，会大张旗鼓地举办宴会，邀请其他大名并召集得力的家臣一起享用。为了

---

① 也叫“有识故实”，意为做事必问遗训，而取其对者之意，即对日本历代朝廷公家、武家的法令、仪式、装束、制度、官职、风俗、习惯的先例及其出处的研究。

答谢幕府的恩情，他们有时还会邀请幕府最高长官——老中，来参加这个盛宴。如此重要的“御鹰之鸟”必须得到郑重对待。负责烹饪的庖丁人必须按照烹调的礼法，恭敬、慎重地烹调。对于大名来说，获赐“御鹰之鸟”是一种荣誉，但另一方面，他们也会因大宴宾客或答谢还礼，增加一笔不菲的开支。

举办宴会以共同享“御鹰之鸟”，是将来自将军的分配进行再分配的一种方式。宴会的参加者，当然也会因门第的不同而被区别对待。能被邀请参加这种盛宴的人想必会感到自豪，并引以为傲吧。这种邀请客人一起享用将军下赐之鸟的宴会被称为“鸟开”。

比如，在老中、大老[①]辈出的名门——姬路藩酒井家的“鸟开”宴上，当天被安排坐在最上席的是送“御鸟（将军所赐之鸟）”来的使臣，其次是贵宾国持大名及“溜诘众”（在江户城黑书院议政室有一席之地的亲藩和谱代的重臣大名）。这种坐席安排基于姬路藩酒井家一直以来的家规。再如，美浓国岩村藩主松平乘贤，是江户时代中期的老中，他领受了“御拳之鸟（将军捕到的鸟）”。据说他家的“鸟开”宴在招待亲朋时，遵守如下礼法：宴会第一道汤菜要先端给主人，然后从上席依次端给客人；而后在主人品尝并向客人致辞后，

---

① “大老”和“老中”辅佐将军处理国政并管理幕府军队，两者的职权范围基本相同，类似于中国古代的宰相或者内阁学士。不过大老在同一时期只有一人，拥有“一人之下，万人之上”的权势。正因如此，大老并非江户幕府的常设官职。与大老不同的是，老中在同一时期有四到五名，以至于单个老中的权力要比大老小很多。因此老中成为江户幕府的最高常设官职，一般从领地在25000石以上的谱代大名中挑选，任期为终身制。

所有客人才可取下汤钵的盖子享用汤菜[《甲子夜话（三）》]。

这种自“上”而“下”的礼仪性禽鸟赐赠，始于室町时代。与江户时代一样，室町时代的鹰猎并不以鹰猎活动本身的结束而完结，而是经过猎物的赠答和分享等仪式性分配过程之后才最终得以完成。例如，16世纪末，织田信长将“御鹰之雁鹤”赐给了安土城的民众。德川家康及其嫡子秀忠在江户幕府开设前的天正和文禄年间（16世纪末），以“鹰鹤之宴”“御鹰雁之宴”“天鹅之宴”“御鹰之鹤宴”之名，用鹰猎捕获的仙鹤、雁、天鹅等猎物款待家臣（盛本，1997：298–299）。

有学者指出，在室町时代，掌权者有时会将天鹅、仙鹤、大雁之类鹰猎活动的成果赐给百姓，或者召集家臣一起享用。这些行为既成为对家臣和百姓的一种恩惠，也是当权者彰显权威的一种方式（盛本，1997：299）。

对禽鸟的评级

有关禽鸟赠答和对禽鸟进行评级的制度并非产生于江户时代。早在室町时代，通过禽鸟的赠答来确认阶层及等级、加强人际关系的机制就已完善，且成为一种社会习惯。江户幕府只是继承了中世的这种禽鸟赠答体制，并加以巩固而已。

据15世纪末出版的室町时代的料理经典著作《四条流庖丁书》记载，食材有等级高低的区别。一般以海产品为上品，以河产品为中等，以山林产品为末等。不过，鱼类中又以鲤鱼最好，鲷鱼之类次之。鲸鱼的排位也很靠前，有时与鲤鱼并列于上等。同样，禽鸟作为食材也有档次、等级之分。

如前所述，在江户时代，鹤、大雁、云雀为“御鹰之鸟”。在江户之前的室町时代，决定禽鸟等级的第一要素为“是否是鹰猎捕获的鸟”。江户时代也一样，鹰猎被权贵垄断，并逐渐成为一种社会性礼仪活动。只有在鹰猎这种权威性狩猎活动中捕获的禽鸟，才具有特别的价值，这种观念在特权阶层中广为流传。在权贵眼中，鹰猎活动捕获的禽鸟与用其他方法获取的猎物相比，价值迥然不同。

《四条流庖丁书》中说：“不论何种品种的禽鸟，鹰捕到的鸟用于品尝更胜一筹。”说明了用鹰猎方式捕获的禽鸟在食材中占有绝对优势的地位。鹰捕鸟（鹰猎捕获的禽鸟）具有特殊意义，所以自然要求特别对待。例如，该书还提醒道，在给客人上这道菜时须格外小心，不可与其他杂菜一起上。另外，膳食烹饪秘传《山内料理书》与《四条流庖丁书》成书年代相同，该书中记载：品尝鹰捕鸟的基本礼仪是不用筷子，须用手抓着吃。但是，像“煎鸟”之类的禽鸟料理很烫，所以不受此限制。招待贵客的时候，要把“完整的鸟嘴（头部）”朝上装盘。

成书于16世纪后期的《庖丁闻书》再三提醒道：将作为品食对象的禽鸟摆放在台案上时，如果是鹰捕鸟，须将“志饴”（鹰咬过的痕迹）部位朝上摆盘，箭获鸟则要将“矢目”（箭射中的痕迹）部位朝上，切不可弄错位置。而且，在呈上下酒菜鹌鹑的时候，鹰捕鹌鹑和网捕鹌鹑的装盘摆放须有所区别。“鹰捕”的烤鹌鹑是立式装盘，“网捕”的则是平放装盘，不过两种装盘都要求鹌鹑的头部朝上。立式装盘是鹰捕鸟的一种标志或证明，贵宾通过这种装盘摆放可以明白即将品尝的是珍贵的鹰捕鸟。

举办盛宴以使客人享用鹰猎捕获的禽鸟，是宴会主人对宾客最好的招待，也是主人厚待贵宾的最佳证明。宾客在宴会上不仅可以品尝到顶级的鸟肉，还会感受到主人的盛情。

中世的顶级鸟——天鹅

在镰仓时代、室町时代的日本中世时期，是否为鹰捕鸟是禽鸟评级的首要条件，其次才会根据鸟的类别决定排名、等级。中世时期，在鸟类中排名第一的是天鹅。属于雁鸭科水鸟的大天鹅以及小天鹅等都被标示为天鹅或鹄。根据《四条流庖丁书》记载，天鹅为最上等，其次是豆雁和大雁。豆雁和大雁被赋予了仅次于天鹅的位序，可能是因为它们体型庞大。不过，如前文所述，即便是天鹅，也不能与“鹰猎捕获的禽鸟”并驾齐驱。也就是说，鹰捕鸟优先于按鸟的品种评定的等级排序。依照这本书的逻辑来看，鹰猎捕获的豆雁，其等级要高于一般的天鹅。

野鸡是山林之鸟，在古代为最上等的鸟。根据《徒然草》[①]记载，大致到镰仓后期为止，野鸡的等级都名列第一，大雁等则被认

① 《徒然草》的作者是吉田兼好，该书成书于日本南北朝时期（1336—1392）。与清少纳言的《枕草子》、鸭长明的《方丈记》并称日本三大随笔。

为是下品（盛本，2008：90）。但是，由于水禽地位的逐渐上升，野鸡的排名下降，到了中世，占据最高位宝座的逐渐变成了天鹅。就像人的等级会随着时代的变化而变化那样，鸟的等级亦是如此。

在日本，天鹅自古以来就被视作祥瑞之鸟，被认为拥有神秘的力量，被视为神圣之物。甚至在记纪神话[①]中也有天鹅的出现，比如大和武[②]死后化身成天鹅在天上飞翔等。在记纪神话中，天鹅是一种圣鸟，是灵魂的示现（谷川，1988）。大概是由于天鹅具有神秘色彩和灵力，所以人们认为天鹅肉也具有特别的力量。因而在各种各样的仪式中，天鹅肉都会得到人们的厚爱。

例如，享禄元年（1528）在为古河公方足利晴氏举办的冠礼仪式上，天鹅被用来招待家臣；永禄十一年（1568），朝仓义景在一乘谷款待足利义昭时，呈上了"御汁天鹅"；等等。有学者指出，"在礼节仪式宴上，天鹅是必备品"，存在"特定的鸟有养生保健作用这一社会认知"（盛本，1977：304–305）。虽然不清楚这些天鹅是用什么样的狩猎方法捕获的，但由于它们被用于身份高贵的人们之间的相互款待，所以很有可能是鹰猎捕获的猎物。

在这种仪式性盛宴上，禽鸟不仅仅是可以品尝的美味料理，更是一种药膳，令人感觉其可以强健身体。当然，禽鸟肉具有的滋养

① 《日本书纪》与《古事记》合称"记纪"，同为日本奈良时代早期成书、述及日本神话与历史的重要著作。

② 另有日本武尊、日本武等称号，日本神话人物，传说其力大无穷，善用智谋，于景行天皇期间东征西讨，为大和王权开疆扩土。后因英年早逝而未能继承皇位。

身体、强壮体魄的功效并非指被现代科学所证明的效用，而是指当时人们在精神层面所信奉的神秘力量。

近世最高级别的鸟——鹤

若是关注这种神秘力量，就不能对位居最高级别的鹤视而不见。上文提及的织田信长和德川家康的鹰猎活动相关记录中，也曾出现“鹰之鹤”。随着时代的变迁，到了江户时代，鹤已然超越天鹅成为最高级别的禽鸟。正如前文所述，在江户时代，居于“御鹰之鸟”最高位的便是鹤。

荷兰海军军人李德·惠森·芬·卡蒂克于19世纪中叶来日本访问福冈藩时，藩主赐给其5只鹤。鹤在日本是最为贵重的礼物，只有将军和大名能将鹤给赠予他人(《长崎海军传习所的日常》)。虽然在日本栖息着不同种类的鹤，然而一说起鹤，很多日本人都会想到丹顶鹤(Grus japonensis)。尽管丹顶鹤也曾在日本本州岛栖息过，但是数量很少。

根据江户时代的本草著作《本朝食鉴》记载，“鹤”通常就是指丹顶鹤。但是用来食用的鹤，很有可能大量是“黑颈鹤”“白枕鹤”等丹顶鹤的同类。书中记载，白头鹤最美味，与其他鸟不同，白头鹤的肉和血都有香味。而丹顶鹤的肉质很硬，味道不好，很少作为食材(人见，1977：150)。不过，鹤的象征性意义极高，所以口味倒是次要的，而且丹顶鹤因其美丽的外表而受到珍视。丹顶鹤的货源地是北海道的松前藩等地(久井、赤坂，2009)。

鹤与天鹅一样同为祥瑞之鸟，正如谚语“千年仙鹤万年龟”所说，鹤乃是长寿的象征。在中国，自古以来鹤就象征长寿，人们对鹤的尊崇之情传到了日本。鹤在中国甚至还被视为仙人的坐骑，作为一种神圣且吉祥的动物，出现在绘画作品和工艺图案中。这样的鹤文化也传到了日本，在日本，鹤作为“一品鸟（最上等的鸟）”“太阳鸟”被神圣化。因此，鹤成为上等鸟、不逊于天鹅也就不足为奇了。但不可思议的是，在中世后期以前，鹤并没有作为一种美食频繁出现。随着时代的推移，从中世末期到江户时代，鹤的等级排序不断提高，终于在江户时代超越了天鹅，荣升至最高位。

鹤御成[①]与鹤庖丁

图20　擒住鹰捕之鹤的鹰匠们

（《千代田之御表 鹤御成》，国立国会图书馆收藏）

① “鹤御成”是指将军主持的用鹰猎鹤的特别盛事。

如前所述，在江户时代，将军的“鹤御成”（图 20）活动中所捕获的鹤，会被进奉给朝廷。其数量规定为 4 只，这 4 只鹤会受到特别的礼待。鹤御成活动当天，捕到鹤的鹰匠会被赐赏 5 两金，擒住鹤的人则被赏 3 两。在将军面前，鹰匠用刀切开鹤的左肋，取出鹤肝喂给鹰，然后缝合切口。午饭时，打开装酒的酒桶盖，挤出鹤血放入桶中制成“鹤酒”，招待随从们（《放鹰》）。大家一起啜饮鹤血酒，祈求长寿。

鹤御成活动结束后，鹤会被马上送往京都，献给朝廷。然后，这些鹤会用于名为“鹤庖丁”（参照图 19）的重要仪式，“鹤庖丁”通常于正月十七日（后来为十九日）在天皇御所的清凉殿举行。用将军进献的鹤举行鹤庖丁仪式，源于丰臣秀吉天正十五年（1587）的献鹤之举（西村，2012：96）。御厨子所的高桥家和大隅家，是以“四条流庖丁道”为祖传职业的庖丁人世家，两家交替执掌“鹤庖丁”仪式。着装庄严的庖丁人行至天皇御前，仅用鱼筷（用于做鱼类菜肴的筷子）和厨刀作为工具，按照秘传之法将鹤切分开来（参照第二章的图 5）。然后将烹调好的鹤料理，呈献给天皇，作为天皇赏舞时的舞御览之膳。

将军家和大大名[①]家等也会举行类似的鹤庖丁仪式，鹤庖丁的重任主要由在京城学习了四条流庖丁道的一流庖丁人承担。还有这样一种说法，即能举行鹤庖丁仪式的大大名，家中必会雇用得到庖

---

① 武力较强、领地较大达到十数村，甚至管辖一整个令制国的领主就是大名主，简称“大名”；有些势力范围广达数个令制国的大名，又被称作大大名。

丁道真传的厨师。

中产阶级之间的禽鸟赠答——年末礼和寒冬问候

在江户时代，将军、朝廷、大名、幕僚等上流阶层之间的礼节性赠答，围绕鹤、雁、云雀等御鹰之鸟展开。同时，在下一阶层的武士和富裕市民之间，禽鸟的赠答也非常盛行。

○ 一只一只轻轻摆，小心翼翼装满台

这首川柳描写了将用于送礼的禽鸟小心翼翼地放在台子上的情形(《诽风柳多留》)。如前所述，享保三年(1718)，由于野鸟资源枯竭，幕府以三年为限，禁止将鹤、豆雁、大雁、野鸭作为进献品、赠答品，或作为宴客的佳肴(参照第四章)。我们由此可以反过来推测，当时禽鸟被广泛用于赠答和宴饮。当然，普通百姓之间用于赠答的鸟不会是鹰猎捕获的“御鹰之鸟”，而且鸟的类别也不同。平民用于赠答的禽鸟或是自己狩猎所得的猎物，或是通过以正规、非正规的渠道流通到江户的鸟，还有是在类似东国屋伊兵卫的禽鸟批发店销售的鸟。

图21　西博尔德所见，作为年末礼的禽鸟
［《日本》（Nippon），九州岛大学附属图书馆收藏］

德国植物学家菲利普·弗朗兹·冯·西博尔德（Philipp Franz von Siebold，1796—1866）于19世纪20年代来到日本。后来他写了一本名为《日本》（Nippon）的书，书中有幅插图（图21），描绘了几种授受年末礼时的场景。比如一位低头恭恭敬敬奉上禽鸟的武士和另一位俯首接受禽鸟的武士，两者之间的台子上的禽鸟似乎是鹤。他们的右手边放着一条鱼（貌似鲤鱼）和一对放在笼子里的野鸭，在此鱼鸭的案前另有一位武士正在记账。在江户时代，把野鸭作为赠答礼物时，通常会在竹笼里铺上竹叶，然后装上雌雄一对鸟，寓意和睦。画的左上方还有一人端着一只类似野鸡的鸟。这幅画上描绘了如此众多的禽鸟，想必其场景原型应该是在一位高级武士的家中。

○ 写上鲷鱼和野鸭，年末送礼记账忙

上述川柳吟咏的是登记账簿时的忙碌情形，即按送礼对象记录台账，记录给谁送了鲷鱼，又给谁送了野鸭之类（《川柳评万句合》）。这首川柳描绘的场景与西博尔德的书中插图有异曲同工之妙。在当代日本，人们恐怕无法想象将带羽毛的生禽作为礼物。但在昭和二三十年之前，各地仍有将野鸭作为年末礼进行赠答的习惯。以禽鸟作为年末礼的赠答文化随着日本食鸟文化的衰落，如今已几乎消失殆尽了。

禽鸟的“转赠流通”——喜食野鸭的曲亭马琴

在近世（江户时代）后期的剧作家曲亭马琴的日记中，曾多次出现野鸭，野鸭是其收到的年末礼或寒冬问候礼（《曲亭马琴日记》）。比如文政十年一月二十九日（1828年1月15日），马琴的入赘女婿吉田信六（清右卫门），作为寒冬问候礼带着鸭肉来探望他。同年十二月六日，马琴作品的拥趸虾夷松前藩[①]第八代藩主松前道广送给马琴3只绿翅鸭。次年十二月四日，松前侯的使者又送来1只作为寒冬问候礼的野鸭。松前侯也许是知道马琴很喜欢吃野鸭，

① 1604年，“虾夷岛主”蛎崎庆广改姓松前氏，江户幕府在虾夷地（今北海道）设松前藩。

所以定期派人送礼。

文政十年一月三十日（1828年1月16日），松前侯又给马琴送来了野鸭，然而其中一只已然变质，不适合作为礼物。马琴收到松前侯送来的一对雌雄野鸭后，第二天拿来做菜，不料发现虽然雄鸭的品相很好，但雌鸭却很不新鲜。因为雌鸭已经发臭，所以就连喜欢野鸭的马琴也觉得难以入口，只能把它当作植物的花肥了。松前侯送给马琴的这对野鸭，或许是“转赠”品。

○ 雌雄一对野鸭，冻得眼窝深陷

这是一首吟咏冬季野鸭赠答的俳句（《诽谤风柳多留》）。字面意思是：收到一对野鸭，仔细一看，可能是受寒气的影响，野鸭瘦得眼窝深陷。言外之意是揶揄作为年末礼和寒冬问候礼的野鸭，是不新鲜的“转赠”品。换言之，这是礼品的“转赠流通”，即收到野鸭之人，又将其作为礼品送给别家。这种礼物的转赠流通在江户时代乃是家常便饭。因此，才会形成像献残屋这样收购销售富余物品的商家。

野鸭的“转赠流通”现象表明，野鸭在当时是一种贵重物品。正因为贵重，野鸭才会成为送礼佳品，甚至被用于反复转赠。但是，在此笔者想指出的是，这种禽鸟的“转赠流通”是一种文化；根据时间和场合，有时也会出现有特定意图和积极意义的“转赠流通”。江户幕府定期接收仙台藩、白河藩、二本松藩、秋田藩等东北诸藩进献的鹤。有趣的是，幕府时而会将大名进献的鹤转献给朝廷，即进献给禁里（天皇）、仙洞（上皇的御所）等。这也可以被视为一种进献鸟的转赠，这种转赠不仅仅出现于将军的“御鹰之鸟”不足之时，平时也很常见。人们收到贡品后进一步向上进贡，这颇有意义，是一种有意识的、积极的转赠。

给转赠流通赋予特殊意义的做法，实际上并不始于江户时代，而是在更早的室町时代就已然形成了。所以我们可以说江户时代的禽鸟赠答和禽鸟宴客的起点在中世（镰仓、室町时代）。关于中世的禽鸟赠答和禽鸟宴客，将在下节详细分析。

2. “美物”的转赠——中世的主从关系

美物——将军所赐之鸟

在室町时代，贵族和武士们把美味的食物和菜肴称为“美物”。美物是“美味之物”的略称，特指食品，鱼和鸟是美物的代表（春田，2000：68）。当然，并不是说所有的鱼和鸟都是美物，而是特定的美味鱼鸟才会被当作美物。比如说到禽鸟，天鹅、豆雁、白额雁等雁类要比鸭类更容易被当作“美物”。除了雁类外，野鸡也曾被视为“美物”。

作为美物的禽鸟属于高级食材，是年节和各种仪式性活动中不可缺少的宴饮美食，而非普通人平时可以购买、消费的日常食材。在室町时代，禽鸟是进献给上级的贡品，是款待客人的佳肴，是赠答的礼品，以及给家臣及属下的赏赐。与江户时代相比，室町时代的禽鸟应用更为广泛。

伏见宫贞成亲王(1372—1456)是室町时代的第一百零二代天皇，即后花园天皇的父亲，他着有一本横跨33年时长的《看闻日记》，其中包括很多关于美物赠答的记载。室町幕府第六代将军足利义教(室町殿)及其正妻(室町殿上)等，即所谓的将军家，经常会给天皇的父亲贞成亲王进献鱼、鸟等美物。也就是说，不仅是江户幕府的将军，室町幕府的将军也曾不断向天皇家进献禽鸟。

例如，永享二年十二月二十六日(1431年2月8日)，室町幕府的将军义教向贞成亲王的王妃赠送了“天鹅一只、雁三只、野鸡十只、酒十桶”，并在四天后的十二月三十日(2月12日)，又向贞成亲王赠送了一车美物。在贞成亲王十二月三十日记载的赠答礼品清单“美物目录”中，记有以下内容:“天鹅一只、豆雁三只、大雁(可能是白额雁)十只、兔子五只、虾五筐、咕噜卷(鳕鱼、鰤鱼等的内脏)五十付、大蟹十只、野鸡十只、海蜇五桶、牡蛎一筐、酒十桶。”(《看闻日记》)

十桶酒，还有虾、螃蟹、兔子等山珍海味，再加上天鹅、雁、野鸡等鸟类，堆满一大车的礼物被送到了贞成亲王家，看上去就极为奢华。这满满一车的豪奢礼物，恐怕是季节性赠礼的岁末进献品，也就是年末礼。由此可见，截至昭和二三十年代为止，一直连绵不断传承下来的岁末野鸭赠答，早在约600年前的室町时代就已经存在了。

雁、野鸭类是冬天的候鸟，适合作为年末年初的互赠礼品。永享四年（1432）一月二日，新年伊始时将军义教送来了天鹅、雁、鹌鹑，这可能是送迟了的年末礼（《看闻日记》）。在足利义教当政的永享年间，幕府的年节仪式活动进一步惯例化，美物的年末赠答成为年节礼仪的一部分，也逐渐成了惯例（春田，2000）。也就是说，禽鸟等美物成为岁末年节礼的惯例，可能也正好是从这个时候开始的。

维系人际关系的禽鸟赠答

除了上述年末礼的赠答以外，还常有赠送“初物”（当年或当季的首次收获）的临时性赠答。例如，永享五年（1433）八月十三日，将军送给贞成亲王“初雁（当季首次猎捕的雁）一只”（《看闻日记》）。在江户时代，人们认为“初物”极为珍贵，常以高价进行交易；而且大名们鹰猎时捕获的“初物之鹤”也会被献给将军。可见，赋予“初物”以特别意义的习俗，早在中世就已经有了。

除了“初物”的赠答之外，“释服”（除去丧服）时也会进行禽鸟赠答。当时的贵族遵从佛教的教义，在居丧期间要服丧。服丧结束回归日常生活被称为“释服”。服丧期间禁食鱼鸟等荤腥食物，必须静默斋戒、吃清净食物，即现在所说的素斋。但是服丧期一满，就有必要特地吃些鱼鸟类荤腥，以表示回归到了日常生活，即“释服”。现在也有以斋宴等形式，在葬礼后的聚餐上食鱼的风俗，或许是当年“释服”习俗的遗留。以鱼鸟为中心的美物具有特殊力量，人们可以借以解除斋戒、回归日常生活。

举行“释服”之类的仪式，或者邀请将军来自己家中做客时，都会临时需要大量的美物。此时会出现一种助力型的美物赠答，即招待宴上出现的美物，是与设宴的主人素有往来的各类人群为了支援主家而赠送的礼物。

因此，禽鸟赠答可以大致分为两类，一类是常规化、成为年中例行活动的赠答，比如年末礼的美物赠答；另一类则是临时性的往来赠答。一般认为前者的美物是“在社会垂直方向的移动，起到了联结不同阶层的作用”，而后者则是“由互帮互助原则支撑的、社会水平方向的移动”（春田，2000：74）。也就是说，禽鸟们既起到了连接不同身份及地位的上下阶层的作用，也起到了加强亲密伙伴间联系的作用。禽鸟不仅仅是美味的食材，也是一种加强人际关系的象征性工具。

据《看闻日记》记载，将军家向伏见宫贞成亲王多次进献天鹅（鹄）、豆雁、大雁、野鸡、鹌鹑、鹭鸟（仅进献一次）、水鸟（鸟名不详）、鸟（鸟名不详）（春田，2000：76–79），而进献天鹅、豆雁、大雁的次数明显比进献其他种类的鸟多。由此可见，江户时代占据禽鸟等级顶端的鹤，此时尚未成为馈赠佳品。

大名进献给将军、将军进献给宫家和公家[①]

室町时代作为美物的禽鸟，通过赠答的连锁和循环，在身份高

① 公家特指服务于天皇与朝廷的、住在京畿的五阶以上官僚（三阶以上称“贵”，四、五阶称“通贵”）。

贵的王公贵族之间流转（盛本，1997、2008；春田，2000）。江户时代非常盛行的禽鸟的“转赠”和“转用”，早在室町时代就已经是司空见惯的现象了。

例如，向贞成亲王进献禽鸟的室町将军，既是向禁里（天皇）、上皇、摄政大臣等赠送美物的“送礼者”，同时也是接受美物的“收礼者”。彼时，并不是任何人都可以向将军进献美物的，只有一定级别的大名才有资格。而且，在各种各样的贡品中，禽鸟是最尊贵的礼物。能够向将军进献禽鸟的“送礼者”仅限于身居高位者，他们在室町幕府的身份等级秩序中位高权重，而进献行为本身就是一种确认自己在室町幕府内地位的行为（盛本，1997：300—301）。

在足利义教之子、第八代将军义政的时代，将军会接见大名，举行展示礼单仪式，向众人披露各大名进献的美物之明细。即在众人环视之中，展示“哪一位大名向将军进献了哪些美物”。这是大名们对将军表示崇敬之意的一种仪式。

能够将美物献给将军的，是三职、御伴众、国持众等身居要职、位高权重的大名（春田，2000：71）。所谓三职，是指被任命担任辅佐将军的管领[①]一职的三个家族（交替担任管领职位的细川、斯波、畠山三家），是室町幕府的权力中心。御相伴众是仅次于三职的贵族之家，是在将军的宴席或在将军受邀前往诸大名宅邸时，

① 管领“总管统领”的简称，原亦称执事。是室町幕府里除了幕府将军以外的第一要职，由足利氏庶流出身的斯波氏、畠山氏、细川氏三家出身的武士轮流出任，因此这三个家族被称为“三管领”。

伴随将军左右、与将军同席就餐的人。国持众[1]是仅次于御相伴众的职务，由足利一门中功勋较高且拥有较大领地的大国守护者担任，但须其未担任御相伴众与管领之职。国持众来自于京城周边颇有势力的大名、三职、御相伴众的家族，这些家族均是担任幕府要职、举足轻重的武家门阀。

这些地位显赫的诸家大名，必须向将军进献包括鸟类在内的美物。被送到将军家的禽鸟，自然飞上了将军家的饭桌，或被用于将军家的宴客料理中。御相伴众乃是将军品尝这种美物禽鸟时的陪客。在江户时代，拜领"御鹰之鸟"的大名会召集家臣们一起食用；在室町时代，将军家也会通过举办宴会之类的方式与众人一同分享。

但是，诸家大名进献给将军的禽鸟，无法在将军家的宴席上被悉数消费。其中的一部分会被转赠，即用作将军献给天皇、高位的亲王（宫家）、朝廷的权贵（公家）的礼物。在前述之将军义教进献给伏见宫家（贞成亲王）的赠礼中，就有可能包含了这种来自于大名进献的禽鸟，即"转赠"之物。

---

① 国持众通常都由掌握一国或以上的大名出任。在室町幕府新年的例行仪式中，国持众排在御相伴众之后就坐。室町幕府末期，织田信长、上杉谦信、武田信玄等大名都获得了国持众的头衔。不过在战国时代以后，有些没有掌握一地但是仍然实力强大的大名有时候也会获得国持众身份，因此国持众相较御相伴众要逊色许多。

赠答用鸟的确保和选用

文明十七年（1485），山城国[①]的守备伊势贞陆，为了东山殿下（隐居的足利义政）的斋戒出关，一年内送野鸭（9次、18只）、苍鹭（3次、9只）、斑鸫（2次、2箱/每箱30只）、云雀（2次、2箱/每箱50只）、雁（2次、2只）、夜鹭（1次、3只）、水鸟（鸟名不详、2次、4只）（盛本，2008：100—101）。可见，赠送频次最高的是野鸭。而从只数来看，斑鸫和云雀最多，然而因为它们都是小型鸟，所以被装入箱中。

有趣的是，大名伊势贞陆送给前将军义政（大名→前将军）的禽鸟，与之前所介绍的将军进献给伏见宫家贞成亲王（将军→宫家）的禽鸟种类有所不同。如上所述，将军进献给宫家的鸟，光是知道名字的就有天鹅、豆雁、大雁、野鸡、鹌鹑、白鹭。与之相对，在大名伊势氏送给前将军的礼品中，小鸟数量很多，却没有高档、贵重的天鹅和豆雁，大雁的只数也很少。也就是说，与将军家进献宫家亲王的鸟儿相比，大名送给前将军的，是一些等级档次较低的鸟。换言之，将军家精挑细选了高档鸟作为献给宫家的礼品。

当然，这两份资料所处的时代不同，资料所显示的时间跨度和季节也不同。比如，在伊势氏的个案中，义政已经是隐居之身，所以不一定能等同于将军。如此，虽然不能简单地断定大名献给将军

---

① 山城国，日本古代的令制国之一，属京畿区域，为五畿之一，亦称山州或城州。相当于现在的京都府南部。

的鸟不如将军献给宫家的档次高，但将两者进行比较，还是可以发现不同阶层间的赠答用鸟存在差异。可以说，越是送给上层阶级的鸟，被精挑细选的可能性越大。禽鸟的“转赠”和“转用”，并非单纯地将收到的鸟直接再送给别人，而是要根据送礼对象的阶层，从中选择符合其身份的鸟进行转赠。

赠答用鸟的汇集及筛选流程，可总结如下。

首先，门第颇高的各家大名献给将军的，是自己用鹰猎捕获之鸟以及自己领地内的臣下上贡之鸟。各家进献给将军的禽鸟种类和数量，根据各自的鹰猎状况和上贡状况而有所不同。所以，会有各种各样的鸟被进献给将军。换言之，在将军家里，聚集了各家大名进献的种类繁多、数量不菲的鸟。将军从数量庞大且种类繁多的禽鸟中，甄选高等级的天鹅和豆雁作为礼物进献给天皇和宫家，以求与被送对象身份相称。从禽鸟的等级来看，野鸭和小鸟等档次较低，不适合作为献给天皇和宫家的礼物。这些不能送给皇室的禽鸟会转作他用。赠答用鸟的保障和选用或许就是如此进行的。

“转赠”加深了情感联结

将军送给宫家和公家的鸟，会被再次送出去，即被转送给其他公卿或近臣。例如，永享六年（1434）一月二日的《看闻日记》中记载，“室町殿下（将军义教的正室尹子）”向伏见宫（贞成亲王）赠送了“豆雁两只、大雁五只、野鸡十对、鲷鱼二十条、海虾一箱”等包含鸟类在内的美物。同日，伏见宫则向担任美物赠答联络人的公卿正亲町三条实雅（尹子的哥哥）分送了“豆雁一只、野鸡三对、鲷鱼五条”作为酬谢。如前文所述，永享四年（1432）一月二日，将军进献天鹅、雁、鹌鹑等给伏见宫，这些美物是迟到的年末礼。但在两天后的一月四日，伏见宫把这个“公方之美物（来自将军的美物）”分给了近侍（《看闻日记》）。这样的转赠或下赐，不单纯是一种与人分享的情意表达，更是一种社会交往的必要礼仪，具有深刻的内涵。

如上所述，在室町时代，从有权势的大名到将军府邸，从将军到天皇家、亲王家，再从天皇家、亲王家到公卿大臣或是近侍等，禽鸟的“转赠”和“转用”频繁发生。将自己收取的礼物转送给别人，对于现代人来说，可能会觉得有点小家子气。但这种禽鸟的“转赠”，并非中世的节俭家和吝啬鬼为节约购买礼品的费用所做的行为。在天皇（朝廷）和将军（幕府）的双重权力构造下，人们通过礼物的赠送和接受，结成错综的人际关系，从而形成了“美物移动之链”（春田，2000：72）。这个链条将很多人关联在一起。通过“美物移动之链”，人们之间的关系得以巩固或加强；人们的身份、等级、社会关系也被再次确认。至于美物所附带的“转赠”行为，已然为人们所认同，无须特地掩饰。

我们不能将在中世权贵阶层中产生的食鸟文化，视为单纯享用美食这种世俗的饮食行为，而是必须将其作为关乎政治及社会权力的高次元形式的文化。近代的江户幕府，正是继承了这种高次元的食鸟文化。

3. 禽鸟在“宴会料理”中的意义

招待将军的十三种禽鸟料理

为了招待比自己地位高的人，必须准备相应的美物。这种待客方式也与赠答送礼一样，其目的是确认彼此间的地位关系，向对方表示敬意，并强化与对方的联结。如果招待的菜式不好，就会显得失礼，让人觉得对客人不够尊重。礼节不够周到的话，还会对以后的人际关系产生很大的负面影响。因而举办招待宴事关重大，不可疏忽大意。举办正式宴会对主人来说是一件大事，所以承担接待工作的人员有时也会因为紧张而夜不能寐。

这种正式宴会须准备好美物系列料理，即以鱼鸟美物为主要食材的系列菜品。在迎接位高权重的贵宾时，须用全席菜单来招待，这是常规礼仪。全席菜单的豪华程度是现在的会席料理①所远远不及的。

明应九年（1500），室町幕府的第十代将军足利义材（当时的名字是义尹，复将军职后改名义稙）被赶出京都，投靠山口的大内义兴。大内氏非常高兴，用极尽奢华的料理款待了前来投奔的前将军。据当时推出的豪华料理菜单《明应九年三月五日将军御成杂掌注文》记载，在每个方木案盘（白木之膳）上，摆放三至六道美物

---

① 会席料理是日本代表性的宴请用料理，是宴席上所有料理的总称。会席料理产生于江户时代中期的料理茶馆中，随着时代的变化不断调整自身的形式和内容。

料理。一案、二案、三案……按菜单顺序数下来，竟有二十五案之多的美物之膳。另外，还有供御（御膳）等其他系列的菜品，与前述美物之膳一起共计有三十多案。而在这三十多案一百多道豪华料理中，有多道精致的禽鸟料理。

首先是第二案上出现的“豆雁煎皮”，然后依次为：第二御台上摆放的“鸟类烧烤”，第三御台上摆放的“大雁煎皮”，第四御台上摆放的“烤大雁”，第五案上摆放的“天鹅肉生吃（配菜）”，第六案上摆放的“鸟酱烤菜（用鱼鸟肉的酱调制酱料，浇在薯蓣等食材上的料理）”，第九案上摆放的“煎炒白鹤”，第十案上摆放的“展翅鹌鹑（配菜）”，第十四案上摆放的“鸟足”，第十七案上摆放的“雁肉串”，第十九案上摆放的“凉拌翅根（将野鸡的翅根敲碎，加醋和芥末凉拌）”，第二十一案上摆放的“煎炒野鸭”，以及第二十四案上摆放的“煎炒斑鸫”。

综上，共有十三道禽鸟料理。其数量虽然远远不及鱼贝类料理，但不论是质量还是数量，都足以向前将军表示敬意了。其中既有在禽鸟的等级序列中排名最高的鹤和天鹅，也有豆雁、大雁、野鸭、野鸡、鹌鹑、斑鸫之类，几乎包含了所有被称为美物的禽鸟。而且烹饪方法丰富多彩，有烧烤、串烤、拌菜、煲汤以及煎炒。尤其，作为禽鸟料理经典的煎炒菜多次出现，是本次菜单的特点所在。战国大名[①]大内氏对虽然失势但出身权门的前将军所要表达的

① 战国时代的大名。

尊敬和真心诚意，通过这些豪华料理体现了出来。时运不济的义材将军有多次逃亡经历，甚至被讥讽为“流公方”[①]，他想必也深切感受到了大内义兴款待他的这种拳拳心意吧。

明智光秀举办的宴会令织田信长心生嫉妒

出现在宴会菜单上的这些禽鸟料理，被之后有名望的战国大名们继承了下来。有学者研究饮食文化的历史时发现，织田信长和丰臣秀吉等在举办宴客料理时，也经常使用鸟类食材（江后，2007）。比如，天正十年（1582）五月十五、十六日，织田信长在安土城举办的接待德川家康的盛宴就闻名遐迩。彼时，家康造访安土城，拜见了信长。当时招待宴的负责人是明智光秀。一个月后，光秀在京都的本能寺中起兵谋反，迫使其主君信长自杀。据说光秀对接待家康尽心尽力，准备了许多山珍海味。当时的菜式中自然也包含了很多禽鸟料理。

在当时的菜单《天正十年安土宴会菜单》中，记录了各式各样的禽鸟菜式。如“烤鸟”“白鹤汤”“野鸭汤”“豆雁”“云雀”“鸭雁汤（野鸭和大雁炖的汤）”“天鹅”“苍鹭汤”“鹬鸟飞翔（将烤过的鹬鸟的翅膀、头、脚摆放成鸟飞翔的姿势装在钵碗里）”等等。上菜时按照鸟的品级高低进行排列摆放。先是品级最高的天鹅、白鹤，其次

① 由于公方是幕府将军的别称，因此在历史上有一些幕府将军失势后被取以某某公方的绰号，以示嘲笑、批判。足利义材在幕府继承权斗争中曾两次被废，辗转流离各地，遂被百姓讥讽为流公方。

是豆雁、大雁，再次就是野鸭、云雀、青鹭、鹬鸟等。

这场宴会的举办时间是天正十年的五月，相当于公历的6月。在这个季节，看不到大雁、野鸭之类的禽鸟，因为雁、鸭类是秋冬季节才会出现在日本的候鸟。所以，想要获取这些不应季节的食材恐怕很不容易。从菜单看，汤类很多，也有可能使用的是禽鸟的腌制品。光秀为了不让主人信长丢脸，一定费尽心思准备了这些贵重食材。

然而，光秀的鞠躬尽瘁却收到了适得其反的效果。

“嫉妒心重、（性格）偏执”的信长严厉地斥责了光秀，他认为这次招待宴不应该“与将军驾临时的接待规格完全相同（意思是不应该将家康与将军同等对待）”，耗费巨资进行宴会准备是巨大的浪费。民间传说光秀因此憎恨信长，为他后来发动“本能寺之变”埋下了伏笔。这个说法在《真书太阁记》这部江户后期刊行的纪实性通俗读物中也有记载。

关于光秀谋反的理由，有各种传说和阴谋论。光秀因高规格款待家康而招致信长斥责的传闻也是其中一种。也有人指出，信长在盛宴的前一年也曾接待过德川家康，而跟信长当时的菜单比，光秀负责的宴会也不见得更为奢华（江后，2007：31–36）。

然而，重要的是，在江户后期的通俗读物中，这一传说颇具真实感，被民众广泛认可。如果是脱离江户人想象力的荒唐无稽的传说，恐怕不合适写入故事读本，让说书人作为表演的依据。正是因为光秀过度招待的情节设定，有着让江户后期的人们觉得“理所当然”的现实感，该传说才被写进了《真书太阁记》读本中。

再看一下接待家康的菜式中使用的高档鸟类，虽然比不上80多年前大内氏招待前将军的豪奢，但确实能够与接待将军的盛宴比肩，或者说其招待规格比较接近。即使没有违反先例，但不光是其中的禽鸟料理，还有餐具和其他食材等，这次招待宴上尽是有超越规格之风险的“危险”品。所以，信长申斥光秀也不是没有道理。

明智光秀用禽鸟料理所表达的敬意，充分传达给了作为宾客的德川家康。家康也深知禽鸟用于礼物赠答及作为料理食材所具有的礼仪性和社会性意义。他对当时人情往来的礼制烂熟于心，而且自己也喜欢鹰猎，常用禽鸟进行宴客和赠答。正因如此，家康以及他所开创的江户幕府才会将中世贵族社会、武家社会的禽鸟赠答和禽鸟宴客的文化传承下来，并加以发展完善，形成细化的管理制度，然后以此为工具维护幕府对国家的统治、控制。

江户幕府的衰落与野鸟管控体制的崩溃——大政奉还和鹰猎奉还

为了维持幕府的权威及统治武家社会，德川政权对野鸟资源进行管控，并将利用野鸟进行赠答和宴客的制度掌控在手中，使处于权力顶端的将军之地位不可撼动。

但是，随着德川政权的衰败，将军不再拥有往昔的威望，以将军为顶点的禽鸟赠答和宴客机制也失去了功能。江户幕府末期，由于欧美列强的压制，以及日本国内与之对抗的攘夷运动的高涨，再加上财政困难等，这些无序混乱的状况导致幕府的统治逐渐弱化，德川政权不断走向崩溃。最终在文久二年（1862），将军停止给大名下赐“御鹰之鸟”。

而且，次年由德川家茂进行的鹰猎活动为最后一次由将军主导的鹰猎，在此之后，将军鹰猎便不复存在了。此外，幕府在将政权归还给天皇的“大政奉还”的前一年，即庆应二年（1866），还向朝廷提出免于向皇家进献“御鹰之鹤”的请求（安田，2020：311）。进而，在大政奉还之年，鹰场终于也被废止了。幕府在失去政治权力的过程中，同时也失去了通过鹰猎将“御鹰之鸟”进献给朝廷，以及下赐给大名们的特权。无力行使国家政治权力的政权，也没有资格统治鹰猎和禽鸟赠答。德川幕府中止鹰猎活动和禽鸟赠答，可以说是幕府从政权的宝座上跌落、丧失了统御诸藩能力的象征性事件。因为鹰猎以及禽鸟赠答的特权与政治权力是一体两面的。

明治维新后，作为权威、权力象征的鹰猎活动和禽鸟赠答特权，也与政权一起被“奉还”给了天皇。但是，随着政治体制的近代化、西洋化，它所具有的意义发生了巨大变化，其重要性大大降低了。以将军的鹰猎为顶点的“江户食鸟文化”，也随着武家社会的解体而逐渐衰落。

鹰场制度被废止后，幕府的旧鹰场一时荒废下来。明治十二年（1879），诹访流第十四代鹰师小林宇太郎任职宫内省[①]，他主持修缮

① 现在的宫内厅的前身。总管皇室的收支、衣食、杂务等宫中之事。

了前幕府的鹰场，即浜离宫鸭场（浜离宫旧称滨御殿，现在的东京都中央区浜离宫恩赐庭园）。明治十四年（1881）正式设置鹰匠后，明治政府在此重启了鹰猎活动（安田，2020：329–330）。后来，在新宿御苑的鸭场、新浜鸭场（现在仍然是宫内厅设施，位于千叶县市川市）、埼玉鸭场（埼玉县越谷市）也开始举行正式的鹰猎活动。但是明治以后的鹰猎活动和鹰场的规模，与江户时代相比，均有大幅度的缩减。

明治时代以后，鹰猎活动不再服务于禽鸟赠答，而是成为西方近代化礼仪制度的一部分，即承担了接待国内外宾客的功能。另外，把野鸭诱入窄沟里，趁它们飞起时用叉手网（三角形抄网）捕捉的狩猎方法，逐渐取代了鹰猎成为主流。第二次世界大战后，官方的鹰猎活动终于被废止。昭和二十年（1945），滨离宫被赐给东京都，成为公园，不再是进行狩猎的场所（服部、进士，1994：5）。

如今，新浜鸭场和琦玉鸭场还在用于接待宾客，如招待阁僚、国会议员、最高法院法官、各国大使、外交使节等。在这里使用的是由皇室传承下来的叉手网捕猎技法，因为该方法不会弄伤野鸭。在这些鸭场捕获的野鸭不会被食用，而是用于对鸟类进行的标记调查，在给它们做完标识后会全部放飞。因此，这种野鸭狩猎获得了保护鸟类的现代意义和全新的正统性。在这一被改编重组的狩猎“传统”中，我们多少可以领略到千百年来传承下来的、与“王权”密切相关的野鸟支配功能，以及鹰猎活动和鹰捕鸟的象征意义。

第七章　为江户供应禽鸟的村庄——某野鸟供给地的盛衰

图22　村民在手贺沼用流粘绳捕猎野鸭的情形

（堀内赞位氏拍摄于1937年，《写真记录 日本传统狩猎法》）

1. 手贺沼的水鸟狩猎

刻有禽鸟批发商名字的石碑

千叶县柏市的布濑村位于江户的东北方，距江户日本桥的直线距离只有 30 余公里。柏市有一个叫手贺沼的湖沼，布濑村位于一块舌状高地的前端，而该高地一直延伸进手贺沼。第二次世界大战后日本政府在手贺沼进行了大规模的围湖造田，在那之前，布濑村是一个三面被湖沼环绕的水上村庄。镇守村子的神社——香取鸟见神社于 1986 年毁于大火，被烧毁前是一座全部用桧木建造的、雕工精巧的神社。当年那座气派的旧神殿留下了一块石碑，在这块石碑上记有天保六年（1835）神社重建时的捐款明细（图 23）。

图23　布濑的香取鸟见神社的重建捐赠纪念碑

石碑上刻有“金百两 江户安针町 东国屋伊兵卫”，“金五十两 同町 鲤鱼屋七兵卫”，“金三十两 千住河原 鲫鱼屋新兵卫”。碑文昭示了在布濑村建造神殿时，捐款一百八十两黄金的三名江户人的功德。在这三人当中，可见“东国屋伊兵卫”的名字，这人不是别人，正是在本书第五章中详细介绍过的侠义商人东国屋伊兵卫的后裔。

引领江户的禽鸟市场、长期在日本桥营业的东国屋，到底出于什么原因，要给这个远离江户的偏僻农村捐赠一百两黄金这么一大笔钱呢?

布濑村的这块石碑反映了江户近郊的农村与江户的禽鸟批发店之间的深厚关系，甚是有趣。不管是江户时代的江户，还是昭和时代的东京，手贺沼都是向其提供雁、鸭类消费食材的最大供应基地。在手贺沼狩猎水禽的各个村庄中，布濑村是中心，其地位特殊，相当于捕猎水禽的“大本营”，拥有全权处理捕猎水禽的特权。因而这个布濑村和水禽买卖的大老板东国屋是相互扶持、相互依存的关系。

昭和十七年(1942)，当地政府在香取鸟见神社(发现神殿造立捐赠石碑的地方)建了一座猎鸭纪念碑。碑上刻写了一篇讲述手贺沼水禽狩猎来历的文章(《手贺沼鸟狩猎沿革》)。文中引述了东国屋等三位江户人捐赠巨款的原因:“我店的繁荣多亏了猎户们的支持，所以应该履行相应的义务。”(《手贺沼鸟狩猎沿革》)在手贺沼捕猎水鸟的猎户们是支撑江户禽鸟生意繁荣的重要存在。因此，东国屋向在禽鸟生意上与自己往来密切的布濑村捐赠了大笔的款项。

关于江户时代的禽鸟供应地手贺沼的水禽猎捕以及水禽出货的具体情况，由于史料有限，无法尽知详情。笔者走访了实际从事水禽狩猎的村民，获取了部分一手资料。在此，我想援引近代史料并借助自己的走访调查资料，再现江户周边的禽鸟捕猎以及禽鸟供给地的相关情况，它们是江户食鸟文化的重要支撑。

能够左右水禽市场行情的手贺沼

东关东地区的地方志《利根川图志》，成书于江户幕府末期的安政年间（1854—1860）。书中提到的手贺沼特产有“水禽（野鸭类及大雁、鸿雁等）”“鳗鲡鱼（因夜间捕捞而称为夜鳗，在江户也能品尝）”及“鲇鱼小虾”（《利根川图志》）。该书记载了手贺沼的鸟类和鱼类产品在江户的流通情况。

在江户时代，以布濑村这一大本营为中心，手贺沼周边的各个村镇都狩猎水禽。直至江户末期，村民们狩猎水禽都是被认可的合法行为。而且，即使进入了明治时代，手贺沼也还是作为水禽供给地，与作为消费地的东京联系密切。明治三十八年（1905）发行的《风俗画报》三百三十号上，刊登了一篇题为《手贺沼的鸭猎》的报道，其中有这样的文字记录：“供给岁末年初的礼品——绿头鸭的猎场，以手贺沼为第一，其位于东京附近的千叶县东葛饰郡，东京的禽鸟交易行情根据手贺沼的猎获量而变化”。（《画报生》，1905：4）对于用于年末年初赠答的野鸭类礼品，位于东京附近的手贺沼是个非常重要的产地，其产量会对东京的水禽市场行情产生极大影响。

水禽的出货

在江户中期编纂的百科全书《杂事纷冗解》中，记录了将今千叶县一带捕获的水禽运到江户去的场景。据书中所述，在上总、下总（千叶县中部到茨城县西部）的海边和水田中，各色各样的禽鸟被张网（霞网）、敷网（不详）、陷阱等各种各样的方法捕捉。在下总的北部，今千叶县北部利根川流域的平原上，曾经有过大片的湖沼和湿地，那里曾是水禽等野鸟的乐园。野鸟的乐园，意味着同样也是猎人捕捉野鸟的天堂。而手贺沼也处于这片土地内，作为雁鸭类的一大生产基地，支撑着整个江户的食鸟文化的繁荣。当然，禽鸟的产地不仅限于千叶县，整个关东地区的禽鸟都会汇集到江户，甚至有时也会有从关东以外地区的禽鸟流入江户。

《杂事纷冗解》记载了这样的情况：在远离都市的乡村捕鸟的猎人们，将猎获的野鸭交给收购批发商；批发商将货物集中起来，派人逐次批量运往江户。如果是野鸭类的话，一人单次可以运送 24 ~ 25 只，一年之中大概会有包括大雁、野鸭在内的 2700 只到 3000 只禽鸟被送往江户市场，但这并非是每年固定的数量。夏天会有 100 只左右的鹭鸟进入市场，且其他来源的鸟也会被送到江户，这些均没有被计算在内。此外，秋冬季节，来自骏河（静冈县中部）和信浓（长野县）的鹌鹑也会在江户上市。

每年向水户公进贡

手贺沼的水鸟狩猎是从什么时候开始的呢？

据大正十二年（1923）出版的《千叶县东葛饰郡志》、昭和六年（1931）农林省的调查书《共同狩猎地的沿革惯例及其他调查》，以及昭和十七年（1942）修建的鸟猎纪念碑碑文《手贺沼鸟狩猎沿革》等较新的近代史料显示：手贺沼成为狩猎水禽的猎场，以及布濑村的村民发明水禽狩猎的方法是在嘉元至建武年间（1303—1336），但其理据却不够充分。有一篇记录称，在之后的文禄元年（1592），手贺沼猎场向丰臣秀吉进献了两对绿头鸭和一只天鹅，并且从元和二年（1616）开始，向将军家每年进献一对绿头鸭（《共同狩猎地的沿革惯例及其他调查》）。

据说享保二年（1717）以来，手贺沼猎场每年过年时，都会向庄头（旗本松前氏）和水户家[①]进献一对绿头鸭。而且，手贺沼周围的村落在开始共同协作捕猎水禽后，须向庄头缴纳“猎鸟税”（《共同狩猎地的沿革惯例及其他调查》）。另外，也有说法认为手贺沼的水禽狩猎开始于宽政二年（1790）（《手贺沼鸟狩猎沿革》），但这些说法均为传闻。

据笔者所见，布濑村的村长代理人写给江户水禽批发店的，与明和二年（1765）的禽鸟非法售卖有关的一份文件，是当地关于水禽狩猎的地方文件中最古老的一份（《深山实家文书》）。当时，一个叫勘三郎的男人染指了水禽的黑市交易，布濑村会同附近的手贺村和片山村，就调查结果向江户的水禽批发店写了一份保证文书。

① 水户德川家，亦称水户家，常陆国水户德川氏的支系，德川御三家之一。家祖是德川家康的十一子德川赖房，江户时代治理水户藩。

弘化三年（1846），片山村被水户藩主允许进行水禽狩猎。此时，片山村正在填埋手贺沼湖畔的沼泽地，打算建造新的农田。但是，由于填埋地原本是低湿地，手贺沼的水灌满了沼泽附近的新田，浸水后的稻谷腐烂，以至颗粒无收、血本无归。虽然人们多次尝试在手贺沼湖畔开垦新田，但都未能取得良好成果，以失败告终。于是手贺沼附近的农民在水边种上了茭白，将水田重新变为低湿地，使手贺沼再次成为野鸭的狩猎地。村民每年将两对野鸭作为"村进贡"，进献给水户藩主，以获取五年期的水禽狩猎许可（《深山老家文件》）。

两种征税方法

弘化四年（1847），在手贺沼湖畔开发新田的百姓左右卫门，因住在江户，被水禽批发店怀疑染指禽鸟黑市交易。于是，布濑村的名主被叫到江户，接受了奉行的讯问。当时，布濑村名主以手贺沼周边各村向领主松前氏和水户家新年进献禽鸟的事实为根据，主张在手贺沼狩猎水禽的合法化（《深山老家文件》）。因为手贺沼是水户藩的鹰场，所以可以推测，手贺沼给水户藩主也进献了禽鸟。

在江户时代，狩猎水禽是一个行业。与对待其他各种地方产品一样，地方统治者针对水禽的出产也会课税。《地方凡例录》为18世纪末高崎藩的郡奉行大石久敬所著的地方农政指南，书中对鸟类狩猎的两种征税方法进行了解说。

一种是被称为"鸟取役"的税。"鸟取役"即捕鸟税，是地方政府征收的杂税（对山野湖沼的使用收益等的课税），由村民每年缴纳固定的金额。如果村民（猎户）引水注入“熟地”（丰饶的水田），在大雁和野鸭活动时进行狩猎，就需要缴纳税金。有时猎人各自缴纳，有时也会由村里收取村集体税统一缴纳（《地方凡例录》）。

另一种税种叫作“运上”，对手贺沼进行的课税就类似于“运上”。“运上”是指政府按一定的税率，向商业、渔业、狩猎、手工业等行业的从业者征收的杂税。首先是“捕鸟牌照运上”，该税与“鸟取役”一样，如果有人申请在“熟地”灌水引鸟，希望能近距离猎鸟的话，当地政府就会发给他们一枚刻印有标记的木牌，并收取相应的“运上”税。拥有这张牌照，意味着在地域内任何地方都可以狩猎。“鸟取役”是猎户向地方缴纳的定额税，而“捕鸟牌照运上”是政府为给猎户发放允许狩猎的牌照而征收的浮动税（规定年限，根据年度的不同金额也会有增减）。在伊势的长岛一带，冬春季节使用“高网”捕捉野鸭、绿翅鸭时，会被要求缴纳“高网役”；夏秋季节狩猎白鹭时，也会被要求缴纳“鹭运上”，这些都属于“运上”税（《地方凡例录》）。

狩猎水禽的技术

到江户时代为止，各地都会开展禽鸟狩猎活动，其范围之广在当下的日本是无法想象的。现在一说到捕猎野鸭等水禽的方法，可能人们脑海里马上浮现出的是使用霰弹枪等进行的枪猎。但是，在枪支管理严格的江户时代，并没有这种用枪猎鸟的枪猎法。各地采用的，都是根据各自的地形和环境进行创意发明的传统猎鸟法。

江户时代的水禽狩猎方法，可以粗分为使用网的狩猎法和使用粘鸟胶的狩猎法两个系列。

例如，宽政年间（18 世纪末）付梓出版的《日本山海名产图会》，就介绍了使用猎网的猎鸟法。比如张开大网捕捉飞翔水禽的“霞网”猎（图 24），将三角网投掷向飞鸟的“峰越网”猎，用诱饵将鸟引诱到设置的网陷阱处套捕的“无双网”猎，等等。另外，使用粘鸟胶的狩猎方法中，有将粘鸟胶粘在细绳上，将粘胶绳放在湖沼的流动水面上以捕获水禽的“流粘绳”猎，有在水田上方布满粘有粘胶的细绳的“高绳”猎，还有将涂有粘鸟胶的竹片和小树枝竖立在水田里做成粘捕鸟的“黐揆”（捕鸟的器具），等等。“流粘绳”猎和从中世到昭和三十年代在琵琶湖进行的“粘胶绳”猎（参照第一章）相同。

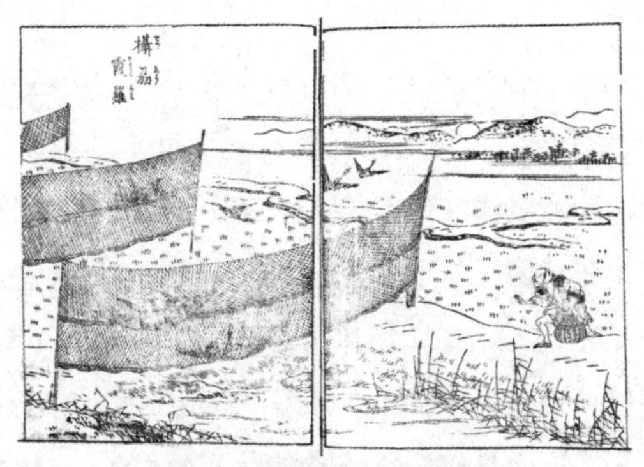

图24　猎捕大雁、野鸭的霞网

（《日本山海名产图会》，国立国会图书馆收藏）

在布濑，从江户时代到昭和二十年代，大多使用网和鸟粘胶两种狩猎法。在手贺沼，网猎被称为“张切网”，鸟粘胶猎被称为“波塔绳”（Botana）（黏糊糊的绳子之意）猎。张切网就是《日本山海名产图绘》中的“霞网”，波塔绳相当于“流粘绳”。在手贺沼的情形中，只有作为总部的布濑村有使用波塔绳狩猎的权利，其他村只能进行张切网狩猎。

江户时代，每年从九月下旬到次年二月上旬的约四个半月期间，手贺沼沿岸的村庄会进行集体协同狩猎。据《利根川图志》记载，在手贺沼周围的村庄，人们约定每隔五天有一个狩猎日。等到晴朗的夜晚，以布濑发出的信号为准，人们集体出动狩猎禽鸟。集体狩猎是在夜间进行的，每个人可以负责使用 20 反（约 210 米）的网，每个猎人都有自己狩猎的位置。从岸边向沼泽深处竖起竹竿，上面架上 10 反的网，排成两列。

由于猎人们在手贺沼岸边围湖布网，湖岸边就会变得热闹起来。被人们的喧嚣惊扰的鸟儿们一起飞离岸边，往湖沼中央聚集。这时，布濑村的人们再将流粘绳投放到沼泽地的水面上。这样一来，鸟儿们碰到流粘绳又惊慌失措地四散飞往岸边，而在湖沼周围的岸边布满了张切网，于是鸟儿们撞网后被张切网捕获。这是用两种猎法的“相互配合”，须大家共同遵守约定（《利根川图志》）。

从这一记录可以看出，江户时代手贺沼的水禽狩猎并不是猎户个人的任意行为，而是遵从地域规则的、集体的、有组织的协同行为。例如，手贺沼沿岸村庄的村民们会约定好狩猎日，大家同一天外出狩猎。而且，当地对猎人们使用的狩猎工具的大小及数量也有统一规定。另外，如果布濑村不发出狩猎的指示，其他村子则不能开始行动。并且，张切网和波塔绳这两种狩猎法的联动使用须事先商量好，猎人们不能擅自进行（图25）。在手贺沼还留下了江户时代有关偷猎和走私的记录，所记录的违法行为不只是指违背了幕府对禽鸟管理的相关规定的行为，还指违反了管理禽鸟狩猎的村集体或村联合体制定的规则的行为。

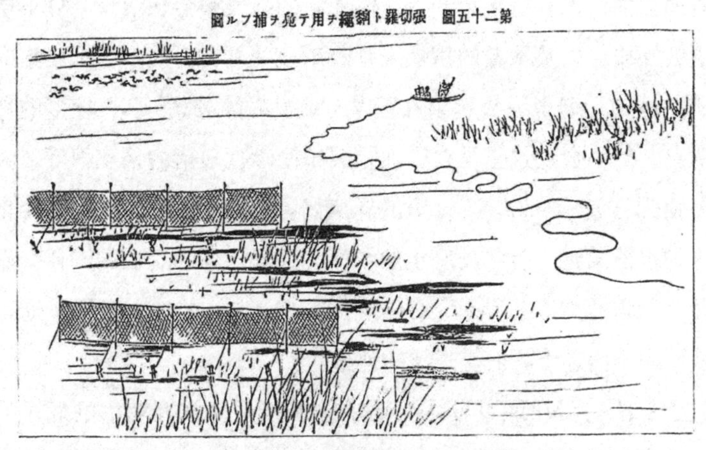

图25　手贺沼的张切网和粘流绳猎

（《狩猎图说》，国立国会图书馆收藏）

水鸟猎人丰富的自然知识

手贺沼的猎人们因需要狩猎水禽而掌握了丰富的自然知识。在手贺沼，如果不具备相关的经验和知识，就无法顺利捕获到水禽。

张切网猎是用打桩拉网的方式划分每个猎人负责的地盘，在固定的某个季节内进行狩猎的狩猎法。另一方面，在进行波塔绳（相当于流粘绳）猎的时候，需要在沼泽水面上移动流粘绳，因而狩猎成果很大程度上会受水流和风力的影响。所以，与张切网猎相比，进行波塔绳猎的猎人是否具备水禽的生态知识、是否掌握相关猎场自然环境的知识等会对猎获物的多寡产生巨大影响。

是否掌握禽鸟惯常的栖息地和禽鸟喜欢聚集的场所的知识，对波塔绳猎的效果有直接影响。波塔绳猎的猎人须会从沼泽某处下层土壤的性质，以及水藻的植被来判断出该处是否为众多水禽聚集的场所。例如，据说绿头鸭会在菹草（眼子菜科水藻）生长较多的地方栖息，但不会在这里觅食，而是去田间啄食散落的稻麦穗等。而长尾鸭因喜食Sennko藻（日语的规范名称不详）的根，所以会聚集在这种水藻繁盛、有沙质底土的场所。此外，据说潜鸭的同伴会聚集在生长着很多Nira藻（日语的规范名称不详）的地方，那里通常是沙质底土向黏土状底土过渡的地带。

手贺沼的猎户通过日常生活中的各种活动掌握湖沼的底土质地、藻类植被等知识。不仅是狩猎水鸟，在进行捕鱼和捞取湖泥（肥料用的泥土）等活动时，也要乘船在湖面上移动。人们在水面移动作业时，会逐渐把握湖沼底部的泥沙状况和湖面水藻的生长情况。据说，一个熟练的猎人，单凭划船时用桨碰触水底的手感，就能判断出所在区域底土的质地。

猎人不仅要有判断水鸟落脚场所的能力，同时还要有能力短时间内到达水鸟的落脚场所。因此狩猎时，猎人会根据当时的情况，随机变动自己的位置。例如，当在水面投放波塔绳，水鸟被追赶逃走时，如果根据叫声判断逃跑的水鸟是绿头鸭的话，猎人就会移动到绿头鸭可能飞落的场所。绿头鸭会在菹草生长繁茂的地方落脚。水鸟的具体落脚位置，是以暗夜映照的山峦等地形为参照来判断的。采用波塔绳猎法时，流粘绳会经常随水流在水面上变化位置，因此猎人是否具备把握整个狩猎场的能力特别重要。

手贺沼的禽鸟种类

根据我孙子市禽鸟博物馆于 2018 年 1 月进行的手贺沼水面区域鸟类监测调查①可知，在手贺沼的水面区域活动的有以鸭科、鹈鹕科、鹭科等为主的 12 科 29 种鸟类。另一方面，笔者对昭和初期在手贺沼被作为可狩猎对象的禽鸟进行了走访调查（参照鸟类图鉴，将鸟类的地方名称和标准名称进行鉴别认定的调查），调查结果也表明当地有 3 科 21 种鸟类（雁形目鸭科 19 种、鹤形目秧鸡科 1 种、鹈鹕目鹈鹕科 1 种）（表 4）。

① http://acmbs.sakura.ne.jp/hp/tori-inf/tori-1801.html。2020 年 3 月 10 日阅览。

表 4　昭和初期手贺沼可狩猎对象鸟一览（参照鸟类图鉴，通过走访调查，确认的鸟类的地方名称和标准名称）

科	当地名称（括号内为通用名）	禽鸟特征相关的民俗知识（括号内为罗马字母标注叫声）
雁形目鸭科	天鹅（类别为大天鹅。也有可能为小天鹅）	体型大，全身羽毛为白色，嘴为黄色。（ho-i ho-i）
	菱雁（豆雁）	体型大，嘴为黑色。起飞迟缓。（gagang gagang）
	大雁（白额雁）	体型相对豆雁较小，红喙白额。警戒心很强。（hi-hi-ganggang）
	绿头鸭、红脚鲣鸟、蒲鸭（绿头鸭）	雄性的头呈青绿色，颈部有白色领环，雌性全身呈褐色缀黑斑点。脚橙红色。（雄性 si-si- 雄性 ge-ge-）
	斑嘴鸭（斑嘴鸭）	脚、羽毛颜色、体型大小与雄性绿头鸭一致。嘴前端为红色。（ge-ge-）
	长尾鸭（针尾鸭）	相较于其他鸭类，雄性的黑色尾羽极长。在水里以倒立姿势捕食。（雄性 syu-syu- 雌性 koro koro）
	赤鸭（赤颈鸭）	雄性的头部为红色。雌性整体呈褐色带黑斑。体型比绿头鸭小一圈。（binyobinyo）

续表

科	当地名称 （括号内为通用名）	禽鸟特征相关的民俗知识（括号内为罗马字母标注叫声）
雁形目鸭科	铃吉 （或为赤膀鸭？）	雄性的身体为灰色，雌性为褐色带黑斑，雌雄差别不大。 （hyu-ihyu-i）
	苇鸭 （罗纹鸭）	雄性的头为青绿色，与雄性绿头鸭极为相似，但脚为黑色。 （ke ke- ke ke-）
	潜鸭 （或为红头潜鸭？）	整个头均为红褐色，雄性的身体为白色，雌性则呈灰色。白天常聚集在湖沼上。 （kyu kyu）
	大潜鸭 （学名不详）	与潜鸭相比体型较大。
	木纹潜鸭 （学名不详）	
	小潜鸭 （学名不详）	
	金黑潜鸭 （凤头潜鸭）	头部、背部为深黑色。后脑有突出的黑色羽毛。 （byurubyuru）
	靴潜鸭 （学名不详）	
	鹰斑鸭 （绿翅鸭）	体型较小，头部呈褐色，眼周为绿色。雌性与绿头鸭幼鸟相似。 （雄性 biri biri 雌性 kyekye）
	岛鸭 （白眉鸭）	眼下有一道明显白线，除此以外与雌性绿头鸭极为相似。 （giririgiriri）

续表

科	当地名称 （括号内为通用名）	禽鸟特征相关的民俗知识（括号内为罗马字母标注叫声）
雁形目鸭科	广嘴鸭 （琵嘴鸭）	雌雄均嘴阔而扁平。体型比绿头鸭稍大。 （kuwa kuwa ）
	巫女秋沙 （斑头秋沙鸭）	雄性体色为白色，雌性为灰色。嘴均细长尖锐。 （wi-wi-）
鹤形目秧鸡科	大鷭 （蹼鸡）	除额头与喙为白色，通体呈黑色。雌雄体貌一致。 （kyunnkyonn）
鸊鷉目鸊鷉科	水葫芦 （小鸊鷉）	体型极小，全身为褐色。善潜水。 （kirikirikirikiri）

昭和初期飞到手贺沼、成为狩猎对象的豆雁和白额雁等雁类飞禽，如今在手贺沼已几乎看不到了。近年来，虽然有豆雁和白额雁在手贺沼越冬的目击记录，但因为不是定期性的观察记录，所以在2019年，豆雁和白额雁被列入了千叶县的濒危物种红色名录，标注为“踪迹不明或灭绝生物”类（千叶县环境生活部自然保护课，2019：6）。

在布濑捕猎水禽的猎人们大多拥有辨识多种水鸟的能力，即他们掌握了根据鸟的鸣叫声、行动特征，以及根据鸟的体型大小、形态、颜色等身体特征对水鸟进行分类的能力。

例如，如表4所示（表4用“罗马音拼读法”来标示鸟的叫声），猎人们仔细分辨出了多种鸟的不同叫声。识别鸟声是进行夜猎的手贺沼猎人所具备的一项独特技能。在黑暗中，他们根据鸟的叫声，可以在一定程度上判断出附近猎物的种类。暗夜里，猎人们期待在什么都看不见的漆黑一片的湖沼中捕猎到价格昂贵的白额雁、豆雁、绿头鸭，所以会因鸟儿发出的叫声或喜或忧。

令人不可思议的禽鸟标价法——只数估价法

夜猎结束后的黎明时分，负责张切网猎的猎人和使用波塔绳猎的猎人，各自返回到自己村的船舶停泊码头。码头上，等待丈夫归来的主妇们背着背篓聚集在一起。主妇们从小船上将猎获的鸟取下，带回家中。对用波塔绳猎猎获的鸟，还必须要把黏附在鸟身上的粘鸟胶清除干净。据说，有的鸟因粘胶紧紧黏附在羽毛上，清除粘胶时会导致羽毛脱落，羽毛不齐整的鸟卖相很难看，因而商品价值也较低。在日本，甚至会用“像是用波塔绳猎捕到的野鸭”来形容衣衫褴褛的人。

猎获的鸟大多由收购商来买走。收购商有两种，一类是来自东京千住一带的直接采购人；另一类是当地人，他们将收购的猎物批发到东京的千住和京桥附近。将猎物售卖给收购商的地点叫作“会所”。对波塔绳猎和张切网猎获得的猎物有分别开设的售卖会所。不过在布濑，会所一般设在当日捕获猎物最多的农家。猎人们把自己捕获的猎物带到会所，卖给收购商。在会所先确定禽鸟的价格，然后进行买卖。手贺沼周边都是用一种被称为“只数估价法”的定价方法进行禽鸟买卖的。这种定价方法相当独特。

聚集到会所的收购商和猎户面对面进行价格交涉，根据当时的市场供求关系，他们首先商定雌雄一对绿头鸭（两只）的价格。这样，当时的市场“行情”就由两只绿头鸭的价格反映出来。接着，对除了绿头鸭以外的禽鸟进行定价。但其实其他禽鸟的价格，是以这一对雌雄绿头鸭的价格为基准来分别决定的，即确定某种禽鸟需几只才相当于一对绿头鸭的价值。例如，笔者在对昭和初期进行狩猎的布濑猎人们开展的调查中得知，赤颈鸭被评估为“相当于四只”，即四只赤颈鸭的价格相当于一对绿头鸭。另外，绿翅鸭被称为“相当于七只”，即一对绿头鸭的价格与七只绿翅鸭的价格是一样的。而对比绿头鸭体型更大的大雁等，议定一只的价格是一对绿头鸭的 1.5 倍（图 26）。

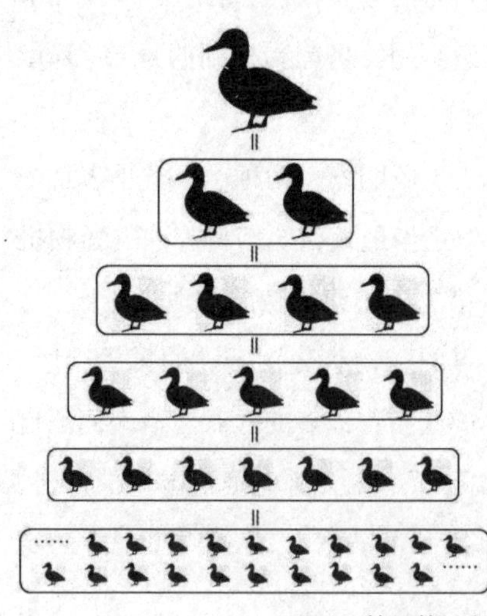

天鹅、豆雁、大雁等价格高，单只定价与一对绿头鸭的价格比率在1.5倍～任意区间

设定一对绿头鸭的价格为1。以绿头鸭、斑嘴鸭等的一对为定价基准，所以单只的价格比率为0.43～0.52

相当于四只。针尾鸭、赤颈鸭、白眉鸭、早鸭、罗文鸭等的价格比率为0.25～0.3

相当于五只。潜鸭类的价格比率为0.2

相当于七只。绿翅鸭、琵嘴鸭、蹼鸡等的价格比率为0.14

斑头秋沙鸭、鹇鹏等。价值不高，价格几乎不会变动

图26　按只数对应比值定价的结构

这种按对应只数进行定价的结构，是通过固定其他禽鸟与一对绿头鸭等价的只数，使其他禽鸟的价格随一对绿头鸭的市场行情变化发生联动的机制。总之，如果说一对绿头鸭的价格为 1 的话，一只赤颈鸭是 0.25，一只绿翅鸭是 0.14（小数点第三位以下去除），一只白额雁就是 1.5，且这样的价格比率是固定不变的。也就是说，如果一对绿头鸭是 100 日元，那么一只赤颈鸭就是 25 日元，一只短颈鸭是 14 日元，一只白额雁则是 150 日元。而且，如果一对绿头鸭的价格行情翻倍的话，其他禽鸟的价格也会相应翻倍。

禽鸟的买卖价格比率

住在布濑的川村孝（1907 年出生）曾是波塔绳猎的猎人，其在昭和十三年（1938）度的狩猎期记录的《狩猎日志》中，记载了当时捕获的野鸟之种类、数量、销售价格及市场行情。根据这本日志，我们可以计算出禽鸟实际的买卖价格比率。表 5 列示了根据《狩猎日志》计算出的买卖价格比率、根据笔者的走访调查计算出的买卖价格比率，以及根据《手贺沼鸟狩猎沿革》记载的数值计算出的买卖价格比率。从中可知，依据不同信息来源计算出的各种禽鸟买卖价格比率几乎一致。

表5　手贺沼单只水鸟的买卖价格比率（设定一对绿头鸭的价格为1）

俗称（括号内为学名）	笔者访问调查所得价格比率	出自《狩猎日志》的鸟名与价格比率	出自《手贺沼鸟狩猎沿革》的鸟名与价格比率
天鹅（大天鹅）	任意		天鹅 任意
菱喰（豆雁）	2.00	菱喰 1.90~2.17	菱喰鸭 2.00
大雁（白额雁）	1.50	雁 1.71	雁 1.50
绿头鸭、红脚鲣鸟、蒲鸭（雄性绿头鸭）	0.52	鸭 0.54~0.55	雄鸭 0.52
雌鸭（雌性绿头鸭）	0.48	雌鸭 0.40~0.45	雌鸭 0.48
斑嘴鸭（斑嘴鸭）	0.43	斑嘴鸭 0.40~0.43	
长尾鸭（雄性针尾鸭）	0.30	长尾鸭 0.30~0.33	长尾鸭 0.30
雌长尾鸭（雌性针尾鸭）	0.28	雌长尾鸭 0.27~0.30	长尾鸭 0.28
赤鸭（雄性赤颈鸭）	0.25	赤颈鸭 0.25~0.26	
雌红鸭（雌性赤颈鸭）	0.25	雌红鸭 0.22~0.25	
铃吉（或为赤膀鸭？）	0.25		
苇鸭（罗纹鸭）	0.25	苇鸭 0.25~0.26	苇鸭 0.25
潜鸭（或为红头潜鸭？）	0.20	潜鸭 0.20	潜鸭 0.20

续表

俗称（括号内为学名）	笔者访问调查所得价格比率	出自《狩猎日志》的鸟名与价格比率	出自《手贺沼鸟狩猎沿革》的鸟名与价格比率
大潜鸭（学名不详）	0.20	大潜鸭 0.22~0.26	
木纹潜鸭（学名不详）	0.20		
小潜鸭（学名不详）	0.20		
金黑潜鸭（凤头潜鸭）	0.20		
靴潜鸭（学名不详）	0.20	靴潜鸭 0.16~0.19	
鹰斑鸭（小水鸭）	0.14	鹰 0.14~0.15	鹰 0.14
岛鸭（白眉鸭）	0.14	岛鸭 0.15	
广嘴鸭（琵嘴鸭）	0.14	广嘴鸭 0.16	
大鸖（蹼鸡）	0.14	大鸖 0.12~0.15	
水葫芦（小䴙䴘）		小䴙䴘 0.04~0.05	

绿头鸭、针尾鸭、赤颈鸭等中大型野鸭，雌雄的价格有所不同。外观漂亮的雄鸟比雌鸟的买卖价格比率要高。而像斑嘴鸭之类，虽然体型与绿头鸭没有太大差别，但因外观没有明显的雌雄区

别，所以在买卖价格比率上并没有雌雄之分。故而我们可以认为体型较大且外观有雌雄之别的野鸭，才会出现买卖比率的雌雄差别。

在市场上售卖的动植物，一般在定价时都是一物一价，且各自价格会随市场行情发生变动。例如，鱼市上售卖的沙丁鱼和金枪鱼，通常根据供求情况分别定价，两者之间并没有价格联动。虽说沙丁鱼的丰产会导致沙丁鱼的价格下滑，却并不会引起金枪鱼的价格下降。但在手贺沼，禽鸟的价格由一对绿头鸭的行情决定，一对绿头鸭将所有禽鸟的价格都关联在一起，会产生价格联动效应。也就是说，只要绿头鸭的价格波动，其他禽鸟的价格也会以相同的幅度上下浮动。

为什么会形成这样的价格联动机制呢？原因尚不明确。不过这种只数定价法，可以省去给每种鸟类逐一定价的麻烦。然而，在这种机制中，市场的价格自动调节机制对除了绿头鸭以外的禽鸟起不了任何作用。假如白额雁捕获量减少，即使白额雁应该因稀有而价贵，但如果捕获了很多绿头鸭，绿头鸭的价格就会下降，从而导致与绿头鸭行情联动的白额雁价格也会下降。另外，即使因消费者喜欢食用美味的绿翅鸭，使其需求量大大增加，但绿翅鸭的价格却还是由绿头鸭的行情决定。这种以绿头鸭的供需行情为基准的禽鸟定价方法，是猎户与收购商在价格谈判中采用的方法。但我们尚不清楚下一个阶段的情况，即东京的零售商又以怎样的价格向平民出售野鸟。

禽鸟市场的行情变动和禽鸟收益

接下来，根据川村孝记录的昭和十三年（1938）度的《狩猎日志》，我们来看看当时的禽鸟市场行情和收益。昭和十三年度的猎鸟季从十一月十三日（开猎第一天被称为“初猎日”）开始，到第二年的二月二十三日结束，在这约四个月的期间，当地人共计进行了17次（17夜）狩猎（其中有两次狩猎未标明具体日期）。

“初猎日”十一月十三日以一对绿头鸭的价格1日元30钱作为起始价，此后每狩猎一次都会提高10～20钱，到十二月二十六日和十二月三十日时达到最高值，即绿头鸭一对的价格为2日元50钱。与狩猎开始之日相比，年末的禽鸟价格行情上涨了近一倍。但在进入次年一月后，行情开始急剧回落，直至一月末价格稳定在1日元80钱～1日元60钱左右（图27）。

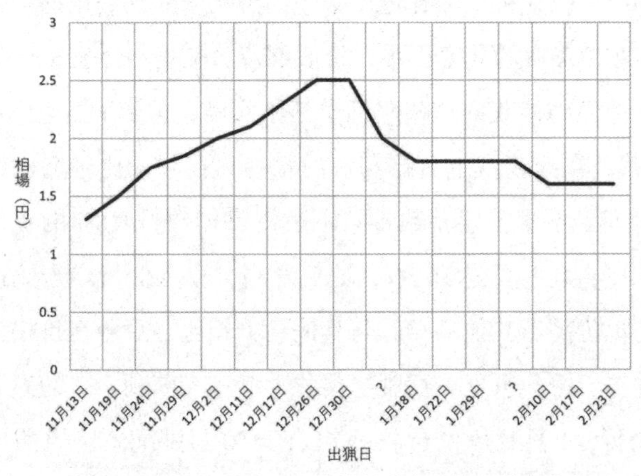

图27　昭和十三年（1938）度的禽鸟价格行情变动表

这个行情变动表很有意思，年末价高显示了水禽作为年末礼品（即年节礼）的消费需求旺盛。水禽用于年末送礼的概率很高，加之在这个季节作为过年的食材，禽鸟的消费量也很高，因此年末行情暴涨。因为有这样的行情变动，所以据说也有一些精明的猎人把在狩猎初期捕获的禽鸟留下饲养，待到年末行情大涨时再卖出。

那么，在这个狩猎季猎人们可以获得多少收益呢？

记录《狩猎日志》的川村氏，在这一季和山崎某氏、染谷某氏一起结成三人小组，用波塔绳猎法捕猎水鸟。三人在本季共捕获水鸟 670 只，包括 15 个种类。其中，猎获最多的是赤颈鸭，第二位是针尾鸭，第三位是潜鸭（可能是青头潜鸭），第四位是大潜鸭（日语学名不详），第五位是罗纹鸭。中等体型的野鸭占了大半。

据说波塔绳猎法以捕捉生活在沼泽水面上的潜鸭类为主，很少能捕捉到绿头鸭这种生活在近岸水边的野鸭。捕捉到比绿头鸭个头大的豆雁和白额雁的几率更小，价值不菲的雁类不会被轻易抓到。

川村他们将捕获的这些水鸟卖给中间商，得到的总收入为 324 日元 80 钱。在捕获量上占据高位的水鸟，在收入比例上也有占据高位的倾向。不过，捕获数量只不过占整体数量 0.8% 的豆雁，在总收入中的占比竟然达到 7%，比例之高，令人侧目。当然这是因为豆雁的单价高于其他鸟类，与其他鸟类相比，豆雁在价格上有压倒性的优势。由此可见，豆雁之类的大型鸟有获利千金的魅力。对于人们来说，1 只豆雁的价格约相当于 50 只鹡鸰。巨大的价格差足以让人们对豆雁垂涎三尺。

捕猎水禽的经济效益

川村三人将获得的324日元80钱的总收益进行了分配，具体为川村氏获得111日元97钱、山崎氏获得112日元40钱、染谷氏获得100日元43钱。川村氏和山崎氏的所得几乎相等，而染谷氏稍微少一点。其原因尚不明晰，可能与实际从事狩猎的天数及工作量有关。

也就是说，在这个狩猎季，川村他们获取的个人收入大概在100到110日元。那么，这个数额在当时有多大的价值呢？当时的消费水平是红豆面包5钱一个、咖喱饭20到30钱一份（《周刊朝日》，1988）。而大米10公斤只需3日元25钱，因此，将他们的收入换算成大米的价值的话，可以买到相当于310 ~ 340公斤大米。

如果不用这种简单的商品换算法，而是将狩猎收入作为一种实质性的劳动收益来考虑的话，其意义又会有所不同。昭和初期，在农闲的冬季，人们想快速获取现金收入时，首先想到的是去建筑工地打短工。昭和十三年（1938）时，银行新员工的月薪大约是70日元，打短工的日薪是1日元58钱（《朝日周刊》，1988）。以短工的日薪来换算的话，一个猎人在狩猎季的17次狩猎中，赚了大约相当于63到71天的短工工资。也就是说，水禽猎人平均一次能赚到大约相当于短工工资4倍的收益。

正如农林省的调查所述："本共同狩猎地中的猎户的狩猎动机，是以狩猎为副业。"（《共同狩猎地的沿革惯例及其他调查》）狩猎水鸟这一行为对村民而言，归根结底只是个副业。但是，在冬季农闲期，仅仅 17 天的出猎就可以挣到两个多月的工资，从这点来说，水禽狩猎作为农闲副业的确不可小觑。当然，这并不是说狩猎水鸟能赚大钱。此外，虽然出售猎物获得的收入并不足以支付整整一年的养家糊口的费用，但对于居住在手贺沼周围的人们来说，狩猎水禽是支撑他们日常生活的一种活动，因而对他们具有重要意义。

图28　总部布濑发出开猎信号。手贺沼的村民根据这个信号出猎

图29　猎户与收购商在交易

图30　撞上张切网的野鸭

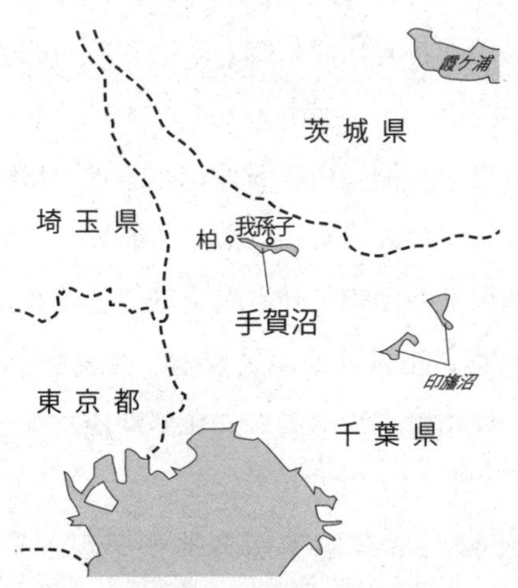

（《写真记录 日本传统狩猎法》出版科学综合研究所，1984年刊）

摄影师堀内赞位（1903—1948）于昭和初年拍摄了许多珍贵的照片，这些照片记录下了现在已经消失了的禽鸟狩猎之传统方法。他留下的两千余张底片现保存在山阶鸟类研究所。第七章起始页的照片及本节的图28—30均为堀内于昭和十二年（1937）拍摄的千叶县手贺沼的水鸟猎情景。

2. 西方狩猎习惯的渗透

狩猎水禽的法律——西方狩猎习惯的渗透

明治维新的前一年，即庆应三年（1867），鹰场被废止，江户幕府的鹰场制度以及幕府管控禽鸟交易的体制随之迎来了终结。关于这一点在第四章中已有详述。实际上在幕府末期，江户幕府对狩猎野禽和野禽流通的管理就已经很松散。于是明治维新以后，曾经管控江户一带包括鹰场在内的野鸟消费流通的管理系统，完全走向崩溃。结果以至于在江户幕府末期到明治初年，鸟兽的滥捕盛行。这一时期捕猎鸟兽不再有任何限制，政府对野鸟的消费流通放任不管（林野厅编，1969：6）。禁制一旦解开，人们便开始放纵无度地滥捕野鸟。据说这个时期，由于对仙鹤、朱鹭、白鹳、天鹅、雁等大型鸟类的滥捕，使得大型野鸟的数量急剧减少。另外，在幕府末期到明治维新的混乱时期中，随着枪支的快速普及，西洋式的狩猎方法也被引进日本，枪猎开始蔓延开来。甚至在江户（即东京）的街道上也出现了使用枪支猎鸟之人，在郊外还发生了农民因枪弹受伤的事件（林野厅编，1969：6）。

如此事态使得明治政府不能再袖手旁观。于是，明治六年（1873），政府终于制定出了一个有关狩猎的条例，名为《鸟兽狩猎规则》。该条例首先对可狩猎的地区、狩猎期间、狩猎方法进行了限制，并开始实行枪猎许可证制度，以便对枪猎进行管控。其次，将狩猎分为两类：一类是猎户和农民进行的职业性狩猎（职猎），另一类是贵族和富裕阶层进行的娱乐性狩猎（游猎）。该条例只限制枪猎，对使用网和粘鸟胶捕猎的传统猎法并没有作出任何限制。

但政府在明治二十五年（1892）又制定了一份名为《狩猎规则》的条例，《狩猎规则》指定了全面禁止猎捕的受保护鸟兽的品类（仙鹤、燕子、云雀等4种），以及在一定期间禁止捕猎的受保护鸟兽的品类（野鸡、长尾雉、鹌鹑等15种）。并且，条例规定枪猎为乙种狩猎法，枪猎法以外的网猎、鹰猎、粘鸟胶猎为甲种狩猎法，通过这些规定对狩猎禽鸟的方法进行全方位的管理。此外，条例还规定了私人设立“狩猎区”的制度。

这种私人设立“狩猎区”的制度，是对欧洲贵族社会领主的狩猎习惯的模仿，也参考了当时在日本的贵族和富裕阶层之间盛行的游猎活动。只要是日本国民，经农商大臣批准，缴纳每年10日元的资质许可费，任何人都可以设置面积不超过500町步（约5000公顷）的狩猎区。私人可以在此进行排他性狩猎。对进入明治时代开始体味到打猎乐趣的富裕阶层来说，这个“狩猎区”制度为确保他们的狩猎场所提供了便利。但对于居住在“狩猎区”的村民来说却是一个严重事件，他们很早以前就在自己的居住地，用网、鸟粘胶等传统狩猎法捕鸟为生。“狩猎区”制度使原住民自己习惯使用的猎场被外来者践踏，猎场的野鸟资源被外来者掠夺。

模仿欧洲法律制定的《狩猎规则》，威胁着从江户时代传承下来的平民百姓之传统狩猎法的存亡。如前所述，自古以来，掌权者就嗜好鹰猎，置百姓的猎狩需求不顾而独霸猎场。进入近代后，开始出现新形式的猎场垄断。曾作为东京水禽最大供应地的手贺沼，也受到了这种游猎浪潮的影响。

舶来的法律不适合日本

这个从欧洲引进的外来狩猎制度，即《狩猎规则》，并不切合日本的国情。因此，在《狩猎规则》颁布的第二年，贵族院就开始探讨修正该规则的新法律。在明治二十八年（1895），他们制定出了关于狩猎的第一部法律——《狩猎法》。

该法律废除了《狩猎规则》中区别职业狩猎与娱乐狩猎的规定；设置资质税代替资质费；禁止销售被列入受保护品类的禽鸟；禁止抓捕、销售雏鸟，禁止掏摸、销售鸟蛋等。其中最大的变化是：禁止设立《狩猎规则》中规定的私人“狩猎区”，取而代之地创设了“共同狩猎地”认可制度。这对于传统狩猎来说是一个划时代的改变。

在明治二十六年（1893）十二月八日召开的、以蜂须贺茂韶侯爵为议长的第五届帝国议会贵族院狩猎法案初读审议会上，狩猎法案特别委员会委员长谷干城子爵对从《狩猎规则》到《狩猎法》的修改宗旨和变更点进行了说明。土佐藩出身的谷干城是活跃在幕府末期到明治时期的军人出身的贵族院议员。在西南战争中，谷干城作为镇守熊本的司令官指挥熊本城保卫战时，击退了西乡隆盛率领的萨摩军，其威名因而广为人知。

谷干城说，在审议修改原案时最有争议的为是否要废除私人的“狩猎区”。他认为原本这个“狩猎区”制度是根据国外的，尤其是德国的《狩猎法案》而制定的。而且，之所以委员会要抨击和废除这个制度，是因为一旦可以设立“狩猎区”，“锦衣玉食者”们就会到处设置“狩猎区”，“职业猎人”（以狩猎为生的人）则无处狩猎了。他说，如果仔细研究一下德国的狩猎区制度是否真的公平的话，甚至可以断言，狩猎区制度是“贵族的强权，即封建的余习”。

执着的谷干城更是以强烈批评的语气进行了废除“狩猎区”的审议过程的说明。他多次使用“锦衣玉食者”一词，严厉批判优待这些贵族、有钱人的现行制度。他说：“锦衣玉食者”自设“狩猎区”，不见得会去打猎，今日的日本不需要“狩猎区”，其对于独立猎户（职业猎人）来说也是巨大的困扰，所以最好不要有“狩猎区”这样的制度。（《第五届帝国议会贵族院议事速记录第五号》）。

谷干城自己虽然是拥有爵位的贵族院议员，却拥护扎根于猎人生活的职业狩猎，抨击贵族、有钱人的娱乐式游猎。在西南战争中获得赫赫战功的谷干城，此时也显示出了他的铮铮傲骨。

共同狩猎地的诞生

狩猎法案特别委员会的成员们担心如果只是废除“狩猎区”的话，有可能会导致狩猎的无序、无度，于是他们进一步考虑如何制定制度以保护长年以狩猎为生的猎户。

这个制度就是“共同狩猎地”制度。所谓共同狩猎地，是将从江户时代开始进行的传统性共同狩猎惯例进行制度化的产物。如果将私人“狩猎区”制度排除在外的话，那么“共同狩猎地”制度就是“日本的狩猎法制中唯一一个允许特定狩猎者进行排他性狩猎的制度”（高桥，2008：307）。

《狩猎法》规定：“根据以往的惯例，在一定区域内进行共同狩猎，须要经由地方长官向农业商务大臣申请并获得许可。”（第七条）因此禁止未得到许可的人员进入该区域进行狩猎（第四条）。从江户时代开始，乡镇的农民每年都会在固定时期捕抓鸟类，猎获物的收入或作为副业收入进行分配，或充当村集体的共同事业费（林野厅，1969：183）。狩猎禽鸟为当地村民及村民所属共同体的经济收益做出了巨大贡献。着眼于这样的农村现实，“共同狩猎地”制度将村民的共同狩猎地视作一种权利加以保护。

明治二十八年（1895）政府颁布了《狩猎法》，多个共同狩猎地得到认可。如爱知县东境共同狩猎地、大阪府释迦池共同狩猎地、福冈县横隈共同狩猎地等。以布濑为中心的手贺沼沿岸村落，也被认定为千叶县手贺沼共同狩猎地。如前文所述，幕府末期发行的《利根川图志》对手贺沼的共同狩猎情况已有描述，但是这种共同狩猎的方式在明治时代才在《狩猎法》中得到了官方的认可。

在大正七年（1918）的顶峰时期，全国设定了 30 个共同狩猎地。其中，在山间捕获野鸡等林鸟和兽类的共同狩猎地仅有 4 处，剩下的 26 处都是在池沼等处捕获雁、鸭类水鸟的狩猎地。共同狩猎地数量最多的县是千叶县（11 处），其次是大阪府（4 处），然后是福冈县（4处）。茨城县、新潟县、静冈县、爱知县各有2处，岩手县、富山县、福井县、爱媛县各有1处。千叶县的共同狩猎地的数量占总量的35%以上，且远超位于第二位的大阪府。千叶县是关东地区有名的野鸟乐园，这个数字反映出当地曾作为江户（东京）的水禽供给中心繁荣一时的盛况。

尊重当地共同狩猎的传统方式，并从西欧的法律体系中汲取经验，设置共同狩猎地，这是一个划时代的进步。共同狩猎地反映了捕猎水鸟的活动与当地居民实际生活的紧密关联。

吃不到鸭肉年糕汤了！

在审议《狩猎法》法案的公开场合，法学家箕作麟祥以手贺沼的水禽狩猎为例证，再三强调设立共同狩猎地的必要性。他的言辞极其激烈。

明治二十六年（1893）十二月十一日，日本召开了第五届帝国议会贵族院狩猎法案的二读审议会。午饭时间短暂休会后，下午接着召开审议会。会议一开始，就设置共同狩猎地问题进行了集中讨论。法律学家箕作麟祥就此发表了热情洋溢的演讲，他是狩猎法案特别委员会的成员之一。

箕作家族因饱学之士辈出，为近代学术发展做出了巨大贡献而闻名遐迩。麟祥是箕作家族的后起之秀。他精通英语、法语，并且因将constitution创造性译为“宪法”这一日语词汇而广为人知。致力于日本近代法制度建设的箕作，正是奠定了日本法律学基础的功臣。他为在《狩猎法》中纳入共同狩猎地制度一事煞费苦心。

他认为，如果特别委员会不同意将共同狩猎地制度纳入《狩猎法》，就不能保护农村传统的狩猎习惯。他还解释了去除私人狩猎区制度的理由。“狩猎区”和“共同狩猎地”性质迥异，共同狩猎一直以来是农村的惯例，当地人将其视为一项工作。他甚至高度评价共同狩猎地为“脚踏实地（一切都很认真、踏实而心安）之事”。与此相反，他严厉批评私人狩猎区制度，认为这是一种舶来品，对日本人而言是一种过于奢侈的“消遣玩乐”。

另外，箕作麟祥还指出，如果不保护共同狩猎的话，不仅会给当地的猎户带来麻烦，而且人们在狩猎地野蛮无序地进行枪猎，还会导致禽鸟远离。为了少部分农民的生活有所保障，箕作甚至以保护野鸟资源这一崇高目的为理由，呼吁建立共同狩猎地制度的必要性。

之后，有些用力过猛的箕作，继续大谈特谈自己的主张，下述理由稍稍有些偏离主题之嫌。

在东京附近的千叶县有个叫手贺沼的地方。虽然在远离京城的其他地区也有类似的地方，但是据说在手贺沼可以捕猎到很多野鸭。由于手贺沼离东京很近，大家持枪去打猎很方便，所以如果取消对手贺沼的狩猎管控，大量枪猎会导致大雁和野鸭远离这片水域。结果不仅会对靠此谋生的人（猎人——引用者注）造成困扰，也会令身在东京的我们吃不到雁鸭。多亏有手贺沼这样的共同狩猎地，我们才能吃到大雁、野鸭。眼下快要过年了，可能我们连‘鸭肉年糕汤’[①]也吃不到了。这真是件令人非常头疼的事……（《第五届帝国议会贵族院议事速记录第七号》：91）

箕作知道手贺沼是雁鸭类野鸟的一大产地。也许他真是喜欢品食放了鸭肉的新年年糕汤，所以才会如此忧虑如果不设立共同狩猎地、不限制枪猎的话，就再也吃不到“鸭肉年糕汤”了吧。在陈词激辩的最后，箕作强烈恳求议员们赞成其主张，他说：“恳请你们赞成我的提案”；“如果要修改文字表述的话，无论怎样我都会回应，所以请你们赞成”；“这个修正案如果因细微的表述问题而被取消的话甚是遗憾，所以文字表述修正请在下一次会议上讨论。只要对我提出的意向有同感，就请先赞成”；“无论如何希望大家表示赞成”。

箕作作为一位著名的法学家，理应是冷静沉着、条理清晰之人，也许是“鸭肉年糕汤”魅力巨大，才令其如此激情洋溢地表达自己的主张。其他贵族院议员们，不知是赞同箕作麟祥高调提倡的保障少数底层人民生活的崇高理念，还是对他无法吃到美味鸭肉的忧虑产生了共鸣，总之，这个法案得以完美通过。

箕作曾说：如果不限制游猎者的枪猎的话，会对手贺沼村民的野鸭狩猎造成影响，甚至可能无法在东京吃到“鸭肉年糕汤”。令

① 年糕汤是日本在新年吃的传统食物，就是在味噌汤里放以年糕为主的各类食材煮制的锅物料理。

人遗憾的是，数十年后，他的这个悲剧性预言彻底变成了现实。箕作的心愿化为了泡影，手贺沼的水禽狩猎消散在了风中。

3. 野鸭输给了稻米

强有力的社会性管控措施——手贺沼的共同狩猎地

根据《狩猎法》，在千叶县手贺沼设置共同狩猎地得到了许可。其后，手贺沼按照条例设立了共同狩猎的组织机构，即在包括布濑在内的12个村正式成立手贺沼猎鸟营业行会。行会制订并完善了行会规章，努力使禽鸟狩猎活动得以延续。如前所述，大本营布濑在狩猎村中地位特殊，有权决定出猎日和出猎时间，有权选出猎鸟营业行会主席，即“干事长”，并且拥有独占波塔绳猎的特权。每个村子都有猎鸟营业行会的支部组织，布濑区猎鸟行会在布濑共同狩猎区内维持水禽狩猎的运营秩序。各村的猎鸟行会承担管理狩猎场、管制猎具、向上级申请狩猎许可等事务。

在举行集体狩猎时，各村的狩猎场及周边地区都会被严格管控。这种狩猎时的管控在手贺沼沿岸村落中被称为“留川”。“留川”的对象不只限于猎人，而是针对居住在村落里的所有人。留川的内容涉及诸多方面，具体包括：出猎日前后，限制船只在手贺沼的水面航行；禁止在手贺沼捕鱼和采集水生植物；禁止无关人员进入猎区；对手贺沼周边居民的灯火进行管制；禁止在狩猎场吸烟；

禁止进行妨碍捕猎水禽的耕作（开垦）等。猎鸟营业行会负责安排专人“值守”防范，以免有人违反“留川”规定。如此繁多的管控规定之所以被各村认可，无非是因为村民们认为水禽狩猎是一项重要的社会性工作。尽管在手贺沼狩猎水禽只是副业，但在村民眼中却是一种具有社会性优越感的营生手段。

即使是自己的私有土地也会被禁止进入

从手贺沼猎场的使用状况来看，水禽狩猎的社会性优势尤为显著。要将手贺沼设定为共同狩猎地，必须得到土地所有者的同意，这涉及手贺沼的国有公共水面，还有属于沿岸地区居民个人的私有地以及属于布濑村村集体的共有土地。使用公共水面，须向沿岸町村的政府机关申报，得到村会（村议会）的同意后再向县级行政机构提出申请，取得许可后使用。而作为狩猎场使用的私有地和集体共有地，则由猎鸟营业行会出面，一并负责与土地所有权人签订一定年限的季节性租赁合同。

昭和七年（1932），根据猎鸟行会和布濑村签订的猎场租借合同，猎场用地被分为私有地的“菰蒲生长地”和布濑村的集体土地“荒野”（《布濑区有文书》）。尽管“菰蒲生长地”是私有土地，但由于村集体对私有土地的公共性管控很强，土地所有者的权限受到了很大限制。所以，即使是自己的土地，所有者也不能自由使用、随意处置。

尽管手贺沼沿岸的湿地是私有地，但一到冬天便会被租借作为狩猎场使用，这在手贺沼沿岸的村庄是一种约定俗成的规定。私有地被半强制性地当作了猎场。土地所有者在狩猎水禽时，即使想在自己的私有地上用张切网捕猎水鸟，但如果没有在行会进行的狩猎场所分配抽签中抽中自家私有地的话，就不能在自家私有地上进行张切网狩猎。不过，在夏季等狩猎期以外的季节，则可以在自己的私有地上采收菰蒲、芦苇等，也可以“开垦水田”（简易的水田耕作）进行种植。但在狩猎期内，即使是自己的土地也会被禁止入内。共同利用狩猎地的约定俗成式权限，优先于土地所有者的个人支配权限，这种对土地所有者的使用权限的限制一直延续到昭和初期。但是，在近代化的进程中，随着人们要求将手贺沼沿岸的低湿地和荒野开垦为水田的呼声越来越高，狩猎水禽的传统开始面临生死存亡的危机。

迫于形势的农田开发、被压缩的猎场

事实上，从江户时代开始，开垦新田的风潮就多次影响了手贺沼。手贺沼早在近世初期的宽永年间（1624—1643），就开始挖掘通往利根川的水路，着手进行由幕府代官[①]主导的新田开垦，但是因接二连三的水灾而受挫。后来的宽文十一年（1671），又有江户商人承包新田开垦，但也迟迟未能取得进展。到了享保年间，幕府积极推进新田开垦，当地政府响应幕府的政策，从手贺沼的布濑村湖岸到对岸修建了一条被称为“千间堤”的分隔堤，通过分隔堤

① 代官指日本中古时代掌管军、政、农、工的中下层官吏，地方官。

将下沼（手贺沼的东侧）和上沼（手贺沼的西面）分开，并对水浅的下沼进行了围湖造田。但是，由于这座堤坝的溃决而水患频发，下沼的水田年年荒废，居民疲敝，生活困难重重。不过幸运的是，这个下沼成了众多水禽的栖息场所，为了摆脱经济困境，沿岸居民一致同意“从事捕鸟来补贴生计”（《共同狩猎地的沿革惯例及其他调查》）。

手贺沼因为地理条件制约，在江户时代进行的大规模新田开垦未能成功。如此一来，手贺沼直到明治中期为止一直是野鸟的乐园，并且一直是关东地区首屈一指的水鸟猎场。但是，手贺沼沿岸的人们并不能游离于日本的近代化，以及近代农业政策的发展之外。在近代化过程中，农业政策集中于水稻种植方面。明治三十二年（1899），政府实施《耕地整理法》，使手贺沼沿岸的土地所有者们得到了法律保护，可以依法打理自己的耕地。这部法律成为破除水禽狩猎优先的一大依据，虽然水禽的优先捕猎是一直以来的习惯性约定。在手贺沼沿岸的村镇，人们以该法律的实施为契机，开始积极开垦、整修水田。

在明治四十一年（1908）办理共同狩猎地更新手续时，由于出租狩猎场私有土地的个人与村集体之间，未能顺利达成关于土地使用费的协议，所以发生了手续延后搁置的情况（《共同狩猎地的沿革惯例及其他调查》）。这个时期，以前协助设置共同狩猎地的土地拥有者和猎鸟营业行会，在利益和感情上都产生了截然不同的变化。村民分裂成了两派：一派积极参与狩猎；一派积极参与水稻种植。在这样的情况下，从近世继承的关于狩猎水禽的社会性规制，逐渐失去了效力。水边土地所有者的造田欲望、造田背后的法律保证——《耕地整理法》，以及加大水稻种植比重的日本近代农政政策等因素，都削弱了村落约定俗成的社会性规制，淡化了村落共同使用狩猎地的惯常性行为。

大正二年（1913），手贺沼猎鸟营业行会在申请更新共同狩猎地许可证时受阻。由于受到清理耕地政策的影响，他们没有得到使用公用水面（手贺沼的水面）的许可，使共同狩猎地的面积减少了大半。也就是说，水鸟（狩猎）不敌水稻（农田开垦）。

不过，即使将公用水面排除在共同狩猎地之外，水禽狩猎本身也能进行。但是，共同狩猎地的特征是，只有特定的猎户（对手贺沼来说就是猎鸟营业行会）才能在规定区域内进行狩猎，而公用水面不再属于共同狩猎地使手贺沼失去了能够排除外来人员的制度性支撑，就会有招致游猎者侵入的风险。村民们无法预计共同狩猎地的区域设置能否恢复如常，因而临时向主管部门申请在当年十月中旬到二月中旬的狩猎期内将手贺沼列为游猎者的禁猎区域，并得到了批准。

打猎游戏——猎枪的威胁

如前文所述，致力于制定《狩猎法》的箕作麟祥，以手贺沼与东京相邻为由，说明如果对游猎放任不管，以狩猎为娱乐的枪手们就会蜂拥而至，枪猎会对当地传统狩猎产生恶劣影响。他也因此担心再也吃不到鸭肉年糕汤。其实，手贺沼的猎人们对枪猎行为也有同样的忧虑。

枪猎发出的枪声是令水鸟逃散远离的原因。由于枪猎对张切网猎和波塔绳猎等传统狩猎有严重的负面影响，所以枪猎被猎鸟营业行会严格禁止。在布濑，人们对声音的音量非常敏感，以至于有这样的传统禁忌——即使过节也绝对不能放焰火。只是这种习俗性的禁止及禁忌，虽然对当地人有效，但对外乡人却并没有强制力。因此，为了让外来人员也遵守这种禁忌，并禁止枪猎者进入，当地人制定了设置枪猎禁区这一法律性制度。但现实中，并不能杜绝游猎者们在野鸟乐园里寻找猎物。

例如，明治三十九年（1906），有个当地人向猎鸟营业行会提出想要进行枪猎的申请，并得到了三天的许可。这似乎是一个特例，但为什么在这片讨厌枪猎的土地上，枪猎会被许可了呢？因为那名当地人带来参加枪猎的，都不是普通人。

当时参加枪猎的猎手是以西园寺八郎（西园寺公望的养子，后来成为贵族院议员、公爵，25岁）为首的20到30岁的8名年轻人，包括保科正昭（子爵，后来是贵族院议员，23岁）、正亲町季董（男爵，32岁）、岩仓具光（岩仓具视的孙子，20岁）、四条隆英（农商务省官僚，后来是男爵，30岁）、岩仓道俱（男爵，岩仓具视的第四子，25岁）、薮（高仓）笃麿（子爵，后来成为贵族院议员，26岁）（《手贺沼鸟狩猎沿革》）。之所以被特许在手贺沼进行枪猎活动，是因为他们都是华族[①]子弟。据说这些华族子弟将击落的猎物鸟堆满了一辆运货车凯旋，想必他们一定很尽兴。笔者推测，那些以枪猎为兴趣爱好的名门子弟，是利用地位特权进入手贺沼进行游猎的。

如前所述，由于受耕地调整政策的影响，大正二年（1913）手贺沼想要更新共同狩猎地资格，却未能成功，这成为游猎者得以在手贺沼进行狩猎的原因之一。虽然猎鸟营业行会在自己的狩猎期内，将手贺沼设为禁止枪猎区域，以阻止枪猎者进入，但是在狩猎期结束后，他们却会通过收取一定费用而允许枪猎的游猎者进入。而那些对手贺沼虎视眈眈、爱好枪猎的游猎者，当然不会错过这个好机会。以此为契机，猎鸟营业行会开始对会员以外的外地人，有偿许可在手贺沼使用枪猎狩猎，这被称为手贺沼的“解禁”（《共同狩猎地的沿革惯例及其他调查》）。结果，枪猎的“解禁”成了手贺沼延续传统水禽狩猎习惯的一大障碍。

水鸟狩猎的终结

明治时代以后，随着国家发展的近代化，在日本政府主导的土地开发进程中，各地的鸟类栖息地都受到威胁，鸟类数量显著减少。在游猎者不断增加的情况下，大正七年（1918）政府全面修改

---

① 华族是日本于明治维新至二战结束之前存在的贵族阶层。华族的出现始于 1869 年 6 月 17 日，而正式确立“华族制度”的《华族令》则是于 1884 年 7 月 7 日制定的。1947 年 5 月 3 日，华族随着战后日本国宪法的生效而正式被废除。

了《狩猎法》，从原先指定被保护鸟兽品类，改为限定可狩猎的鸟兽品类。也就是说，除了被指定的可狩猎鸟兽以外，其余鸟兽全都成了受保护者。如此一来，可狩猎鸟兽的品类受到了很大的限制。同时，《狩猎法》还废除了共同狩猎地制度。以前的共同狩猎地可以继续存在，但不再认可新设共同狩猎地。通过这次修改，关乎鸟兽的行政立法方向发生了“从狩猎鸟兽到保护鸟兽”的巨大转变。这是日本狩猎史上的一个重大进步。

手贺沼地区终于在大正八年（1919），得到了使用公有水面的许可，其作为以前的共同狩猎地复活了，但尽管如此，传统水禽狩猎还是日益衰退，猎人的数量也大幅减少。大正十二年（1923），手贺沼有 103 个猎人，但次年申请更新猎户证时，却急剧减少到 71 名。而在昭和四年（1929）更新时，又变成了 64 名。另一方面，由于枪猎活动中的滥捕及枪猎引发的禽鸟的逃散，再加上调整耕地导致狩猎场的减少，禽鸟捕获量不断减少，使得猎人失去了狩猎欲望，因而从事狩猎的猎人也越来越少。共同狩猎地在昭和初期缩小了规模，而且很多沼泽地也被开拓成耕地，不再适合作为狩猎场。最终，在昭和十七年（1942），手贺沼猎鸟营业行会解散。

在布濑的香取鸟见神社内现在还存留有猎鸟纪念碑，纪念碑是为了在行会解散之际留下过去的事迹而修建的。其中，行会解散的理由如下所示。

随着时代的推移，狩猎业逐年衰退，鉴于我国目前的国情，开拓本狩猎场作为良田，以努力确保粮食增产。为了国家的大业，一致通过解散行会。(《手贺沼鸟狩猎沿革》)

那时正值第二次世界大战，时代的变化使狩猎活动不复往日的繁荣。鉴于当时的日本国情，为了增产粮食，手贺沼将猎场开拓为良田，以有助于“国家的大业”的实现，并为此解散了猎鸟营业行会。手贺沼猎鸟营业行会解散后，传统狩猎被少数猎人们继承下来，直到昭和三十四年(1959)，行会才真正终结。从江户时代传承下来的这种传统谋生行业也终于落下了帷幕。

污水横流的手贺沼

昭和二十一年(1946)，为了解决战后粮食匮乏问题，以及解决战后遣返民的工作问题，日本政府启动了在手贺沼进行开荒造田的工程。政府相关部门运用近代化施工方法，花了20年的时间治理手贺沼的水患，这项工程终于在昭和四十二年(1967)完工。由此，手贺沼的东半部分(面向布濑的下沼)成了陆地，开垦出了435公顷的良田。但是，在失去了约45%的水面后，手贺沼却变成了“日本最脏的湖”。

20世纪60年代，现在的千叶县柏市和我孙子市等手贺沼流域迅速变成了住宅区，住宅区的生活排水不断污染手贺沼的水质。旧环境厅于昭和四十九年(1974)开始对全国公共水域水质进行测定，其中对手贺沼的水质测定显示，手贺沼中水的COD（化学需氧量）[①]的年平均值位列全国首位。COD值越大，则意味着水质被人为污染的程度越高。也就是说，手贺沼是日本最脏的湖泊。从调查开始的昭和四十九年（1974）到平成十二年（2000）为止，手贺沼长达27年持续保持了这一不光彩的记录。

其后，地方政府采取了一些直接有效的措施来净化手贺沼。比如完善下水道设施、清理沼中的绿藻和淤泥、更换妨碍水流畅通的桥墩等等。另外，从利根川引水注入手贺沼的北千叶引水稀释工程之类，也在一定程度上改善了手贺沼的水质。由此，手贺沼水质污染日本第一的“宝座”，才让给了其他湖沼。但近年来手贺沼仍然是脏污湖沼排名前五位的常客。这里曾经是野鸟的乐园和狩猎的天堂，可如今，我们已无法目睹其昔日面貌了。

---

① COD指水体中能被氧化的物质进行化学氧化时消耗氧的量，一般以每升水消耗氧的毫克数来表示，是水质监测的基本综合指标。

终章　忘记野鸟味道的日本人

图31　手贺沼位于千叶县北部，湖面跨越柏市、我孙子市、白井市、印西市。现在手贺沼的湖面上漂浮着天鹅形状的游船。而过去人们曾经在这里狩猎以天鹅为主的野禽

日本食鸟文化的衰退

在日本，人们曾经食用很多种类的野鸟，而现在这种丰富多彩的野鸟饮食文化似乎已经被遗忘了。本书以江户时代为中心，对品食禽鸟的文化及当时所处的政治、经济状况进行了梳理。在这千百年间，不，应该说是在更漫长的岁月里，生活在日本列岛上的人们曾经视禽鸟为饕餮美食。成为人们腹中美食的禽鸟，其数量之多、品种之丰富令现代人难以想象。但是，就在几十年前，品食禽鸟的文化逐渐衰落，现在食鸟文化几乎已经从日本人的记忆中消失了。

日本人在绳文时代便已有食鸟习惯，这一点已经被考古证实。随着时代的演变，食鸟的习俗逐渐体系化，并愈发讲究。到了室町时代后期，丰富多彩的野鸟料理被不断发明出来，为江户时代形成成熟的食鸟文化打下了基础。各个时期的当权者对日本食鸟文化的形成过程都产生了一定影响。在食鸟文化全盛时期的江户时代，为了维护将军的威望和社会秩序，幕府会定期在江户周边举行鹰猎这样的仪式性活动。为此，幕府严格管控江户周边农村进行的捕鸟活动，限制外围禽鸟进入江户，并且严密监管江户的禽鸟买卖市场。

历史上，在世界各地都能看到王权把控狩猎。从宏观的视角来看，可以说，江户幕府对捕鸟和禽鸟买卖的管控展示了一个王权理所当然垄断狩猎的案例。但这种对野禽的管控只是在将军居住的江户才有的特别现象，在京都、大坂等其他地区并没有如此严格的管控。从这一点看，可以说本书描写的江户的食鸟文化是德川政权创造的文化。德川政权虽然保留了天皇制度，却在远离京都的江户篡夺了天皇实质上的“王权”。

在江户，精通烹饪技术的庖丁人发明了很多精致的禽鸟料理，其美味也令武士和富裕的市民们赞不绝口。而且，野禽还是一种用于往来馈赠的奢侈品，因而禽鸟具备了极高的商业价值。因为禽鸟生意很容易挣到钱，所以它不仅吸引了正统的商人，还吸引了江湖浪人和骗子、走私贩等不法之徒。

江户周边的农村通过将野禽提供给江户，与江户做禽鸟交易，从而与江户密切相连。在农村，人们通常按规合法进行狩猎，但与此同时也有人肆意违规非法偷猎，或将偷猎的猎物偷运到江户来兜售。在这些不法分子中，一方面有人巧妙地避开管控赚到了钱，但另一方面，也有人很快就被抓获，遭到严惩。另外，出产禽鸟的村庄还会制定一些公共性规则，以规定狩猎方法和狩猎期，约定村民共同进行狩猎。

日本的食鸟文化塑造了一种包含政治、经济、社会、礼仪等诸多因素的复杂的文化综合体。这种情形在以鱼和其他动物为食材的饮食文化中似乎并不可见。但这个文化综合体在日本的近代化过程中分崩离析了，结果，现代的日本人忘记了野鸟的味道。

那么，为什么曾经高度繁荣的野鸟饮食文化现在会衰退到如此地步呢？

推论　日本人忘却野鸟味道的原因

食鸟文化在日本衰落的原因，首先是近代以后牛、猪、鸡等家畜及家禽的普及。随着明治维新之后的“文明开化”，日本的饮食文化逐渐西化，肉食开始普及。因此，日本人开始摄入各类肉食，从而相对降低了品食野鸟的必要性。也就是说，野鸟肉被其他动物肉所替代了。

日本自明治时代起，开启了近代化、西洋化的进程。为了提高国民体质、改善饮食营养结构，政府鼓励国民食用肉类（太田，2016：117），并大力推广饲养产肉量稳定的家畜和家禽。日本从西方引进品种优良的家畜、家禽，替换日本本土产肉量较为逊色的品种。此外，日本还引进西方的饲养技术，使得家畜和家禽的产肉量得到提高。日本人感知到肉的美味，食肉意识开始觉醒，肉食消费量稳步扩大。

然而，尽管如此，肉类像现在一样普及还是在第二次世界大战以后。二战后肉类消费量急剧扩大，肉类逐渐成为大众化日常食材。例如，在二战前，产蛋鸡（专门生产鸡蛋的鸡）中不能产蛋的母鸡才会被作为鸡蛋的副产品来消费，而且供应量很小。因此，日本人认为鸡肉比牛肉更高档。人们之所以像现在这样能够廉价买到鸡肉，是因为二战后从海外引进了肉鸡。特别是在日本经济高速增长时期（1955—1972），日本人开始大量地消费鸡肉（矢野，2017：166）（图 32）。

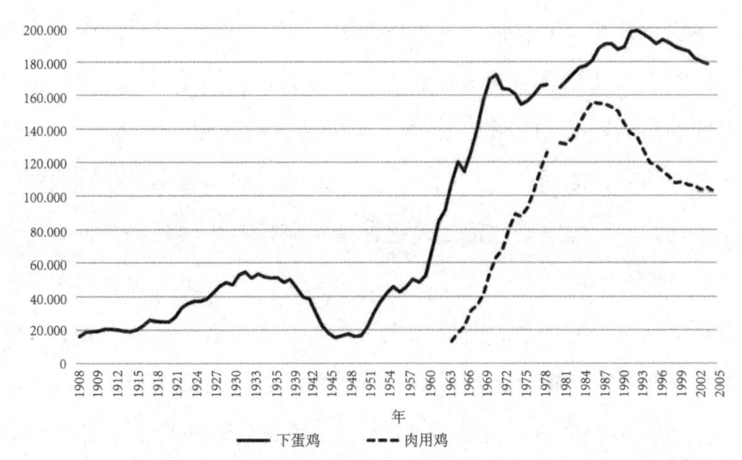

图32　1906—2005年肉鸡养殖数量的变化。由图可知肉鸡产量在第二次世界大战后（1945年以后）急剧扩大

［根据《新版日本长期统计总览》之（总务省统计局2006）制作］

第二次世界大战前后的食鸟文化的变化

可以说二战前后是日本食鸟文化的重大转折期。日本人食用野生鸟类的文化走向了衰落，而恰巧在这一时期，作为家禽的鸡出现了，并逐渐成为大众化的食材，仿佛是在填补野鸟食材的空白。当然，日本人长期以来一直把野生鸟类视为奢侈品，与鸡一样，它们都属于难得品尝的珍馐，而非家常便饭。但在战后，随着养殖鸡数量的增多，鸟类数量的减少，日本人的饮食习惯也相应发生了变化，鸡肉成为常见的禽鸟肉。此外，其他品类的肉也开始以较为便宜的价格出现在市面上，因而野鸟肉也就失去了存在的意义。

然而，非野鸟类食材的普及和大众化，虽然可以被视为促使野鸟逐渐从日本人的食谱中淡出的原因之一，但我们并不能断言它就是日本食鸟文化衰落的决定性因素。因为在法国等国家，曾是贵族美食的野味料理与家畜、家禽之类的肉食料理被一并传承了下来。原本明治维新以后，肉食的普及应该会推动包括食鸟文化在内的食肉文化的多元化发展。但是，这种情况在日本并没有发生。

我们必须考虑到，除了家畜、家禽等肉类逐渐渗透到日本人的日常生活这一原因外，还有另外一个令日本人逐渐减少食用野生鸟类的重要原因，那就是近代日本野鸟种群数量的减少。

野生鸟类数量的减少自然会导致其捕获量的减少。捕获量减少，又自然会使得野生鸟类的价格飞涨，或更加难求。在这种情况下，普通消费者食用野生鸟类的机会便会减少，从而逐渐忘却了食用野鸟的习惯。野鸟本身愈发稀少，食鸟文化自然也会随之消失。

野鸟数量减少的原因

进入近代后，野鸟的种群数量和捕获数量大幅减少，其原因多种多样。在此以上一章中描述的手贺沼为例，来推测一下其中的缘由。

手贺沼原本是野鸟的天堂，是捕猎者狩猎水鸟的乐园，也是江户（东京）的一大水禽产品供应基地。然而，手贺沼持续了至少两百年之久的水鸟狩猎活动，在进入近代后逐渐衰退，最终在昭和三十年代落下了帷幕。手贺沼水鸟捕猎活动消失的主要原因，是栖息于此地的水鸟数量的减少。那么，究竟是什么原因导致了手贺沼水鸟数量的减少呢?

如上所述，第一个原因，可能是随着政府整顿规划耕地、粮食增产等促进了近代农业的发展，近水地域被开垦为农田。开垦水边土地导致了水鸟栖息环境的恶化。不仅是手贺沼，在日本各地的湖沼，甚至是日本以外的水鸟栖息地都出现了同样的现象。这种环境退化，应该被视为一种近现代现象。不限于手贺沼，日本捕获雁鸭类候鸟的狩猎地，也是候鸟们暂时停留的越冬地。这些鸟儿，夏季在西伯利亚等地繁殖，秋天经由朝鲜半岛等地飞到日本。我们必须以东亚和东北亚为一体的广阔视野，来考虑对这种跨国分布的跨界型鸟类的保护。候鸟的数量与繁殖地、迁徙路线、栖息地所在区域整体环境的好坏等息息相关。

其次，鸟类数量下降的第二个原因可以归结为娱乐式枪猎者的增加。在明治时期，"当时狩猎的特点之一，就是为了个人的娱乐与荣誉，人们毫无节操地试图猎得比别人更多、更稀有的猎物"，为此，枪猎者"滥捕乱猎"的现象严重(久井，2003：10)。日本的猎人甚至前往当时的殖民地朝鲜半岛打猎，还导致了丹顶鹤数量的锐减。大正十年(1921)，日本全国的狩猎者数量达到了21万人左右。虽然在昭和时期一度减少，但由于二战后粮食短缺，狩猎者数量又有所增加。昭和二十一年(1946)，达到了近17万人(林野厅，1969年：305-306)。全国范围内非专职猎手数量的增加和他们的滥捕乱猎，严重影响了手贺沼等地的专业猎户的禽鸟捕获量。

此外，关于手贺沼水鸟的栖息数量减少，还必须把"战争"的因素考虑进去。第二次世界大战导致了粮食短缺，粮食短缺进一步推动了政府对手贺沼周边的耕地开发；耕地开发恶化了水鸟的生存环境，也助长了偷猎行为。不仅如此，在二战期间，手贺沼周边“就像是一个机场的训练区，瞭望塔探照灯的照射可能也是鸟类逃离的一个原因”（《手贺沼鸟狩猎沿革》）。可见，战争状态下军队进入手贺沼，是导致鸟类逃散的原因之一。

除了这些外部因素外，还有必要考虑导致手贺沼鸟类数量下降的内部因素。手贺沼的水鸟狩猎活动缺乏有效的资源管理机制，未将捕获数量控制在可持续再生产的适当范围内。因此，有可能造成了对野生鸟类资源的过度利用，即对水鸟的过度捕猎。

资源的过度消耗——公地悲剧

鱼贝类、鸟兽类、植物等生物性资源，如果通过繁殖维持适当的个体数量，那么或许可以在被持续利用的同时，保持资源的再生和维系资源的稳定性。但是，如果持续捕获量超过可再生个体的数量，其资源自然就会枯竭。在手贺沼，地方政府关于狩猎方法、出猎日期、狩猎场的使用，制定了严格的细则。尽管这不失为一种保障猎手狩猎机会平等、防止社会矛盾的社会性机制，但遗憾的是，这个机制没有考虑到可持续资源的利用量，不具备将猎手们的捕猎数量控制在一个合理范围之内的功能。这就是所谓的“善捕者赢”。因此，猎人们争先恐后地拼命捕鸟也无可厚非。明治时代以后，食鸟文化更加大众化，其需求量也越来越大，所以猎人们就更积极地致力于狩猎活动。

据明治二十五年（1892）由农商务部发行的全国狩猎总览《狩猎图说》推算，当时在手贺沼一个狩猎季捕获的水鸟数量为42200只。而且书中说明，根据推算值“可知手贺沼水鸟资源很丰富”（《狩猎图说》）。当时捕获的水禽数量之多，是我们现在无法想象的。

许多人一起共同利用同一资源时，如果没有能适当限制资源利用量的组织和规则，人们就会按照自己的意志，为了自己的利益而肆意使用资源，结果就会发生资源的抢夺和过度利用，导致资源枯竭匮乏，人们称这种情况为“公地悲剧”（The Tragedy of the Commons）。明治以来，手贺沼的水鸟狩猎可能就是陷入了这一悲剧模式。

水鸟资源的可持续利用遭到破坏

不过，这场悲剧的责任不能只归咎于手贺沼的猎人们。如前所述，明治时代以后，水鸟栖息环境的恶化显而易见。进入近代后，水鸟的资源量原本就有可能因为外部因素而逐渐减少。在禽鸟资源丰富的时代，分布于亚洲大陆的水鸟夏季繁殖地和候鸟途经地，以及类似手贺沼之类的禽鸟越冬地的自然环境良好。可能那时手贺沼猎人的捕鸟量还在合理范围内，不会妨碍禽鸟资源的再生。但是，可以推测，在水鸟栖息地遭到严重破坏、枪支游猎盛行、鸟类被滥捕滥猎的时代，猎人们的竞争性捕猎行为成了损害水鸟资源可持续利用的更深层次原因。

据明治二十五年（1892）的《狩猎图说》推算，当时在手贺沼一个狩猎季捕获的水鸟数量为42200只，但在三十多年后的昭和二年至昭和五年（1927—1930）间，手贺沼的水鸟猎捕数量减少到一季6300 ~ 6900只（数据源于《共同狩猎地的沿革惯例及其他调查》）。这个数值，虽然不能简单地与明治时期的推算值进行比较，但还是可以推测出，这几十年来手贺沼的水鸟数量大幅减少了。

水鸟的减少，也导致了想要靠捕猎提高收益的猎人数量的减少。猎获水鸟的数量一旦减少，收入就会降低，猎人就会因此退出狩猎这个行业。赚不到钱，猎人自然就不会再去狩猎水鸟，这是情理之中的事。这样一来，禽鸟捕获数，也就是市场上禽鸟供给量又会越来越少。

猎人的减少也成为导致水鸟进一步减少的诱因。“鸟类的减少是狩猎者减少的一大原因，而狩猎者的减少在另一方面造成了鸟类保护上的缺陷，从而加速了鸟类的消亡。”（《共同狩猎地的沿革惯例及其他调查》）也就是说，手贺沼陷入了这样的一个恶性循环：鸟类的减少导致猎人的减少，猎人的减少又进一步造成了鸟类的减少。

当时，人们认为，猎人虽然捕猎水鸟，但另一方面他们也在保护水鸟的栖息地，守护水鸟，防止外界对它们造成不良影响。而由于猎人的消失、保护活动的停止，鸟类反而减少了。乍一看，狩猎似乎是损耗野鸟资源的行为，但实际上，通过履行支持狩猎的默认规则，采取监测守护禽鸟和整备养护猎场等适当措施，猎人们能够实现对野鸟资源的有效保护。现在这种社会性机制的弱化、管控制度的放松，也被认为是导致水鸟数量减少的原因之一。

不过，狩猎有助于资源保护这一侧面，终究是一种无意识且偶然的效果。狩猎不是为了维持个体数量，而有意识地监测或调整捕获数量，且设定有预期效果的资源保护行为。我们只能得出结论：这种偶然的资源保护，在自然遭到各种外部因素破坏的近代社会，仍然是脆弱的。

濒危文化——野鸟的传统狩猎和饮食文化

发生在近代的鸟类数量减少，促进了狩猎相关法律制度的强化。而这种强化，进一步阻碍了传统狩猎的存续。如前所述，明治时代以后，管控狩猎的相关法律法规逐渐完善，狩猎活动受到了限制。尽管鸟类的减少并不完全是因为猎户们的传统狩猎活动，但与狩猎相关的法律将猎户与新加入的游猎者放在一起加以监管，从而导致猎户的传统狩猎活动受到了很大限制。第二次世界大战后，围绕狩猎制定的一系列严格的法律法规，成为传统狩猎衰落的决定性的因素。在联合国军队占领日本期间，鸟类学家奥利弗·奥斯汀任GHQ（驻日盟军总司令）自然资源局野生生物部主任。在他的主导下，美国关于鸟类保护和动物狩猎的制度理念被带到了日本。非法狩猎者们用于偷猎的霞网成为被禁止使用的猎具，延续至今。曾在手贺沼等地的合法狩猎中使用的张切网和流粘绳也被禁止使用了。现在，传统的水禽狩猎活动仅限于使用抛网、谷切网、无双网：抛网即通过将网抛向水面来捕捉鸭子；谷切网即只在鸭子通过时用拦截的拉网进行捕猎。

并且，在昭和三十八年（1963），《狩猎法》被改订为《鸟兽保护及狩猎相关法》时，明文规定了有关鸟兽保护的理念。另外，林业厅向在昭和四十六年（1971）7月成立的环境厅移交鸟兽管理权之前，农林事务部副部长于6月28日向各都道府县知事发布通告，其内容是关于修正案的实施，即“执行《鸟兽保护及狩猎相关法实施条例》的部分修订和《鸟兽保护及狩猎相关法实施条例》修订案的实施”的通知。由于鸟类栖息数量明显减少，所以为了保护从学术观点来看有保护需要的鸟兽，修订案大幅缩小了可狩猎鸟兽的范围。

具体来说，在以前，除了鸳鸯外，所有的野鸭都在狩猎许可的范围内，但此时，翘鼻麻鸭、紫冠鸭、红麻鸭、花脸鸭、罗纹鸭，美洲赤颈鸭、白眉鸭、大红头潜鸭、青头潜鸭、白眼潜鸭、赤嘴潜鸭、雁鸭、小雁鸭、凤头潜鸭、丑鸭、白脸鸭和小潜鸭均被排除在可狩猎鸟名单之外。此外，雁的同类，包括豆雁、白额雁等也不在可狩猎鸟之列。①

过去深受江户人喜爱，并俘获了夏目漱石、森鸥外等明治文豪味蕾的雁肉火锅，在日本再也品尝不到了。

目前，动物保护理念正在改变着世界各地的人们对动物的看

---

① 日本环境省https://www.env.go.jp/hourei/18/000261.html，访问日期为2020年10月15日。

法，也成为影响狩猎活动存续的一大阻力。此外，人类中心主义的自然观正在被修正，人们的思维方式正在发生转变——承认不属于人类的动物也具有行为主体性。对现代日本人来说，野鸟已经不再是用舌头来品尝的食物，而是用眼睛和耳朵来赏玩的对象。或者说，人们将野鸟视为可以交流的、地位平等的伙伴。现代很多日本人会觉得，食用可爱的野鸟是一件很残酷的事，他们会避免甚至是厌恶食用。吃野鸟也好，爱野鸟也罢，都是人类的文化，两者都应该受到尊重，但遗憾的是，这两种文化在根本上并不相容，可谓水火不容的关系。两者在时代的变迁中相互对抗，如今食鸟文化处于劣势。

由于科学知识的普及，人们了解到：野鸭等野生水禽类是引起禽流感之A型流感病毒的自然宿主，该病毒在家禽中反复感染会变异为高致病性病毒，因而今后人们也许连接近野鸟都会忌讳吧。

在这种情况下，食用野鸭等野鸟的食鸟文化仅在日本农村略有延续，但预计在不久的将来也会完全消失。到那个时候，日本人不仅会忘记野鸟的味道，恐怕也会完全遗忘品食野鸟的漫长历史。

忘记了野鸟味道的日本人

对于人类的幸福来说，发明一道新的美食比发现一颗天体更加重要。（布里亚·萨瓦兰，1967：23）

这是法国著名的美食家让·安泰尔姆·布里亚－萨瓦兰在其著作《美味礼赞》（原标题为《味觉生理学》）中留下的著名格言。品尝美味的食物，的确是人类最大的幸福。这位顶级的美食家认为，发现一种新的美食比发现一颗新的天体更具有价值。一直以来，人类通过自己的努力，创新、创造出新的菜式，令许多人感到幸福。今后，用新的食材和新的料理方法做出的新菜式也会激发人们味觉方面的好奇心，引导人们走向幸福。

但是，日本人终是丢失了一盘盛着野鸟的菜肴，不，是丢失了许多道禽鸟料理。如果布里亚·萨瓦兰看到这一幕，一定会大为哀叹人类的不幸以及人类的悲剧。笔者亦是如此。食鸟文化曾是存在于日本的多样性饮食文化之一，而重视文化多样性的笔者，看到食鸟文化濒临消亡的危机也同样嗟叹不已，却只能在心底惋惜这一文化的消失。但笔者无论如何都希望能把肥美野鸭的滋味及鸭肉入口时的愉悦感和幸福感传递给后人，于是撰写了这本关于野鸟的美食学著作。

在此，我必须说明一下以免产生误解。笔者并非在本书中主张“现在，在当今时代”应当复兴食鸟文化，更不会容忍仍未禁绝的用霞网等进行偷猎禽鸟的行为。无论野鸟有多么美味，或者食用、赏玩野鸟是多么具有历史价值的一种“传统”，如果野鸟利用是不可持续的，那么这种“传统”也只好消亡，并且是自然消亡。我对合法性传统狩猎的未来感到担忧，因为这种方式维系着野鸟文化的一丝命脉，但尽管如此，我并不打算仅仅因为“传统”的价值，就赞同怀旧主义的观点，主张传统鸟猎存续的正当性。

如今在日本上空飞翔的野鸟数量实在是少之又少，因此滋味丰美的野鸟料理无法大量地恢复。要使日本食用野鸟的文化再次焕发生机，首先只有更多地保护日本的野鸟，使它们的数量大幅增长。但是，不仅野鸟的数量增加困难，而且即使有这种可能性，现在许多日本人也已经完全忘记了过去住在日本列岛上的人“想要品尝美味野鸟”的那种感觉。忘记了野鸟味道的日本人，如果没有想要品尝野鸟滋味的愿望，那么即使吃不到野鸟也不会感到不便，甚至不会感到遗憾。笔者认为，也没有必要向这样的现代日本人特意介绍品尝野鸟的幸福与快乐。

但是如果这种消亡不仅仅是饮食文化的问题，而是人类的不幸，是关乎人类存亡的危机，那么以这一悲剧来为人类敲响警钟，也颇有意义。日本人为什么现在会完全忘记过去如此深爱的野鸟味道了呢？在日本人忘却了野鸟味道的背后，到底发生了什么呢？这是我们必须深思的问题。

日本从食鸟文化消亡中应该吸取的教训

环境破坏，以及资源管理不当等原因，导致了日本野鸟资源的枯竭。这不仅是对于野生动物而言，对人类来说也是一种危急严重的事态。不再食用野鸟，本就不是日本人主观期待、自愿选择的结果，而是由于所处自然环境不断恶化，客观上不得不承受的后果。

只有存在多种多样的动物，人类才有可能食用到它们。能形成以野生动物为食的文化，是以生物多样性为基础的生态系统的恩惠，即以生态系统的动态平衡为支撑。多彩的动物饮食文化，正是生物多样性丰富、生态系统健全的证明。如此说来，再也吃不到野鸟，也就是多种生物的生存受到威胁的证明。环境的破坏和资源的过度利用，导致了我们身边的饮食文化逐渐消失。我们必须接受这样的悲剧，把它作为生物多样性丧失的教训。

除了野鸟以外，现在日本还有许多关于其他生物的饮食文化面临着消失的危机，比如鳗鱼。在夏季的风物诗中，每当临近土用丑日[①]时，很多日本人会想念鳗鱼盖饭、鳗鱼盒饭以及烤鳗鱼等菜肴。但是近年来，白子鳗（用于养殖的鳗鱼幼鱼）的渔获量大减。长期以来的滥捕导致的资源枯竭，以及生物赖以生存的河川等环境的恶化，是白子鳗减少的最大原因。

天然鳗鱼的成鱼捕获量以 1971 年为最，后来逐渐减少，现在几乎无法捕获到天然鳗鱼。天然鳗鱼消失后，取而代之的是养殖鳗鱼，即将白子鳗培育为成鱼。养殖鳗鱼使鳗鱼产量有所增加，但也在 1989 年达到顶峰后开始减少。而且，从 20 世纪 70 年代开始，

---

① “土用丑”中的“土用”，源于中国古代历法中的“阴阳五行”，春夏秋冬的五行分别为木、火、金、水，而土则藏于四季之中；春、夏、秋、冬各季在结束前的 18 天，被称为“土用”。“土用丑日”中的“丑”，是十二生肖中的“牛”。日本的“土用丑日”一年有 4 次，据《广辞菀》记载，立夏前的 18 天是春季的土用丑日，立秋前 18 天为夏季的土用丑日，立冬前 18 天是秋季的土用丑日，立春前 18 天为冬季的土用丑日。因为夏秋之交的“土用”是一年之中最炎热的时期，总是让人感到无精打采，而日本人认为吃鳗鱼则可以补充精力与体力，所以夏季的土用丑日被定为日本的鳗鱼节。

日本开始从海外大量进口鳗鱼，进口鳗鱼量远远超过了国内养殖鳗鱼的数量。因此，鳗鱼的廉价供应成为可能，鳗鱼成为人们触手可及的存在。但由于日本人无节制的食欲需求，海外市场的鳗鱼供应也逐渐枯竭，以至于在2000年后，日本鳗鱼的进口量也开始急剧减少。

关于白子鳗，日本政府相关部门没有做好资源管理工作。与江户时代的野鸟一样，对白子鳗的非法捕捞、黑市买卖横行无忌。结果，日本鳗鱼被国际自然保护联盟（IUCN）指定为濒危物种，今后在世界范围内的市场流通必然会受到限制。而代替日本鳗鱼的欧洲鳗鱼，早在2009年就已经成为《华盛顿条约》规定的限制交易对象。

在这样的状况下，白子鳗的交易价格当然会大涨，而养殖长大后的成鱼价格也随之高涨。由于鳗鱼盒饭和鳗鱼盖饭的价格上涨过快，现在普通百姓在进入鳗鱼店前都会感到踌躇。与野鸟一样，鳗鱼也因为生存环境的破坏，以及资源管理的不善而面临着资源枯竭的问题。我们正在直面鳗鱼饮食文化消亡的危机。

鳗鱼的价格若是一直居高不下，鳗鱼店的顾客流失必定会进一步加剧。而且，这种状态若长时间持续下去的话，很多日本人就会忘记鳗鱼的味道，进而对于不能吃鳗鱼这件事，也会感到无关痛痒了……即将发生的食鳗文化的悲剧与数十年前在日本发生的食鸟文化的消亡如出一辙。

进而言之，比鳗鱼更忠实地描摹了这个悲剧情节的物种是鲸鱼。在日本，是否食用鲸鱼曾经存在地区差异，直到近代，鲸鱼料理才逐渐普及到全国。但是，鲸鱼和野鸟都在有历史记载之前，就已经成为人们的口中之食了。并且，到了中世，鲸鱼与野鸟一样被列为美食佳珍。与野鸟料理一样，鲸鱼料理在近世（主要指江户时代）的很多料理书中都有记载，被用作宴请宾客的佳肴。到了第二次世界大战后的粮食困难时期，鲸鱼则作为日本人重要的蛋白质来源，扮演了举足轻重的角色。众所周知，因鲸鱼资源减少，在国际捕鲸委员会（IWC）制定的国际性框架下，鲸鱼捕获量降低，而日本等捕鲸国家成为众矢之的（其他国家认为日本等捕鲸国的过度捕捞要为此负责）。如今，捕鲸已不再是单纯的资源问题，还是涉及环境保护理念、动物保护理念的问题，捕鲸不再为大众所认可。在这种情况下，对鲸鱼的食用，一方面激起了日本人的民族主义情绪；而另一方面，很多日本人也对食鲸的必要性提出了质疑。不食鲸鱼的日本人，目前的确在不断增加，而日本食鲸文化消亡的悲剧也由此进入了终章。

近年来，像金枪鱼、青花鱼、秋刀鱼等经常出现在我们餐桌上的鱼类，因为野蛮捕捞而数量骤减。而这种减少，正是饮食文化衰退的巨大危险因素。寿司可谓日本料理的代表，但可能在不远的将来，那些被固定用于制作寿司材料的鱼类，会有一些再也找不到踪迹了。即便用之前我们不屑使用的鱼类来替代，那些作为替代品的鱼类资源也会被耗尽。日本食鱼文化的衰退，也是由于鱼类生存环境变化和资源管理不善所导致的。在日本，或许食用天然鱼的饮食文化已经开始衰退，悲剧的序幕已然拉开。

为了不使这种丰富的饮食文化绝迹，不致使多样化的生物和人类共存的地球走向毁灭，我们必须引以为戒，即从日本人所经历的野鸟饮食文化消失的悲剧中吸取教训。

最后，我想模仿美食家布里亚·萨瓦兰的格言，戏作如下警句，以作为本书的收尾。

对于人类的幸福而言，一款料理的消失远比一颗星星的陨落损失更大。

日本食鸟历史　年代简表

时代	公历	日本年号	主要事件
绳文时代	10000 年前		考古遗址中出土了鸟类骨骼。
弥生时代	公元前 300—公元 250 年		从考古遗址中挖掘出的鸟类骨骼有所减少。鸡传入日本。
古坟时代	6 世纪后半期		Okuman 山古坟遗址（群马县太田市）出土的鹰匠（训鹰者）陶俑。
平安时代	公元 900 年初期	延喜、延长年间	关于吃鸡后的禁忌的文章。
镰仓时代	公元 911 年	延喜十一年	大城、大和、河内和近江等诸侯国向朝廷进贡雉鸡、鸽子、鹌鹑、野鸭、绿翅鸭等野鸟（“六国按日轮流上贡”）。
	1114 年	永久二年	白河天皇颁布禽鸟禁杀令。强制京都养鸟人放生所养之鸟，并抓捕猎鸟者。
	1274 年	文永十一年	镰仓中期，御厨子所对禽鸟供御人行使管辖权。
	1295 年前后	永仁三年	此时的野鸟料理有：鸟酱、鸟干、生鸟（鸟刺身）、鸟臛汁等。（《厨事类记》）
	1333 年	元弘三年	禽鸟供御人每年向内藏寮（律令制中中务省所属机关，掌管皇室财政）进献“四十只鸟”（《内藏寮领等目录》）。镰仓幕府灭亡。

续表

时代	公历	日本年号	主要事件
室町时代	1394—1428年	应永年间	《庭训往来》上记载了9种食用野鸟，包括野鸡、雁、鸭、朱鹮和天鹅。野鸟料理包括鸟酱、鸟干、生鸟（鸟刺身）、平菇煎雁等。（《庭训往来》）
	1431年	永享二年	幕府将军足利义教向伏见宫贞成亲王的夫人赠送了“天鹅一只、雁三只、野鸡十只”，又向贞成亲王赠送了一车美味（尤指鸟类，出自《看闻日记》）
	1485年	文明十七年	山城国守备伊势贞陆为了庆贺东山殿下（足利义政）斋戒后的出关，赠送了许多野鸟
	1489年	长享三年	野鸟料理有很多，如生煎、烤引垂、串烤、刺身（生鸟切片），以及盐渍野鸡、长尾雉等。还规定了禽鸟食用方式。（《四条流庖丁书》）
	1500年	明应九年	大内义兴用包括13种野鸟料理在内的奢华大餐来款待前来投靠的前将军足利义材。
	1528年	享禄元年	在古河公方足利晴氏的成年冠礼宴上，天鹅被用来招待家臣。
	1533—1555年	天文年间	三条座、五条座和七条座合称为“鸟三座”，是在京都垄断禽鸟生意的行会。犀鉾神人（隶属于神社而获得特权的商人）与鸟三座就京都禽鸟生意经营权发生纠纷，诉诸法庭。

续表

时代	公历	日本年号	主要事件
室町时代	1535 年	天文四年	出现拌羽节、鹬壶、酱煎、海苔拌天鹅、煎雁肫、生拌雁皮雁肝等野鸟料理。（《武家调味故实》）
	约 16 世纪中期		初雁（秋天第一批飞来的大雁）美食。（《大草殿相传之闻书》）
	1568 年	永禄十一年	朝仓义景在一乘谷用“御汁天鹅”宴请足利义昭。
	约 16 世纪后期		出现“青捣”（野鸡内脏制成的汤）之类的野鸟料理。（《庖丁闻书》）
安土桃山时代	16 世纪末		织田信长将“御鹰之雁鹤”赐给了安土城的民众。
	1573—1592 年	天正年间	从摄津国移居过来的渔民在现在的日本桥一带开设了一个白鱼市场。后来发展成为一个鱼河岸市场。 德川家康和德川秀忠赐给家臣们“鹰鹤之宴”“御鹰雁之宴”“天鹅之宴”“御鹰之鹤宴”。
	1582 年	天正十年	织田信长宴请德川家康。宴席上有丰富多彩的鸟类菜肴。招待宴的负责人是明智光秀。
	1587 年	天正十五年	关白（官职）丰臣秀吉向宫中进献了一只在鹰猎中捕获的鹤。
	1593 年	文禄元年	据说来自下总国手贺沼的人向丰臣秀吉进献了两对绿头鸭和一只天鹅。
	1598 年	庆长三年	德川家康向天皇进献“御鹰之鹤”。

续表

时代	公历	日本年号	主要事件
江户时代	1609 年	庆长十四年	江户市内设置专门买卖禽鸟的场所。（《唐·罗德里戈日本见闻录》）
	1612 年	庆长十七年	江户幕府向天皇进献“御鹰之鹤”成为例行仪式。
	1628 年	宽永五年	江户方圆五里被指定为鹰场，禁止普通百姓进入。
	1643 年	宽永二十年	描述了18种鸟类及几十道禽鸟料理。（《料理物语》）
	1651 年	庆安四年	禁止取出大雁或野鸭的内肝，用其他物填充后伪造成整鸭销售的“奸商”行为。[《正宝事录（一）》]
	1654 年	承应三年	越后国高田藩（现为新潟县上越市）以及口留番所（江户时代各藩边界及要地设立的哨所）查验被送往江户的禽鸟。
	1657 年	明历三年	江户已经存在买卖禽鸟的“鸟棚”。[《正宝事录（一）》]
	1661—1681 年	宽文、延宝时期	四季的野鸟美食、禽鸟的盐腌保存法。（《古今料理集》）
	1687 年	贞享四年	德川纲吉发布《生灵怜悯令》，禁止饲养、买卖食用禽鸟。禽鸟商人急于处理手中存货。
	1689 年	元禄二年	盐（腌制）鸟的制作方法。（《合类日用料理抄》）
	1690 年	元禄三年	江户市内禁止向非专职猎户出售粘鸟胶。[《正宝事录（一）》]

续表

时代	公历	日本年号	主要事件
江户时代	1692 年	元禄五年	尾张藩的武士朝日重章“煮吃”了一只野鸡和一只野鸭。（《鹦鹉笼中记》）
	1693 年	元禄六年	禁止大名鹰猎。朝日重章一年至少要吃 11 次野鸟。（《鹦鹉笼中记》）
	1698 年	元禄十一年	重申禁止非职业猎师捕猎，禁止向非职业狩猎者出售狩猎用具。[《正宝事录（一）》]
	1699 年	元禄十二年	禁止江户城内的商店进行鸟类交易。
	1700 年	元禄十三年	禁止江户城内的行商进行禽鸟交易。
	1703 年	元禄十五年	传说赤穗浪士在突袭吉良义央的官邸前吃了“鸭肉生鸡蛋盖浇饭”。（或许是池波正太郎的创作）
	1705 年	宝永二年	禁止在江户的所有禽鸟交易，包括养殖鸟和盐渍鸟交易。
	1708 年	宝永五年	江户全面禁止禽鸟交易。
	1709 年	宝永六年	纲吉死后，江户的禽鸟交易禁令被解除。随着对鸟兽管控的松懈，江户市内和江户周边地区的鸟类被过度猎杀。
	1714 年	正德四年	四条流厨师对食用的野生鸟类进行了精细的分类。（《当流节用料理大全》）

续表

时代	公历	日本年号	主要事件
江户时代	1716 年	享保元年	德川吉宗恢复鹰场禁令，复兴鹰猎制度。为了鹰猎活动的顺利开展，加强对野鸟资源的保护措施。
	1718 年	享保三年	一部分饵差（饵料鸟承包商）的民营化。由于过度捕猎导致野生鸟类减少，对食用野鸟、利用野鸟赠礼，以及禽鸟交易进行时限限制。将水鸟批发商限定为 10 家。
	1719 年	享保四年	加贺藩的厨师舟木传内撰写《力草》。
	1720 年	享保五年	放宽享保三年发布的禽鸟交易限制，允许自由经营禽鸟批发业务。
	1722 年	享保七年	废除官方饵差职位，饵料鸟提供民营化。
	1724 年	享保九年	江户市町奉行大冈忠相揭发发生在下总国的偷猎行为。将水禽批发商限制在 18 家，林鸟批发商限制在 8 家。小左卫门加入了水禽批发商行列。
	1725 年	享保十年	水禽批发商数量限制在 6 家。东国屋伊兵卫被剥夺水禽批发商资格，成为饵料鸟承包商。
	1730 年	享保十五年	野鸟食材品种多样化，食材用野鸟包括鹤、雁、天鹅、野鸭和苍鹭在内，有 23 种之多。（《料理纲目调味抄》）

续表

时代	公历	日本年号	主要事件
江户时代	1732 年	享保十七年	舟木传内撰写《料理方故实传略》。
	1737 年	元文二年	享保十年被剥夺资质的前禽鸟批发商的希望复权的请求被驳回。
	1740 年	元文四年	山田屋小左卫门因违规被剥夺水禽批发商资格。相关人围绕补缺展开竞争。
	1740 年	元文五年	东国屋伊兵卫通过献上“巢鹰（从雏开始饲养并调教的鹰）十只、驯成鹰一只”，要求恢复水禽批发商的身份。
	1741 年	元文六年	东国屋伊兵卫在将军侧近涩谷和泉守的帮助下，重新回到了水禽批发商的行列。
	1744 年	延享元年	新的水禽流通机制开始运行：所有的水禽货物须经“会所”查验，查验后交由水禽批发商售卖。
	1751—1764 年	宝历年间	通过畜养食材用鸟来保障长年的禽鸟供给。（《当流料理献立抄》）
	1751—1789 年	宝历、天明年间	江户出现料理茶屋，加快了野鸟料理的大众化进程。
	1756 年	宝历六年	一本描绘了侠义之士东国屋伊兵卫之豪迈的故事集问世（《当世武野俗谈》）。
	1765 年	明和二年	手贺沼地区的一个村庄负责人向江户（东京）的一个水禽批发商提交了一份关于偷猎的证言。

续表

时代	公历	日本年号	主要事件
江户时代	1781 年	安永十年	东国屋伊兵卫的弟弟去世，伊兵卫的弟弟是俳句诗人，笔名为东之。
	1782 年	天明二年	深川洲崎（今洲崎）一家名为“升屋祝阿弥”的高端餐厅新推出一道烤鸟料理——烤鸭。
	1785 年	天明五年	野鸟美食兴盛。出现 100 多种蛋类菜肴和 29 种鸟类菜肴。（《万宝料理秘密箱》）
	1786 年	天明六年	东国屋及浅草寺与捕鸟差之间的纠纷。
	1804—1830 年	文化、文政年间	在外就餐文化发展，野禽料理大众化。 出现了诸如八百善和驻春亭田川屋（主营鹭鸟料理的名店）等提供禽鸟料理的高级饭店。 马喰町的笹屋发明了鸭南蛮料理。
	1806 年	文化三年	将塞满山葵菜保鲜的野鸭从加贺藩运到京都。（《笔之趣》）
	1809 年	文化六年	小林一茶描写了本小田原市的禽鸟批发商的情况。
	1817 年	文化十四年	加贺藩舟木传内家第五代厨师光显成为京都四条流（由四条家守护的庖丁流派）的宗家高桥家的门人。

续表

时代	公历	日本年号	主要事件
江户时代	1822 年	文政五年	江户第一名餐馆八百善的店主编纂了《料理通》初篇，书中介绍了江户的野鸟料理。 幕府发布公告，禁止“武家出让鸟”（自称来源于的武士转让）的流通。
	1828 年	文政十年	曲亭马琴在日本桥马喰町吃鸭南蛮。 虾夷松前藩的第八代领主松前道广向曲亭马琴赠送绿翅鸭。
	19 世纪 20 年代末	文政末年	山下雁锅开业。
	1835 年	天保六年	东国屋向下总国的布濑村捐赠了 100 两金，用于神社重建。
	1841 年	天保十二年	批发商行业协会停摆，水禽批发商制度终结。“会所”成为“改所”，禽鸟交易自由实现。
	1846 年	弘化三年	手贺沼沿岸村落从水户藩获得狩猎水禽的许可。
	1847 年	弘化四年	江户町奉行（掌管行政事务的武士）调查处理手贺沼偷猎事件。
	1851 年	嘉永四年	一幅疑似描述山下雁锅店的插图。（《琴声美人录》）
	1854 年	安政元年	佩里要求得到狩猎野禽的许可。（佩里：美国海军将领，率领黑船打开锁国时期的日本国门）
	1855 年	安政二年	手贺沼狩猎纪实。（《利根川图志》）

续表

时代	公历	日本年号	主要事件
江户时代	1859 年	安政六年	东国屋开设横滨分店。 《即席会席御料理》排行榜中处于行司位置的是山下雁锅店；排行榜的劝进元位置有经营鹭料理的田川屋、八百善；马喰町的鸭南蛮位于榜单的编外。
	1860 年	万延元年	纪州藩（又名和歌山藩）武士酒井伴四郎在山下雁锅店品尝美食。
	1861 年	文久元年	武藏国忍藩的武士尾崎贞干吃鸡肉大葱火锅。（《石城日记》） （武藏国：过去日本行政区划令制国之一，现位于东海道。忍藩：现位于武藏国埼玉郡）
	1862 年	文久二年	停止向大名下赐“御鹰之鸟”。
	1863 年	文久三年	幕府将军不再举行鹰猎活动(仪式)。
	1866 年	庆应二年	将军下令废黜鹰匠和鸟监官之职位。 幕府向朝廷请求不再进献“御鹰之鹤”。
	1867 年	庆应三年	废止鹰场，江户幕府的鹰猎制度及幕府对禽鸟交易的管控迎来终结。 大政奉还。
明治时代	1873 年	明治六年	制定《鸟兽狩猎规则》。
	1879 年	明治十二年	诹访流第十四代鹰师小林宇太郎任职宫内省。 （诹访流：信州诹访神社中为祭祀用贡品鹰服务的诹访家族；宫内省指旧时掌管皇室事务的机构）

续表

时代	公历	日本年号	主要事件
明治时代	1881 年	明治十四年	明治政府正式设立鹰匠（训鹰者）职位。
	1892 年	明治二十五年	制定《狩猎规则》。全面禁止猎杀受保护鸟兽类（包括仙鹤、燕子、云雀等 4 种鸟类）。全面管控狩猎方式，对枪猎、网猎、鹰猎、鸟粘胶猎等进行限制。允许设立私人狩猎区。据推算，手贺沼的年度水禽捕获量达 42200 只。
	1893 年	明治二十六年	审议《狩猎法》的贵族院成员担心他们将再也吃不到“鸭肉年糕汤”。（注：贵族院相当于现在的日本国会）
	1894 年	明治二十七年	东国屋的女老板伊东延在本小田原町经营禽鸟批发店。
	1895 年	明二十八年	日本首部与狩猎相关的法律《狩猎法》出台。废止私人狩猎区，设立共同狩猎地。手贺沼成为共同狩猎地之一。
	1899 年	明治三十二年	实施耕地整理法。水滨开垦耕地的推进使野鸟栖息地减少。
	1905 年	明治三十八年	有文章称，手贺沼的禽鸟捕获量决定了东京的禽鸟市场行情的变化。（《风俗画报》）
	1906 年	明治三十九年	山下雁锅店倒闭。 华族子弟在手贺沼持枪打猎。 （注：华族指明治维新至二战结束之间存在的贵族阶层）

续表

时代	公历	日本年号	主要事件
大正时代	1918 年	大正七年	对《狩猎法》进行全面修订，从指定受保护的鸟兽种类变更为指定可狩猎鸟兽的种类，在制度上进行了重大变更。 除全国 30 个共同狩猎地以外，不允许建立新猎区。
	1923 年	大正十二年	发生关东大地震。在这之前不久，禽鸟批发商东国屋倒闭了。
昭和时代	1927—1930 年	昭和二年至昭和五年	手贺沼的年度水禽捕获量减少到 6300 ~ 6900 只。
	1935 年	昭和十年	鱼市场从日本桥搬到筑地（市场）。
	1942 年	昭和十七年	手贺沼猎鸟营业行会解散。手贺沼终止为东京供应水禽的狩猎活动。
	1945 年	昭和二十年	滨离宫（远离皇城或皇宫的宫殿）被归属于东京都政府。二战后，官方鹰猎活动消亡。
	1946 年	昭和二十一年	在手贺沼开始推进国家主导的土地复垦项目。
	1963 年	昭和三十八年	《狩猎法》被修改为《鸟兽保护及狩猎相关法》，倡导保护鸟兽的理念。
	1968 年	昭和四十三年	完成手贺沼国家土地开垦项目。
	1971 年	昭和四十六年	禁止猎杀雁类，如豆雁和白额雁。鸟兽管理的职能部门从林业厅转移到环境厅。
平成时代	1974—2000 年	昭和四十九至平成十二年	经过 27 年，手贺沼变成了日本污染最严重的湖泊。

续表

时代	公历	日本年号	主要事件
令和时代	现在		大多数日本人忘记了日本食用野鸟的历史，也忘记了野鸟的味道。

研究文献

青木直己，2005,『幕末単身赴任　下級武士の食日記』，日本放送出版協会

芦原修二，1977,『毛吹草——利根町の鶴殺し伝説』，崙書房

渥美国泰，1995,『亀田鵬斎と江戸化政期の文人達』，芸術新聞社

池波正太郎，2003,『池波正太郎のそうざい料理帖』，平凡社

江後迪子，2007,『信長のおもてなし——中世食べもの百科』，吉川弘文館

榎本博，2016,「捉飼場と餌差・鳥猟の展開——関東の鳥をめぐる広域支配と生活をめぐって」『関東近世史研究』七十八：55–87

大久保洋子，2012,『江戸の食空間——屋台から日本料理へ』，講談社

太田美穂，2016,「食の近代化と栄養学」、相愛大学総合研究センター編『近代化と学問——総合研究センター報告書』，相愛

大学総合研究センター：117–133

大友一雄，1999,『日本近世国家の権成と儀礼』，吉川弘文館

大友信子・川瀬康子・陶智子・綿抜豊昭編，2006,『加賀藩料理人舟木伝内編著集』，桂書房

大山喬平，一九八八「供御人・神人・寄人」、朝尾直弘他編『日本の社会史第6巻　社会的諸集団』，岩波書店：249–284

岡崎寛徳，2009,『鷹と将軍——徳川社会の贈答システム』，講談社

奥野高廣，2004,『戦国時代の宮廷生活』，続群書類従完成会

画報生（著者不明），1905,「手賀沼の鴨狩」『風俗画報』三百三十：4

苅米一志，2015,『殺生と往生のあいだ——中世仏教と民衆生活』，吉川弘文館

キャンベル、ロバート，1987,「天保期前後の書画会」『近世文藝』四十七：47–72

熊倉功夫，2007,『日本料理の歴史』，吉川弘文館

河野龍也，2016,「講演録　二人の夏子——樋口一葉と伊東夏子」『実践女子大学文芸資料研究所年報』三十五：160–229

斎藤月岑编，1912,『增订武江年表』，国书刊行会

三遊亭円朝，1887,『鶴殺疾刃庖刀』，薫志堂（小相英太郎速記）

三遊亭円朝，1928,『圓朝全集　巻の十三（三題噺）』，春陽堂

（鈴木行三校訂編纂）

志賀直哉，2005，『小僧の神様·城の崎にて』，新潮社

篠田鉱造，1996，『明治百話　下』，岩波書店

週刊朝日編，1988，『値段史年表』，朝日新聞社

正田陽一編，2010，『品種改良の世界史·家畜編』，悠書館

陶智子·綿抜豊昭，2013，『包丁侍 舟木伝内— ——加賀百万石のお抱え料理人』，平凡社

菅豊，1988，「手賀沼の漁業·鳥猟」、千葉県沼南町教育委員会·立教大学博物館学研究室編「千葉県沼南町における民俗学的調査V』千葉県沼南町教育委員会·立教大学博物館学研究室：40–106

菅豊，1990，「『水辺』の生活誌——生計活動の複合的展開とその社会的意味」『日本民俗学』一八一：41–81

菅豊，1995，「都市とムラの水鳥」、塚本学編『朝日百科·日本の歴史別冊·歴史を読みなおす　一八　ひとと動物の近世——つきあいと観察』，朝日新聞社、35–51

菅豊，1995，『「水辺』の技術誌——水鳥獲得をめぐるマイナー·サブシステンスの民俗知識と社会統合に関する一試齢」「国立歴史民俗博物館研究報告』六十一：215–272

菅豊，2001，「コモンズとしての『水辺』——手賀沼の環境誌」、井上真·宮内泰介編『コモンズの社会学』，新曜社：96–119

総务省统计局，2006，『新版日本长期统计総覧　二』，（财）日

本统计协会

高橋満彦，2008,「「狩猟の場』の議論を巡って——土地所有にとらわれない『共』的な資源利用管理の可能性」『法学研究——法律·政治·社会』八一——二: 291–322

竹内誠，1993,「浅草寺境内における『聖』と『俗』——天明の餌鳥殺生一件と寛政の乞胸一件」『史海』四十: 13–28

田辺家資料を読む会，1997,『伊東夏子関係田辺家資料』，田辺家資料を読む会

谷川健一，1985,『白鳥伝説』，集英社

千葉県環境生活部自然保護課，2019,『千葉県レッドリスト動物編 2019 年改訂版』，千葉県環境生活部自然保護課

塚本学，1983,『生類をめぐる政治——元禄のフォークロア』，平凡社

冢本学，1995,「解说」、朝日重章『摘録　鸚鵡篭中记　下』，岩波书店: 341–353

東京大学埋蔵文化財調査室編，2005,『東京大学埋蔵文化財調査室発掘調査報告書 5 東京大学本郷構内の遺跡医学部附属病院外来診療棟地点』，東京大学埋蔵文化財調査室

豊田武，1982,『座の研究 豊田武著作集一』，吉川弘文館

中里介山，1939,『大菩薩峠　第三冊』，第一書房

中澤克昭，2018,『肉食の社会史』，山川出版社

夏目漱石，1906,『吾輩ハ猫デアル·中』，大倉書店

夏目漱石，1913,『虞美人草』，春陽堂

新美倫子，2008,「鳥と日本人」、西本豊弘編『人と動物の日本史 1　動物の考古学』，吉川弘文館: 226–252

西原柳雨，1926,『川柳江戸名物』，春陽堂

西村慎太郎，2012,『宮中のシェフ、鶴をさばく——江戸時代の朝廷と庖丁道』，吉川弘文館

「日本の食生活全集　千葉」編集委員会編，1989,『日本の食生活全集　十二　聞き書　千葉の食事』，農山漁村文化協会

「日本の食生活全集　栃木」編集委員会編，1988,『日本の食生活全集　九　聞き書 栃木の食事』，農山漁村文化協会

「日本の食生活全集　岐阜」編集委員会編，1990,『日本の食生活全集　二十一　聞き書　岐阜の食事』，農山漁村文化協会

根崎光男，1999,『将軍の鷹狩り』，同成社

根崎光男，2016,『犬と鷹の江戸時代——<犬公方>綱吉と<鷹将軍>吉宗』，吉川弘文馆

野林厚志編，2018,『肉食行為の研究』，平凡社

服部勉·進士五十八，1994,「浜離宮庭園における鴨場についての研究」『造園雑誌』五七—五: 1–6

花見薫，2002,『天皇の鷹匠』，草思社

原田信男，1989,『江戸の料理史』，中央公論社

原田信男，2009,『江戸の食生活』，岩波書店

春田直紀，2000,「『看聞日記』のなかの美物贈与」、森正人

編『伏見宮文化圏の研究——学芸の享受と創造の場として』，熊本大学文学部、68–79

春田直紀，2018，『日本中世生業史論』，岩波書店

久井貴世 · 赤坂猛，2009，「タンチョウと人との関わりの歴史——北海道におけるタンチョウの商品化及び利用実態について」『酪農学園大学紀要 人文 · 社会科学編』三四—一: 31 — 50

久井貴世，2013，「近代日本におけるタンチョウの狩猟——日本および朝鮮半島の事例を中心に」，『野生生物と社会』一-一: 7–20

人見必大，1977，『本朝食鑑　二』，平凡社

平石直昭，2011，「補注」、荻生徂徠『政談——服部本』，平凡社: 329–413

平野雅章訳，1988，『料理物語』，教育社

福田千鶴 · 武井弘一編，2021，『鷹狩の日本史』，勉誠出版

ブリアーサヴァラン，1967，『美味礼讃　上』(関根秀雄 · 戸部松実〔訳〕)，岩波書店

堀内讃位，1984，『写真记録　日本伝统狩猟法』，出版科学総合研究所

正岡子規，1947，『病牀六尺』，清文堂文化教材社

松下幸子，2012，『江戸料理読本』，筑摩書房

三田村鳶魚，1997，『江戸ッ子』，中央公論社

村上直 · 根崎光男，1985，『鷹場史料の読み方 · 調べ方』，雄

山閣

明治教育社编，1914,『下谷繁昌記』，明治教育社出版部

森林太郎(鷗外)，1915『雁』，籾山書店

森林太郎，1949a,『鷗外選集<第 8 巻>渋江抽斎』，東京堂

森林太郎，1949b,『鷗外選集<第 4 巻>花子』，東京堂

森鷗外，2016,『寿阿弥の手紙』，ゴマブックス

盛本昌広，1997『日本中世の贈与と負担』，校倉書房

盛本昌広，2008,『贈答と宴会の中世』，吉川弘文館

安田寛子，2004,「江戸鳥問屋の御用と鳥類流通構造」『日本歴史』二〇〇四年十一月号(六七八): 55–74

安田寛子，2020,『幕末期の江戸幕府鷹場制度——徳川慶喜の政治構想』，ザ·ブック

矢野晋吾，2017,『ニワトリはいつから庭にいるのか——人間と鶏の民俗誌』，NHK出版

山下重民编，1911,『大日本名所図会　九十二　东京近郊名所図会　十七(『风俗画报』临时增刊)』，东阳堂

横倉譲治，1988,『湖賊の中世都市　近江国堅田』，誠文堂新光社

吉原健一郎，1996,「上野山下の遊興空間(下)」『日本常民文化紀要』: 十九: 191–208

86.林野庁编，1969,『鳥獣行政のあゆみ』，林野弘済会

87.若月紫蘭，1911,『東京年中行事　下』，春陽堂

88. 綿抜豊昭，2006,「加賀藩<お抱え料理人>舟木伝内とその周辺」、大友信子·川瀬康子·陶智子·綿抜豊昭編『加賀藩料理人舟木伝内編著集』, 桂書房: 257–271

史料文献

『赤穂义士伝一夕话』(山崎美成，1888,『赤穂义士伝一夕话』冈岛宝文馆)

『赤穂精义参考内侍所』(著者不详，1887,『赤穗精义参考内侍所』金松堂)

『うつほ物語』(中野幸一　[校注・訳]，1999,『新編　日本古典文学全集　十四　うつほ物語(1)』小学館)

『江戸切絵図(日本桥北神田浜町絵図)』(国立国会図书馆デジタルコレクション https://dl.ndl.go.jp/info:ndljp/pid/1286645)

『江戸高名会亭尽(大をんし前)』(『広重画帖』、国立国会図书馆デジタルコレクショ https://dl.ndl.go.jp/info:ndljp/pid/1308391)

『江戸図屏风』(国立歴史民俗博物馆WEBギャラリー https://www.rekihaku.ac.jp/education_research/gallery/webgallerry/edozu/layer4/l246.jpg)

『江戸见草』(国书刊行会　[编]，1916,『鼠璞十种　一』国书刊行会)

『江戸名所図会』(松涛轩斎藤长秋 [着]、长谷川雪旦 [画]，1834,『江戸名所図会七巻一』须原屋伊八、国立国会図书馆デジタルコレクション https://dl.ndl.go.jp/info:ndljp/pid2559040?tocOpened=1)

『江戸名物诗　初编(江戸名物狂诗选)』(方外道人(木下梅庵)[作], 1836,『江戸名物诗　初编(江戸名物狂诗选)』楽木书屋)

『鸚鵡笼中记　一』(名古屋市教育委员会 [编], 1965,『名古屋丛书続编　九　鸚鵡笼中记(一)』名古屋教育委员会)

『鸚鵡笼中记　三』(名古屋市教育委员会 [编], 1968,『名古屋丛书続编　十一　鸚鵡笼中记(三)』名古屋教育委员会)

『大草殿より相伝之聞書』(塙保己一 [编], 1959,『群書類従　第十九輯　管絃部　蹴鞠部　鷹部　遊戯部　飲食部』続群書類従完成会)

『御触書天保集成　下』(高柳真三·石井良助 [编], 1941,『御触書天保集成　下』岩波書店)

『御料理献立竞』(东京都立図书馆TOKYOアーカイブ https://archive.library.metro.tokyo.lg.jp/da/detail?tilcod=0000000014-00040929)

『柏市史資料編五　布施村関係文書·中』(柏市史編さん委員会 [编], 1972,『柏市史資料編五　布施村関係文書·中』柏市役所)

『甲子夜話　三』(松浦静山、中村幸彦・中野三敏 [校訂] 1977,『甲子夜話　三』平凡社)

『がんなべ神埼清吉』(梅素薫, 1896,『「東京自慢名物会」「桜川笑樂」「がんなべ　神埼清吉」「新よし原仲の町　大吉　内かま　今泉ひさ」「見立模様下谷五條天神染」』東京都立図書館 TOKYO アーカイブ https://archive.library.metro.tokyo.lg.jp/da/detail?tilcod=0000000003-00020413)

『看闻日记』(塙保己一 [编]、太田藤四郎 [补], 1958-1959,『続群书类従　遺补二　看闻御记　上下』続群书类従完成会)

『旧仪式図画帖　三一』(东京国立博物馆 https://image.tnm.jp/image/1024/E0037063.jpg)

『嬉游笑覧』(日本随笔大成编辑部[编纂], 1932,『嬉游笑覧　下』成光馆出版部)

『共同狩猟地ノ沿革慣行其他調査ニ関スル件』(千葉県沼南町教育委員会・立教大学博物館学研究室[编], 1988,『千葉県沼南町における民俗学的調査　V』千葉県沼南町教育委員会・立教大学博物館学研究室)

『曲亭马琴日记』(柴田光彦[新订増补], 2009,『曲亭马琴日记　一』中央公论新社)

『鱼鸟料理仕方角力番附』(东京都立図书馆TOKYO アーカイブ https://archive.library.metro.tokyo.lg.jp/da/detail?tilc

od=0000000014-00041088）

『近世俳句集』（雲英末雄·山下一海·丸山一彦·松尾靖秋[校注·訳]，2001，『新編　日本古典文学全集　七二　近世俳句俳文集』小学館）

『琴声美人録』（早稲田大学古典籍総合データベース https://archive.wul.waseda.ac.jp/kosho/he13/he13_03024/he13_03024_0003/he13_03024_0003_p0009.jpg）

『蜘蛛の糸巻』（岩本佐七[編]，1907，『燕石十種　一』国書刊行会）

『内蔵寮领等目録』（宫内庁书陵部[原所蔵]、国文学研究资料馆[蔵]、ARC古典籍ポータルデータベース https://kotenseki.nijl.ac.jp/biblio/100179260/viewer/13）

『庆长见闻集』（三浦浄心，1906，『庆长见闻集』富山房）

『合类日用料理抄』（吉井始子[编]，1978，『翻刻　江戸时代料理本集成　一』临川书店）

『古今料理集』（吉井始子[编] 1978，『翻刻　江戸时代料理本集成　二』临川书店）

『献立竞』（东京都立図书馆TOKYO アーカイブ https://archive.library.metro.tokyo.lg.jp/da/detail?tilcod=0000000014-00041647）

『雜事紛冗解』（细川重贤[着]、细川护贞[监修]，1990，『雜事紛冗解』汲古书院）

『三十二番职人歌合　』（伴信友[写]，1838，『职人歌合画本

四』、国立国会図书馆デジタルコレクション https://dl.ndl.go.jp/info:ndljp/pid/2551815）

『地方凡例録』（大石久敬[原著]、大石信敬[补订]、大石慎三郎[校订]，1969,『地方凡例録　上』近藤出版社）

『四条流庖丁书』（塙保己一[编]，1959,『群书类従　第十九辑　管弦部　蹴鞠部　鹰部　游戏部　饮食部』続群书类従完成会）

『七番日記』（信濃教育会[編] 宮脇昌三・矢羽勝幸[校注]，1976,『一茶全集　三　句帖II』信濃毎日新聞社）

『酒饭论』（一条兼良[词书]国立国会図书馆デジタルコレクション https://dl.ndl.go.jp/info:ndljp/pid/2542602）

『狩猎図说』（农商务省，1982,『狩猎図说』东京博文馆、国立国会図书馆デジタルコレクション https://dl.ndl.go.jp/info:ndljp/pid/993625/8）

『正宝事録　一』（近世史料研究会[编]，1964,『正宝事録　一』日本学术振兴会）

『正宝事録　二』（近世史料研究会[编]，1965,『正宝事録　二』日本学术振兴会）

『正宝事録　三』（近世史料研究会[编]，1966,『正宝事録　三』日本学术振兴会）

『素人庖丁』（吉井始子[编]，1980,『翻刻　江戸时代料理本集成　七』临川书店）

『真书太阁记』(栗原柳庵[原编]、大桥新太郎[编], 1893,『校订新书太阁记　二』博文馆)

『政谈』(荻生徂徕[原著]、平右直昭[校注], 2011,『政谈—服部本』平凡社)

『赤城义臣伝』(大野武范[原著]、片岛深渊子[编], 1909,『赤城义臣伝』日吉丸书房)

『浅草寺日记』(金竜山浅草寺, 1981,『浅草寺日记　五』金竜山浅草寺)

『撰要类集　三』(辻达也[校订], 1979,『撰要类集　三』続群书类従完成会)

『川柳江戸名物』(西原柳雨, 1926,『川柳江戸名物』春阳堂)

『川柳評万句合』(吉田精一·浜田義一郎[評釈], 1961,『古典日本文学全集　三三　川柳集·狂歌集』筑摩書房)『宗五大草紙』(塙保己一　[編], 1984,『群書類従　第十五輯　武家部巻』経済雑誌社)

『即席会席御料理　安政六初冬新板』(东京都立図书馆TOKYOアーカイブ https://archive.library.metro.tokyo.lg.jp/da/detail?tilcod=0000000014-00041109)

『第五回帝国议会贵族院议事速记録第五号』(帝国议会会议録検索システム https://teikokugikai-i.ndl.go.jp/minutes/api/emp/v1/detailPDF/img/000503242X00518931208)

『第五回帝国议会贵族院议事速记録第七号』(帝国议会会议

録検索システム https://teikokugikai-i.ndl.go.jp/minutes/api/emp/v1/detailPDF/img/000503242X00718931211）

『ちから草』（大友信子・川瀬康子・陶智子・綿抜豊昭[编]，2006，『加賀藩料理人舟木伝内編著集』桂書房）

『千叶県东葛饰郡志』（千叶県东葛饰郡教育会[编]，1923，『千叶県东葛饰郡志』千叶県东葛饰郡教育会）

『厨事类记』（塙保己一[编]、1959，『群书类従　第十九辑　管弦部　蹴鞠部　鹰部　游戏部　饮食部』続群书类従完成会）

『千代田之御表 鹤御成』（杨洲周廷，1897，『千代田之御表』福田初次郎、国立国会図书馆デジタルコレクション https://dl.ndl.go.jp/info:ndljp/pid/1302616）

『庭训往来』（石川松太郎[校注]，1973，『庭训往来』平凡社）

『手賀沼鳥猟沿革』（千葉県沼南町教育委員会・立教大学博物館学研究室[编]，1988，『千葉県沼南町における民俗学的調査Ⅴ』千葉県沼南町教育委員会・立教大学博物館学研究室）

『天正十年安土御献立』（塙保己一[编]、太田藤四郎[补]，1959，『続群书类従　第二十三辑　下　武家部』続群书类従完成会）

『东京一目新図』（国际日本文化研究センター所蔵地図データベース https://lapis.nichibun.ac.jp/chizu/map_detail.php?id=002876597）

『东京市史稿　产业篇　一五』（东京都[编]，1971，『东京市史稿　产业篇　一五』东京都）

『东京诸营业员録』(贺集三平[编], 1894,『东京诸营业员録』贺集三平)

『东京年中行事　下』(若月紫兰, 1911,『东京年中行事　下』春阳堂)

『当世武野俗谈』(岩本佐七[编] 1907,『燕石十种　一』国书刊行会)

『东都高名会席尽』(驻春亭田川屋、味の素食の文化センター锦絵ギャラリー https://www.syokubunka.or.jp/gallery/nishikie/touto-koumei/)

『东都流行三十六会席』(「大音寺前　白井権八」、早稲田大学文化资源データベース https://archive.waseda.jp/archive/detail.html?arg{" subDB_id" :" 52"," id" :" 164534; 1" }&lang=jp)

『当流节用料理大全』(吉井始子[编], 1979,『翻刻　江戸时代料理本集成　三』临川书店)

『当流料理献立抄』(吉井始子[编], 1980,『翻刻　江戸时代料理本集成　六』临川书店)

『徳川実纪　三』(経済雑志社[编], 1902,『続国史大系　一一』経済雑志社)

『利根川図志』(赤松宗旦、柳田国男[校订], 1938,『利根川図志』岩波书店)

『ドン・ロドリゴ日本見聞録』(ドン・ロドリゴ、ピスカイノ、村上直次郎[訳註], 1929,『ドン・ロドリゴ日本見聞録　ピスカイ

ノ金銀島探検報告』駿南社）

『長崎海軍伝習所の日々』(カッテンディーケ、水田信利[訳]，1964,『長崎海軍伝習所の日々』平凡社）

『新潟県史　资料编七　近世二　中越编』(新潟県[编]，1981,『新潟県史　资料编七　近世二　中越编』新潟県）

『日本(Nippon)』(Philipp Franz von Siebold 1832 Nippon; Archiv zur Beschreibung von Japan，und dessen Neben–und Schutzländern: Jezo mit den s ü dlichen Kurilen，Koorai undden Liukiu–Inseln，nach japanischen und europäischen Schriften und eigenen Beobachtungen. Atlas. 7–8. Leyden: C.C. van der Hork. 九大コレクション https://hdl.handle.net/2324/1906471）

『日本财政経済史料　七』(大蔵省[编]，1923,『日本财政経済史料　七』财政経済学会）

『日本山海名产図会』(法桥关月[画図]，1800,『日本山海名产図会　二』、国立国会図书馆デジタルコレクション https://dl.ndl.go.jp/info:ndljp/pid/2575827?tocOpened=1）

『日本風俗備考　二』(フィッセル、庄司三男・沼田次郎[訳注]，1978,『日本風俗備考　二』平凡社）

『宁府纪事』(大冢武松[编]，1933,『川路圣谟文书　二』日本史籍协会）

『誹風柳多留』(吉田精一・浜田義一郎[評釈]，1961,『古典日本文学全集　三三　川柳集・狂歌集』筑摩書房）

『幕末御触書集成　二』(石井良助·服藤弘司[編], 1992,『幕末御触書集成　二』岩波書店)

『秘伝千羽鶴折形』(桑名市博物館[編], 2016,『桑名叢書III　連鶴史料集——魯縞庵義道と桑名の千羽鶴』岩崎書店)

『武家调味故実』(塙保己一[编], 1959,『群书类従　第十九辑　管弦部　蹴鞠部　鹰部　游戏部　饮食部』続群书类従完成会)

『武江年表』(斎藤月岑[编], 1912,『増订武江年表』国书刊行会)

『布瀬区有文書』(千葉県沼南町教育委員会·立教大学博物館学研究室[編], 1988,『千葉県沼南町における民俗学的調査V』千葉県沼南町教育委員会·立教大学博物館学研究室)

『筆のすさび』(日本随筆大成編輯部[編], 1929,『日本随筆大成　第三期　一』日本随筆大成刊行会)

『文化句帖』(信浓教育会[编]、宫胁昌三·矢羽胜幸[校注], 1977,『一茶全集　二　句帖I』信浓每日新闻社)

『文化六年句日记』(信浓教育会[编]、宫胁昌三·矢羽胜幸[校注], 1977,『一茶全集　二　句帖I』信浓每日新闻社)

『庖丁闻书』(塙保己一[编], 1959,『群书类従　第十九辑　管弦部　蹴鞠部　鹰部　游戏部　饮食部』続群书类従完成会)

『放鹰』(宫内省式部职[编], 1932,『放鹰』吉川弘文馆)

『本朝侠客伝』(酔多道士(增田繁三)[编], 1884,『本朝侠客

伝』旭升堂）

『本朝食鉴』（人见必大，1977，『本朝食鉴　二』平凡社）

『万宝料理秘密箱』（吉井始子[编]，1980，『翻刻　江戸时代料理本集成　五』临川书店）

『深山実家文書』（千葉県沼南町教育委員会・立教大学博物館学研究室[编]，1988，『千葉県沼南町における民俗学的調査V』千葉県沼南町教育委員会・立教大学博物館学研究室）

『明応九年三月五日将军御成雑掌注文』（山口県[编]，1966，『山口県史　史料编　中世一』山口県）

『守贞谩稿』（喜田川守贞　一九九六『近世风俗志　一』岩波书店）

『八百善御料理献立』（东京都立図书馆TOKYOアーカイブ https://archive.library.metro.tokyo.lg.jp/da/detail?tilcod=0000000014-0041101）

『山内料理书』（塙保己一[编]，1932，『続群书类従　第十九辑　游戏部　饮食部』続群书类従完成会）

『柳営妇女伝丛』（国书刊行会[编]，1917，『柳営妇女伝丛』国书刊行会）

『流行料理包丁　献立竞』（东京都立図书馆TOKYOアーカイブ https://archive. https://archive.library.metro.tokyo.lg.jp/da/detail?tilcod=0000000014-00041116）

『料理方故実伝略』（大友信子・川瀬康子・陶智子・綿拔豊昭

[編], 2006,『加賀藩料理人舟木伝内編著集』桂書房)

『料理献立集』(吉井始子[编], 1978,『翻刻　江戸时代料理本集成　一』, 临川书店)

『料理通』(吉井始子[编], 1981,『翻刻　江戸时代料理本集成　十』临川书店)

『料理早指南』(吉井始子[编], 1980,『翻刻　江戸时代料理本集成　六』临川书店)

『料理网目调味抄』(吉井始子[编], 1979,『翻刻　江戸时代料理本集成　四』临川书店)

『料理物语』(吉井始子[编], 1978,『翻刻　江戸时代料理本集成　一』临川书店)